钢结构检测鉴定与加固改造

张燕梁　赵鹏宇　著

U0342965

东北林业大学出版社

Northeast Forestry University Press

·哈尔滨·

图书在版编目（CIP）数据

钢结构检测鉴定与加固改造 / 张燕梁，赵鹏宇著. — 哈尔滨：东北林业大学出版社，2024.2

ISBN 978-7-5674-3476-9

Ⅰ．①钢… Ⅱ．①张… ②赵… Ⅲ．①钢结构—检测②钢结构—鉴定③钢结构—加固 Ⅳ．①TU391

中国国家版本馆CIP数据核字(2024)第032486号

责任编辑：乔鑫鑫
封面设计：文　亮
出版发行：东北林业大学出版社
　　　　　　（哈尔滨市香坊区哈平六道街6号　邮编：150040）
印　　装：河北创联印刷有限公司
开　　本：787 mm×1092 mm　1/16
印　　张：17
字　　数：283千字
版　　次：2024年2月第1版
印　　次：2024年2月第1次印刷
书　　号：ISBN 978-7-5674-3476-9
定　　价：85.00元

如发现印装质量问题，请与出版社联系调换。（电话：0451-82113296　82191620）

前　　言

　　随着社会经济的不断发展以及冶炼技术的不断进步，钢结构在施工中的重要性越来越高，结构钢就是因为自身的高强度、变形承载能力这个优点，目前已经在工程建设中得到较大的推广应用，并在现代工业和建筑工业中得到广泛应用，从而在很大程度上提高了建筑的施工质量和安全性。由于在钢材生产过程中设计、管理和施工方面都存在不同程度的问题，导致一些材料质量无法满足要求，在钢结构的功能和耐久性上产生不利的影响。因此，我们要大力地加强对钢结构的检测，及时采取加固措施，确保钢结构的安全。

　　近年来，我国在发展的过程中自然灾害较为频繁，而这些自然灾害会给建筑的实际应用质量造成较大的影响，进而给社会的发展以及建筑使用的安全性造成较大影响。而对于建筑结构鉴定与加固改造技术的研究，应能够及时发现建筑中存在的安全隐患，并对其进行加固改造。

　　本书旨在研究钢结构检测鉴定与加固改造，对钢结构的检测方面做了详细的分析，了解钢结构的鉴定方法，并对钢结构的加固技术和措施进行了探讨，提出了一些建设性意见，希望能够帮助建筑结构鉴定与加固改造技术更好地发展。

作者
2023 年 6 月

目　录

第一章　绪　论

第一节　建筑结构分类及其应用范围

建筑物具有两方面特质，一个良好的建筑，不论大小，除应满足建筑功能与建筑艺术要求外，还必须坚固耐久，施工先进可行，并以最小的代价获得最大的经济效果。前者取决于建筑，后者取决于结构。建筑结构不仅直接关系着建筑的坚固耐久，同时，也关系到是否施工先进可行，是否经济，是否满足功能要求。结构是建筑物赖以存在的物质基础。建筑物首先必须能够抵抗（或承受）各种外界的作用（如重力、风力……），合理地选择结构材料和结构形式，既可满足建筑物的美学原则，又可以带来经济效益。

一个成功的设计必然以经济合理的结构方案为基础。在决定建筑设计的平面、立面和剖面时，就应当考虑结构方案的选择，使之既满足建筑的使用和美学要求，又照顾到结构的可能和施工的难易。

建筑设计是按照建筑功能要求，运用力学原理、材料性能、结构造型、设备配置、施工方法、建筑经济等专业知识，并与人文理念、艺术感观相融合，经过不断加工，精心雕琢的创作过程。这个过程是建筑技术与建筑艺术的统一，其核心为建筑结构与建筑艺术的统一。在此过程中，建筑师应是协调各专业共同建成现代化建筑的统领。

学习建筑结构，除为设计合理的房屋结构所必需外，也是了解其他与建筑有关专业需要具备的基础，因为建筑结构学科本身是力学原理在建筑设计中的具体应用。作为一个建筑师，不懂或缺乏建筑结构知识，就很难做出受力合理、性能可靠、具有创造性的建筑设计。所以，建筑结构相关专业知识应该是建筑师必须具备的知识之一。美观对结构的影响是不容否认的。建筑师除了在建筑方面有较高的修养外，还应当在结构方面有一定的造诣。

作为一名建筑师，除要懂得建筑结构知识外，还应从材料性能和结构的造型中得到启迪与构思，创造出新型的、壮观的建筑。古代的建筑师在创造结构时从来都是把满足功能要求和满足审美要求联系在一起考虑的。例如古代罗马建筑，所采用的拱券和穹隆结构，不仅覆盖了巨大的空间，从而成功地建造了规模巨大的浴场、法庭、斗兽场以适应当时社会的要求，还凭借着它创造出光彩夺目的艺术形象。高直建筑也是这样，它所采用的尖拱拱肋和飞扶壁结构体系，既满足了教堂建筑的功能要求，又成功地发挥了建筑艺术的巨大感染力。近代科学技术的伟大成就为我们提供的手段，不仅对于满足功能要求要经济、有效并强有力得多，而且其艺术表现力也为我们提供了极其宽广的可能性。巧妙地利用这种可能性必将能创造出丰富多彩的建筑艺术形象。建筑的三个最基本要素包括安全、适用和美观。

适用是指该建筑的实用功能，即建筑可提供的空间要满足建筑的使用要求，这是建筑的最基本特性；美观是建筑物能使那些接触它的人产生一种美学感受，这种效果可能由一种或多种原因产生，其中也包括建筑形成的象征意义，形状、花纹和色彩的美学特征；安全是建筑的最基本特征，它关系到建筑物保存的完整性和作为一个物体在自然界的生存能力，满足此"安全"所需要的建筑物部分是结构，结构是建筑物的基础，是建筑物的基本受力骨架，没有结构就没有建筑物，也不存在适用，更不可能美观。

因此，为使建筑作品达到一定的境界，就必须了解其结构组成的有关内容。社会建设的大好机遇要求我国未来的建筑师在努力掌握一般建筑结构设计原理的基础上，同时要学会一般建筑的结构设计方法，不断提高具有独特建筑风格的别墅住宅、高层建筑和大跨建筑的结构造型能力。

建筑结构是由构件（梁、板、柱、基础、桁架、网架等）组成的能承受各种荷载或者作用，起骨架作用的体系。建筑结构可按所使用的材料和主要受力构件的承重形式来分类。

一、按使用材料划分

（一）钢筋混凝土结构

混凝土结构包括素混凝土结构、钢筋混凝土结构和预应力混凝土结构三部分。钢筋混凝土结构和预应力混凝土结构，都是由混凝土和钢筋两种材料组成的。钢筋混凝土结构是应用最广泛的结构。除一般工业与民用建筑外，许多特种结构（如水塔、水池、高烟囱等）也用钢筋混凝土建造。钢筋混凝土是由钢筋和混凝土这两种性质截然不同的材料所组成的。混凝土的抗压强度较高，而抗拉强度很低，尤其不宜直接用来受拉和受弯；钢筋的抗拉和抗压强度都很高，但单独用来受压时容易失稳，且钢材易锈蚀。

钢筋、混凝土结合在一起工作，混凝土主要承受压力，钢筋主要承受拉力，这样就可以有效地利用各自材料性能的长处，更合理地满足工程结构的要求。在钢筋混凝土结构中，有时也用钢筋来帮助混凝土承受压力，这在一定程度上可以起到提高构件的承载能力、适当减小截面、增强延性以及减少变形等作用。

钢筋和混凝土之所以能够共同工作，是由于混凝土硬结后与钢筋之间形成很强的黏结力，在外荷载作用下，能够保证共同变形，不产生或很少产生相对滑移。这种黏结力又由于钢筋和混凝土的热线膨胀系数十分接近，而不会遭到破坏。此外，混凝土作为钢筋的保护层，可使钢筋在长期使用过程中不致锈蚀。混凝土结构具有节省钢材、就地取材（指占比例很大的砂、石料）、耐火耐久、可模性好（可按需要浇捣成任何形状）、整体性好等优点。缺点是自重较大、抗裂性较差等。随着预应力混凝土的运用，较成功地解决了混凝土抗裂性能差的缺点，从而在 20 世纪，钢筋混凝土结构迅速在各个领域中得到广泛应用。

近些年来，由型钢和混凝土浇筑而成的型钢混凝土结构，不仅在国外已有较多应用，在我国的应用也逐渐增多。它吸收了钢结构和混凝土结构的优点，还可以利用型钢骨架承受施工荷载。在用于超高层建筑结构中，既省钢、省模板，又具有相当大的抗侧刚度和延性。可用于民用建筑和工业建筑，如多层与高层住宅、旅馆、办公楼，大跨的大会堂、剧院、展览馆和单层、多层工业厂房，也可用于特种结构，如烟囱、水塔、水池等。

钢筋混凝土结构具有以下主要优点：

①可以根据需要，浇注成各种形状和尺寸的结构，为选择合理的结构形式提供了有利条件。

②强度价格比相对较大。用钢筋混凝土制成的构件比用同样费用制成的木、砌体、钢结构受力构件强度要大。

③耐火性能好。混凝土耐火性能好，钢筋在混凝土保护层的保护下，在火灾发生的一定时间内，不至于很快达到软化温度而导致结构破坏。

④耐久性好，维修费用少。钢筋被混凝土包裹，不易生锈，混凝土的强度还能随龄期的增长有所增加，因此钢筋混凝土结构使用寿命长。

⑤整体浇注的钢筋混凝土结构整体性能好，对抵抗地震、风载和爆炸冲击作用有良好性能。

⑥混凝土中用料最多的砂、石等原料可以就地取材，便于运输，为降低工程造价提供了有利条件。

钢筋混凝土结构也存在着一些缺点，如自重大、抗裂性能差、现浇施工时耗费模板多、工期长等。随着对钢筋混凝土结构的深入研究和工程实践经验的积累，这些缺点正逐步得到改变，如采用预应力混凝土可提高抗裂性，应用到大跨结构和防渗结构；采用高强混凝土，可以改善防渗性能；采用轻质高强混凝土，可以减轻结构自重，并改善隔热、隔声性能；采用预制钢筋混凝土构件，可以克服模板耗费多和工期长等缺点。

（二）钢结构

钢结构是由钢板和各种型钢，如角钢、工字钢、槽钢、T型钢、钢管以及薄壁型钢等制成的结构。常用于重工业或有动力荷载的厂房，如冶金、重型机械厂房；大跨房屋，如体育馆、飞机库、车站；高层建筑；轻型钢结构，如轻型管道支架仓库建筑，需要移动拆卸的房屋等。钢结构是以钢材为主制作的结构，主要用于大跨度的建筑屋盖（如体育馆、剧院等），吊车吨位很大或跨度很大的工业厂房骨架和吊车梁以及超高层建筑的房屋骨架等。钢结构材料质量均匀、强度高，构件截面小、质量轻，可焊性好，制造工艺比较简单，便于工业化施工。缺点是钢材易锈蚀，耐火性较差，价格较贵。

钢结构大量用于房屋建筑是在19世纪末20世纪初。由于炼钢和轧钢技术的改进，铆钉和焊接连接的相继出现，特别是近些年来高强度螺栓的应用，使钢结构的适用范围产生巨大的突破，并以其日益创新的建筑功能与建筑造型，为现代化建筑结构开创了更加宏伟的前景。我国近年来，钢铁工业生产虽有惊人的发展，但还远远不能满足各方面对钢材的需求。因此，目前在建筑结构中还不能大量地使用钢材，在结构造型时还应注意节省钢材，非用不可的也应尽量合理节约，在很多地方还应尽量采用钢筋混凝土或预应力混凝土结构。

房屋钢结构具有以下特点：

①材料强度高。同样截面的钢材比其他材料能承受较大的荷载，跨度也大，从而可减轻构件自重。

②材质均匀。材料内部组织接近匀质和各向同性，结构计算和实际符合较好。

③材料塑性和韧性好。结构不易因超载而突然断裂，对动荷结构适应性强。

④便于工业化生产和机械化加工。

⑤耐热但不耐火。

⑥耐腐蚀性差，维修费用高。

（三）砌体结构

砌体结构是指用普通黏土砖、承重黏土空心砖、硅酸盐砖、中小型混凝土砌块、中小型粉煤灰砌块或料石和毛石等块材，通过砂浆铺缝砌筑而成的结构。砌体结构可用于单层与多层建筑以及特种结构，如烟囱、水塔、小型水池和挡土墙等。砌体结构具有就地取材、造价低廉、保温隔热性能好、耐火性好、砌筑方便等优点，但存在自重大、强度低、抗震性能差等缺点。砌体结构是由块体（如砖、石和混凝土砌块）及砂浆经砌筑而成的结构，目前大量用于居住建筑和多层民用房屋（如办公楼、教学楼、商店、旅馆等）中，并以砖砌体的应用最为广泛。这些砌体除强度有所不同外，其主要计算原理和计算方法基本相同。

无筋砌体抗压强度较高，抗拉、抗剪、抗弯强度很低，故多用于受压构件，少数用于受拉、受剪或受弯构件。因为砌体是由砌块和砂浆砌筑而成的，所以无筋砌体的强度要比砖、石、砌块本身的强度低得多。当构件截面受到限制或偏心较大时，也可采用配筋砌体或组合砌体。砖、石、砂等材料具有就地取材、成本低等优点，结构的耐久性和耐腐蚀性也很好。缺点是材料强度较低、结构自重大、施工砌筑速度慢、现场作业量大等，且烧砖要占用大量土地。随着硅酸盐砌块、工业废料（炉渣、矿渣、粉煤灰等）砌块、轻质混凝土砌块，以及配筋砌体、组合砌体的发展与应用，使砌体结构进一步展示其广阔的发展前景。

（四）木结构

木结构是指全部或大部分用木材制成的结构。木结构由于受木材自然生长条件的限制，很少使用。具有就地取材、制作简单、便于施工等优点，但具有易燃、易腐蚀和结构变形等缺点。木结构是以木材为主制作的结构。木材是天然生成的建筑材料，它有下列一些缺点：各向异性，天然缺陷（木节、裂缝、斜纹等），天然尺寸受限制，易腐，易蛀，易燃，易裂和易翘曲。这给设计、制造和使用木结构带来一些问题，但只要应用范围得当，采用合理的结构形式和节点连接方式，施工尺寸严格保证质量，采取合理的构造措施，必要时用药剂处理，并在使用中经常注意维护，就可以保证具有较高的可靠性和耐久性。由于受自然条件的限制，我国木材相当缺乏，木材资源远远不能满足人们的需要，加之木材本身的缺点，所以木结构在建筑上渐渐被其他结构代替，目前仅在山区、林区和农村以及古建筑恢复工程有一定的采用。

二、按承重结构类型划分

（一）混合结构

混合结构是由砌体结构构件和其他材料制成的构件所组成的结构。如竖向承重结构用砖墙、砖柱，水平承重结构用钢筋混凝土，梁、板的结构就属于混合结构。它多用于七层及七层以下的住宅、旅馆、办公楼、教学楼及单层工业厂房中。混合结构具有可就地取材、施工方便、造价低廉等特点。

（二）框架结构

框架结构是由梁、板和柱组成的结构。框架结构建筑布置灵活，可任意分割房间，容易满足生产工艺和使用等要求。因此，在单层和多高层工业与民用建筑中广泛使用，如办公楼、旅馆、工业厂房和实验室等。由于高层框架侧向位移将随高度的增加而急剧增大，因此框架结构的高度受到限制，如钢筋混凝土结构多用于十层以下的建筑中。

（三）剪力墙结构

剪力墙结构是利用墙体承受竖向和水平荷载，并起着房屋维护与分割作用的结构。剪力墙在抗震结构中也称抗震墙，在水平荷载作用下侧向变形很小，适用于建造较高的高层建筑。剪力墙的间距不能太大，平面布置不灵活，因此，多用于12~30层的住宅、旅馆中。

（四）框架 – 剪力墙结构

框架 – 剪力墙结构是在框架结构纵、横方向的适当位置，在柱与柱之间设置几道剪力墙所组成的结构。该种结构形式充分发挥了框架、剪力墙结构各自的特点，在高层建筑中得到了广泛的应用。

（五）筒体结构

由剪力墙构成的空间薄壁筒体，称为实腹筒；由密柱、深梁框架围成的体系，称为框筒；如果筒体的四壁由竖杆和斜杆形成的桁架组成，称为桁架筒；如果体系是由上述筒体单元组成的，称为筒中筒或成束筒，一般由实腹的内筒和空腹的外筒构成。筒体结构具有很大的侧向刚度，多用于高层和超高层建筑中，如饭店、银行、通信大楼等。

（六）大跨结构

大跨结构是指在体育馆、大型火车站、航空港等公共建筑中所采用的结构。竖向承重结构多采用柱，屋盖采用钢网架、薄壳或悬索结构等。

三、按结构体系划分

按结构体系划分，建筑结构主要可以分为墙体承重结构体系、骨架结构体系和空间结构体系。

（一）墙体承重结构体系

墙体承重结构体系是指以部分或全部建筑外墙以及若干固定不变的建筑内墙作为垂直支承系统的一种体系。根据建筑物的建造材料及高度、荷载等要求，主要分为砌体墙承重的混合结构系统和钢筋混凝土墙（剪力墙）承重系统。前者主要用于低层和多层的建筑，而后者则适当于各种高度的建筑，特别是高层建筑。在钢筋混凝土承重墙系统中适当布置剪力墙，而剪力墙不仅能够承受垂直荷载，还能够承受水平力，为建筑物提供较大的抗侧力刚度，这对于抵抗侧向风力和地震水平分布力都有很大的影响。

（二）骨架结构体系

骨架承重结构体系与墙承重结构体系对于建筑空间布置的不同在构思上主要在于用两根柱子和一根横梁来取代一片承重墙。这样原来在墙承重结构体系中被承重墙体占据的空间就尽可能地给释放出来了，使得建筑结构构件所占据的空间大大减少，而且在骨架结构承重系统中，内、外墙均不承重，可以灵活布置和移动，因此较适用于那些需要灵活分隔空间的建筑物，或是内部空旷的建筑物，而且建筑立面处理也较为灵活。

骨架结构体系又可分为框架结构体系以及框剪、框筒结构体系和用于单层建筑的钢架、拱及排架体系等。框架结构也是一种古老的结构形式，它的历史一直可以追溯到原始社会。当原始人类由穴居而转入地面居住时，就逐渐学会了用树干、树枝、兽皮等材料搭成类似于后来北美印第安人式的帐篷，这实际上就是一种原始形式的框架结构。我国古代建筑所运用的木构架也是一种框架结构，它具有悠久的历史。由于梁架承担着屋顶的全部荷重，而墙仅起围护空间的作用，因而可以做到"墙倒屋不塌"。

框架结构的最大特点是把承重的骨架和用来围护或分隔空间的帘幕式的墙面明确地分开。采用框架结构的近现代建筑，由于荷重的传递完全集中在立柱上，这就为内部空间的自由灵活分隔创造了十分有利的条件。现代西方建筑正是利用这一有利条件，打破了传统六面体空间观念的束缚，以各种方法对空间进行灵活的分隔，不仅适应了复杂多变的近代功能要求，同时还极大地丰富了空间的变化，所谓"流动空间"正是对于传统空间观念的一种突破。钢筋混凝土框架结构的荷重分别由板传递给梁，再由梁传递给柱，因此，它的重力传递分别集中在若干个点上，在工程设计中要重视节点的设计。

全框架的结构体系在建筑物的空间刚度方面较为薄弱，用于高层建筑时往往需要增加抗侧向力的构件。如果是平面呈条形的建筑物，一般可以通过适当布置剪力墙来解决，通常称之为框剪体系。如果是平面为点状的建筑物，则可以通过周边加密柱距使其成为框筒，或将垂直交通枢纽如楼梯、电梯等组合布置为刚性的核心筒，在其四周用梁、柱形成外围结构，以便在得到大面积的灵活使用空间的基础上取得更加良好的通风和采光条件。建造超高层建筑则往往采用纯剪力墙结构体系或筒体及筒中筒结构体系。

在建造单层厂房、体育馆等建筑时，往往采用钢架、拱及排架体系。单层骨架结构梁柱之间为刚性连接的是钢架，但在梁跨中间可以断开成为铰接，这样就比较容易根据建筑需要布置通长的高出屋面的采光天窗或采光屋脊。钢架在结构上属于平面受力体系，在平面外的刚度较小，通常适用于跨度不大（如钢筋混凝土刚架在 18 m 左右）、檐口高度也不太高（例如钢筋混凝土刚架在 10 m 左右）的内部空旷的单层建筑。拱的受力情况以轴力为主，比钢架更加合理，更能充分发挥材料的性能。

人类在建筑活动的早期就学会了用拱券来实现对跨度的要求。随着建筑材料及结构力学的发展，现代的拱用钢筋混凝土、钢（包括实腹及格构系列）等材料，往往可以做到更大的跨度，甚至可以作为某些大型空间结构屋盖。排架与钢架的主要区别在于其梁或其他支承屋面的水平构件，如屋架等，与柱子之间采用的是铰接的方式。这样一榀排架之间在垂直和水平方向都需要选择合适的地方来添加支撑构件，以增加其水平刚度，而且在建筑物两端的山墙部位，还应该添加抗风柱，这使得排架建筑物的轴线定位与一般建筑物都不同。但排架能够承受大型的起重设备运行时所产生的动荷载，因此排架结构常用于重型的单层厂房。

（三）空间结构体系

空间结构各向受力可以较为充分地发挥材料的性能，因而结构自重小，是大跨度建筑的理想结构形式。常用的空间结构体系有薄壳、网架、悬索、膜等，以及它们的混合形式。各种空间结构类型比起其他类型的结构形式来，除了在发挥材料性能、减少结构自重、增加覆盖面积方面的优势外，其富于变化的形状以及支座形式的灵活选用、灵活布置，对建筑空间以及建筑形态的构成无疑都有着积极的意义。

因此，空间结构体系不但适用于各种民用和工业建筑的单体，而且可以应用于建筑物的局部，特别是建筑物体形变化的关节点、各部分交接的连接处以及局部需要大空间的地方。这些部分要么是垂直承重构件的布置需要兼顾被连接部分的结构特征，或者需要局部减少垂直构件的数量以得到较大的使用空间；要么是在建筑方面需要形成较为活跃的元素，希望能够在这个位置上有较为活泼的建筑体形。

四、按建筑层数分类

①住宅建筑的 1~3 层为低层，4~6 层为多层，7~9 层为中高层，10 层及以上为高层。

②公共建筑及综合性建筑总高度超过 24 m 为高层，低于 24 m 为多层。

③建筑总高度超过 100 m 时，不论是住宅还是公共建筑均为超高层。

④联合国经济事务部针对世界高层建筑的发展情况划分的类型如下：

a. 低高层建筑层数为 9~16 层，建筑总高度为 50 m 以下。

b. 中高层建筑层数为 17~25 层，建筑总高度为 50~70 m。

c. 高高层建筑层数为 26~40 层，建筑总高度可达 100 m。

d. 超高层建筑层数为 40 层以上，建筑总高度在 100 m 以上。

第二节　建筑结构的发展简况

　　石结构、砖结构和钢结构已有悠久的历史，并且我国是世界上最早应用这三种结构的国家。早在 5 000 年前，我国就建造了石砌祭坛和石砌围墙（先于埃及金字塔）。我国隋代在公元 595~605 年由李春建造的河北赵县安济桥是世界上最早的空腹式单孔圆弧石拱桥。该桥净跨 37.37 m，拱高 7.2 m，宽 9 m；外形美观，受力合理，建造水平较高。我国生产和使用烧结砖也有 3 000 年以上的历史，早在西周时期（公元前 1 134~公元前 771 年）已有烧制的砖瓦。在战国时期（公元前 403~公元前 221 年）便有烧制的大尺寸空心砖。至秦朝和汉朝，砖瓦已广泛应用于房屋结构。我国早在汉明帝（公元 60 年前后）时便用铁索建桥（比欧洲早 70 多年）。用铁造房的历史也比较悠久。例如，现存的湖北荆州玉泉寺的 13 层铁塔便是建于宋代，已有 1 500 年历史。

　　与前面三种结构相比，砌块结构出现得较晚。其中应用较早的混凝土砌块问世于 1882 年，也仅百余年历史。而利用工业废料的炉渣混凝土砌块和蒸压粉煤灰砌块在我国仅有 30 年左右的历史。混凝土结构最早应用于欧洲，仅有 170 多年的历史。1824 年，发现了波特兰水泥（因硬化后的水泥石的性能和颜色与波特兰岛生产的石灰石相似而得名）以后，混凝土便开始在英国等地使用。1850 年，法国人用在混凝土中加钢筋的方法制造了一条水泥船，开始有了钢筋混凝土制品。1867 年，法国人第一次获得生产配有钢筋的混凝土构件的专利。

　　之后，钢筋混凝土日益广泛应用于欧洲的各种建筑工程。1928 年，法国人提出了混凝土收缩和徐变理论，采用了高强钢丝。在发明了预应力锚具后，预应力混凝土开始应用于工程。预应力混凝土的出现是混凝土技术发展的一次飞跃。它使混凝土结构的性能得以改善，应用范围大大扩展。由于预应力混凝土结构的抗裂性能好，并可采用高强度钢筋，故可应用于大跨度、重荷载建筑和高压容器等。改革开放以来，我国的建设事业蓬勃发展，建筑结构在我国也得到迅速发展，高楼大厦如雨后春笋般涌现。我国香港特别行政区的中环广场大厦建成于 1992 年，78 层，301 m 高（不计塔尖），建成之时是世界上最高的钢筋混凝土结构建筑。上海浦东的金茂大厦建成于 1998 年，93 层，370 m 高（不计塔尖），钢和混凝土组合结构，是我国第二、世界第四高度的高层建筑。1999 年，我国已建成跨度为 1 385 m，列为中国第一、世界第四跨度的由钢筋混凝土桥塔和钢悬索组成的特大桥梁——江阴长江大桥。在材料方面，高强混凝土（不低于 C60）在我国已得到较普遍的应用。以上成就表明，我国在建筑结构的实践和科学研究方面均已达到世界先进水平。

第三节　建筑结构检测、鉴定与加固的必要性、原因及发展概况

建筑结构的检测、鉴定与加固是当代建筑结构领域的热门技术之一，它包含结构检测、结构鉴定、结构加固三个方面的知识和技能。这三个方面可以相互独立，如有的建筑物只需要进行某方面的结构检测，有的只需要进行结构的鉴定，有的只需要进行结构加固，但更多的情况需要这三项技能的综合运用。

多数情况下，结构的检测是结构鉴定的依据，鉴定过程中要进行相关的检测工作。而结构的检测和鉴定往往又是结构加固的必要前提。建筑结构的检测、鉴定与加固涉及的知识很广泛，它涉及结构的力学性能的检测，耐久性的检测；涉及结构及构件正常使用性鉴定和安全性鉴定；涉及各种结构的加固理论和加固技术。

一、建筑结构加固的必要性

我国建筑结构设计统一标准规定：结构在规定的时间内，在规定的条

件下，完成预定功能的概率，称为结构的可靠度。计算结构的可靠度采用的设计基准期为 50 年。设计基准期为 50 年并不意味着建筑结构的寿命只有 50 年，而是 50 年以后结构的可靠性要下降，为了保证结构的可靠性，应该对其进行必要的检测、鉴定与维修加固，以确保结构的可靠度。

从世界发展趋势来看，近代建筑业的发展大致可划分为三个时期：第一个发展时期为大规模新建时期。第二次世界大战结束后，为了恢复经济和满足人们的生活需求，欧洲和日本等地进行了前所未有的大规模建设，我国则在 20 世纪 50 年代步入了大规模建设时期，这一时期建筑的特点是规模大但标准相对较低，如今这一代建筑已进入了"老年期"，已经有 50 年以上的历史。第二个发展时期是新建与维修改造并重时期。一方面为满足社会发展的需求，需要进一步进行基本建设；另一方面，"老年"建筑在自然环境和使用环境的双重作用下，其功能已逐渐减弱，需要进行维修、加固与现代化改造。目前，我国建筑业已经从第一个发展时期进入第二个发展时期。我国城乡建设用地比较紧张，住房问题相当突出，因此，对 20 世纪 90 年代及以前建造的占地面积大的低层房屋进行增层，对卫生设备不全或合用单元的住宅进行改造，或将两户一室一厅的户型改造为多室或大厅。许多工业建筑在产品结构调整中需要进行技术改造，这也涉及厂房的改造。现在，我国已经迈入以维修、加固、改造为主的第三个发展时期。近些年来我国对建筑物的维护改造与加固十分重视，先后陆续颁布了《混凝土结构加固设计规范》《砖混结构房屋加层技术规范》《既有建筑地基基础加固技术规范》《砌体工程现场检测技术标准》《钢结构检测评定及加固技术规程》等。结构的改造和维修加固涉及的知识和技术比新建房更复杂，内容也更广泛，它包含对结构损伤的检测，对旧有建筑结构的鉴定，也包括加固理论和加固技术，还涉及加固改造与拆除重建的经济对比，它是一门研究结构服役期的动态可靠度及其维护、改造的综合学科。近年来，结构鉴定与加固改造在我国迅速发展，作为一门新的学科正在逐渐形成，它已经成为土木工程技术人员知识更新的重要内容，很多高等学校的土木工程专业已开设了相关的课程。

二、建筑结构检测、鉴定与加固的原因

建筑结构需要检测、鉴定、加固的原因很多，归纳起来主要有以下几个方面：

1. 不正当的使用使建筑物不能满足正常的使用，甚至濒临破坏

常见的设计错误有设计概念错误和设计计算错误两类。前者如在拱结构的两端未设计抵抗水平推力的构件；按桁架设计计算的构件，荷载没有作用在节点而作用在节间。后者如计算时漏掉了主要荷载；计算公式的运用中不符合该公式的条件，或者计算参数的选用有误等。

常见的施工质量事故有：悬挑板的负筋位置不对或施工过程中被踩下，使用了过期的水泥或混凝土配合比不对导致混凝土的强度等级大大低于设计要求，使用了劣质钢筋，混凝土灌注桩在施工中发生了夹砂或颈缩等情况。

常见的使用不当有：任意变更使用用途导致使用荷载大大超载；工业建筑的屋面积灰荷载长期没有清理等。上述原因引起的工程事故只要尚未引起建筑的倒塌，均可以通过结构加保证使建筑物能安全、正常地使用。

2. 在恶劣环境下长期使用，使材料的性能恶化

在长期的外部环境及使用环境条件下，结构材料每时每刻都受到外部介质的侵蚀，导致材料状况的恶化。外部环境对工程结构材料的侵蚀主要有以下三类：

（1）化学作用

这种侵蚀包括化工车间的酸、碱气体或液体对钢结构、混凝土结构的侵蚀。

（2）物理作用

这种侵蚀包括高温、高湿、冻融循环、昼夜温差的变化等，使结构产生裂缝等。

（3）生物作用

这种侵蚀包括微生物、细菌使木材逐渐腐朽等。在上述自然因素的长期作用下，结构的功能将逐渐下降，当达到一定期限以后，就有必要对结构加固。

3.结构使用要求的变化

随着科学技术的不断发展，我国的工业在大规模地进行结构调整和技术改造，生产工艺的变化，涉及要提高建筑结构的功能。例如已有 30 的吊车要改成 100 的吊车、厂房的局部需要增层、原有设备需要更换、对设备的基础提出了新的更高的要求等。这些都必须经过结构的检测、鉴定与加固才能保证安全使用。

三、建筑结构加固技术的发展概况

自人类有建筑以来，就伴随出现了结构加固与改造。但是在过去，人们习惯于把加固和维修等同，把加固视为修修补补，"头痛医头，脚痛医脚"，缺少系统的分析和理论探讨，因而技术水平提高不快，并没有形成一门学科。

近十余年来，结构鉴定与加固改造技术在我国得以迅速发展并且初具规模，作为一门新的学科正在逐渐形成。已有建筑的加固方法很多，在上部结构中，有加大截面加固法、体外预应力加固法和改变结构传力体系加固法等；在地基基础上，有桩托换、地基处理和加大基础面积加固法等，这些方法在我国已经长期大量使用，获得了很多成熟的经验。在传统的结构加固方法上，加大截面方法和体外后张预应力方法是常用的方法，已在实际工程中得到成功的应用。但是这两种加固方法存在很多不足之处：预应力方法锚固构造困难，施工技术要求高，难度大，存在施工时的侧向稳定问题以及耐久性问题；加大截面加固法施工周期长，对环境影响大，而且增大了截面尺寸，减少了使用空间等，因此其应用有一定的局限性。自20 世纪 60 年代开始，随着环氧树脂黏结剂的问世，一种新的加固方法——外部粘贴（钢板）加固法开始出现，这种加固法是用环氧树脂等黏结剂把钢板等高强度材料牢固地粘贴于被加固构件的表面，使其与被加固构件共同工作，达到补强和加固的目的。1971 年，美国在圣弗南多大地震的震后修复过程中，广泛采用了建筑结构胶，如一座 10 层的医院大楼和一幢高于137 m 的市政府大厦，仅用于修补 3 万余米的梁、柱、墙裂纹就用胶 7 t 多。1983 年，英国塞菲尔特的专家们应用 FD808 结构胶，用 6.3 mm 厚的钢板粘贴加固了一座公路桥，使得这座原限载量 10 t 的桥梁成功地通过了重达

500 t 的载重卡车。我国使用建筑结构胶是从 20 世纪 60 年代开始的。1965 年，福州大学配制了一种环氧结构胶，对某水库溢洪道混凝土闸墩断裂及 20 m 跨屋架和 19 m 跨渡槽工字梁的裂缝进行了修复。鞍山修建公司也在同期研制了一种 CJI 建筑结构胶，用于梁柱的加固补强。1978 年，法国斯贝西姆公司用该国 SIKADUR31 建筑结构胶对辽阳石油化纤公司引进项目的一些构件进行了粘钢加固补强。1981 年，中国科学院大连物理化学研究所研制出我国第一代 JCN Ⅰ、JCN Ⅱ 建筑结构胶。JCN 型建筑结构胶黏剂的问世，对我国粘钢技术的发展起到了极大的推动作用。我国对这项技术的研究始于 20 世纪 80 年代。1984 年，辽宁省物理化学研究所发表了关于粘钢受弯构件的试验研究报告，并制定了有关的技术标准。1989 年，由湖北省物理化学研究所牵头，联合清华大学、广西物理化学研究所、湖南物理化学研究所、河南物理化学研究所、武汉制漆二厂等五家单位，组成了中南地区粘钢加固技术课题研究协作组，对粘钢加固技术进行了较为全面的研究，在这些研究成果的基础上，编写了《中南地区钢筋混凝土构件粘钢加固设计与施工暂行规定》，这个规定所涉及的内容比较全面，对粘钢技术在这一地区的推广应用起到了推动作用。同期，北京、上海、四川、江苏、甘肃等地的一些科研院所也做了大量的研究工作，取得了可喜的成绩。1991 年，国家颁布的《混凝土结构加固技术规范》将受弯构件粘钢加固方面的内容纳入了规程的附录中。20 世纪末，随着国际市场纤维材料价格的大幅度降低，一种类似于粘钢加固方法的外贴纤维复合材料加固法逐渐引起工程技术人员的关注。20 世纪 80 年代，瑞士国家实验室首先开始了外贴纤维复合材料加固的实验研究。随后，各国学者开始在该领域开展了广泛的研究和应用推广工作，美国、日本等国家已经制定了外贴纤维复合材料加固的有关技术标准。

由于外贴加固方法具有施工周期短、对原结构影响小等优点，所以备受设计者和使用者欢迎。但是，在外贴加固中，外贴材料与构件的结合性能是保证加固效果的关键，黏结剂性能的好坏决定了外贴加固的成功与否，由于受到黏结剂性能等的限制，目前外部粘贴加固还大多局限于环境温度、湿度较低的承受静力作用的构件。另外，外贴材料与被加固构件之间的黏结锚固性能和锚固破坏机理，加固构件的耐久性及耐高温性能，加固构件的可靠性以及材料强度取值等理论问题仍需要在进一步研究中不断探讨。

第四节 建筑结构加固与改造的工作程序和基本原则

已有建筑结构的加固及改造比建新房复杂得多，它不仅受到建筑物原有条件的种种限制，而且长期使用以后，这些房屋存在着各种各样的问题。这些问题的起因往往错综复杂。另外，旧房所用的材料因年代不同，常与现状相差甚大。因此，在考虑已有建筑物鉴定、加固及改造方案时，应周密并慎之又慎，严格遵循工作程序和加固原则。对所选用的方法不仅应安全可靠，而且要经济合理。因此，在阐述各种结构、构件的加固方法之前，先概述建筑结构加固与改造的工作程序和一般原则。

一、建筑结构加固与改造的工作程序

（一）建筑结构检测

对已有建筑结构进行检测是加固改造工作的第一步，其检测的内容包括：结构形式，截面尺寸，受力状况，计算简图，材料强度，外观情况，裂缝位置和宽度，挠度大小，纵筋、箍筋的配置和构造以及钢筋锈蚀，混凝土碳化，地基沉降和墙面开裂等情况。以上建筑结构的检测是结构可靠性鉴定的基础，其内容十分丰富。

（二）建筑结构的可靠性鉴定

在完成了对建筑结构的检测以后，根据检测的一系列数据，并以我国已颁布的几个房屋可靠性鉴定标准为依据，就可以对已有建筑结构的可靠性进行鉴定。当前我国已颁布的有关房屋鉴定的标准有《工业厂房可靠性鉴定标准》《危险房屋鉴定标准》《民用建筑可靠性鉴定标准》等。

（三）加固（改造）方案选择

建筑结构的加固方案的选择十分重要。加固方案的优劣，不仅影响资金的投入，更重要的是影响加固的效果和质量。譬如，对于裂缝过大而承载力已够的构件，若用增加纵筋的加固方法是不可取的。因为增加纵筋，对于减少已有裂缝效果甚微。有效的办法是采用外加预应力筋法，或外加预应力支撑，或改变受力体系。又如，当结构构件的承载力足够，但刚度不足时，宜优先选用增设支点或增大梁板结构构件截面尺寸，以提高其刚度。再如，对于承载力不足而实际配筋已达钢筋的结构构件，继续在受拉区增配钢筋是起不到加固作用的。合理的加固方案应该达到下列要求：加固效果好，对使用功能影响小，技术可靠，施工简便，经济合理，不影响外观。

（四）加固（改造）设计

建筑结构加固（改造）设计，包括被加固构件的承载能力计算、正常使用状态验算、构造处理和绘制施工图三大部分。在上述三部分工作中，需要强调的是：在承载力计算中，应特别注意新加部分与原结构构件的协同工作。一般来说，新加部分的应力滞后于原结构；加固（改造）结构的构造处理不仅应满足新加构件自身的构造要求，还应考虑其与原结构构件的连接。在介绍所述构件的各种加固方法的同时，还阐述了构件承载力的计算方法，构造要求和加固（改造）设计时应遵循的基本原则和规定，并列举了加固工程实例。

（五）施工组织设计

加固工程的施工组织设计应充分考虑下列情况：施工现场狭窄、场地拥挤。受生产设备、管道和原有结构、构件的制约，须在不停产或尽量少停产的条件下进行加固施工。施工时，拆除和清理的工作量较大，施工需分段、分期进行，为保证加固的施工过程的安全所采取的临时加固措施。由于大多数加固工程的施工是在已经承受荷载的情况下进行的，因此施工时的安全非常重要。其措施主要有：在施工前，尽可能卸除一部分外载，并施加支撑，以减小原构件中的应力。

（六）施工及验收

1. 加固工程的施工

施工前期，在拆除原有废旧构件或清理原有构件时，应特别注意观察是否有与原检测情况不相符合的地方。工程技术人员应亲临现场，随时观察有无意外情况出现。如有意外，应立即停止施工，并采取妥善的处理措施。在补加固件时，应注意新旧构件结合部位的黏结或连接质量。建筑物的加固施工应充分做好各项准备工作，做到速战速决，以减少因施工给用户带来的不便和避免发生意外。

2. 加固工程验收

加固工程竣工后，应组织专业技术人员进行验收。

二、建筑结构加固（改造）的基本原则

建筑结构的加固（改造）应遵循以下原则。

（一）结构体系总体效应原则

尽管加固只需针对危险构件进行，但同时要考虑加固后对整体结构体系的影响。例如，对房屋的某一层柱子或墙体的加固，有时会改变整个结构的动力特性，从而产生薄弱层，给抗震带来很不利的影响。再如，对楼面或屋面进行改造或维修，会使墙体、柱及地基基础等相关结构承受的荷载增加。因此，在制定加固方案时，应对建筑物总体考虑，不能简单采用"头痛医头，脚痛医脚"的办法。

（二）先鉴定后加固的原则

结构加固方案确定前，必须对已有结构进行检查和鉴定，全面了解已有结构的材料性能、结构构造和结构体系以及结构缺陷和损伤等结构信息，分析结构的受力现状和持力水平，为加固方案的确定奠定基础。

（三）材料的选用和取值原则

1.材料的选用

加固设计时，原结构的材料强度按如下规定选用：如原结构材料种类和性能与原设计一致，按原设计（或规范）值取用：当原结构无材料强度资料时，可通过实测评定材料强度等级。

2.加固材料的要求

加固用钢材一般选用强度等级较高的钢材。加固用水泥宜选取普通硅酸盐水泥，标号不应低于 32.5 MPa。加固用混凝土的强度等级应比原结构的混凝土强度等级提高一级，且加固上部结构构件的混凝土不应低于 C20 级；加固混凝土中不宜掺入粉煤灰、火山灰和高炉矿渣等混合材料。黏结材料及化学灌浆材料的黏结强度，应高于被黏结构混凝土的抗拉强度和抗剪强度。

（四）加固方案的优化原则

一般来说，加固方案不是唯一的，例如当构件承载能力不足时，可以采用增大截面法、增设支点法、体外配筋法等。究竟选用哪种方法，需要根据优化的原则来确定。优化的因素主要有结构加固方案应技术可靠、经济合理、方便施工。结构加固方案的选择应充分考虑已有结构实际现状和加固后结构的受力特点，对结构整体进行分析，保证加固后结构体系传力线路明确，结构可靠。应采取措施，保证新旧结构或材料的可靠连接。另外，应尽量考虑综合经济指标，考虑加固施工的具体特点和加固施工的技术水平，在加固方法的设计和施工组织上采取有效措施，减少对使用环境和相邻建筑结构的影响，缩短施工周期。

（五）尽量利用的原则

被加固的原建筑结构，通常仍具有一定的承载能力，在加固时应减少对原有建筑结构的破坏，尽量利用原有结构的承载能力；在确定加固方案时，应尽量减少对原有结构或构件的拆除和损伤。对已有结构或构件，在进行结构检测和可靠性鉴定分析后，对其结构组成和承载能力等有了全面了解的基础上，应尽量保留并利用。大量拆除原有结构构件，对保留的原有结构部分可能会带来较严重的损伤，新旧构件的连接难度较大，这样既不经济，还有可能给加固后的结构留下隐患。

（六）与抗震设防结合的原则

我国是一个多地震的国家，烈度为 6 度以上地震区在全国各地有很多。以前建造的建筑物，大多没有考虑抗震设防，当时的抗震规范也只是烈度为 7 度以上地震区才设防。为了使这些建筑物在遇地震时具有相应的安全储备，在对它们做承载能力和耐久性加固、处理时，应与抗震加固方案结合起来考虑。

第二章 钢筋混凝土结构检测技术

建筑工程中钢筋混凝土结构对建筑物的安全性、耐久性和适用性起着关键性作用。因此，混凝土的结构检测、安全评定和加固改造等也成为建筑工程的重要技术保障。在众多混凝土结构检测技术指标中，混凝土碳化、钢筋锈蚀等典型病害问题较为突出，需要对建筑结构进行整体性检测，研究混凝土力学性能、耐久性等技术指标，对于混凝土结构的安全稳定有着重要意义，基于此，本章主要研究钢筋混凝土结构检测技术。

第一节 结构构件的外观和位移检查

当前我国的工业建筑中，仍以钢筋混凝土结构为主。混凝土和钢筋混凝土构筑物，由于其设计、施工和使用中的种种原因，会存在各种各样质量问题。混凝土施工时，原材料的不合理使用，配合比控制不严，运输、灌筑、振捣和养护等工艺环节不符合技术条件，致使混凝土产生各类缺陷。对旧建筑物，随着使用年限的增长，结构构件日趋老化，原有的各类缺陷和隐患会暴露得更为明显。

建筑结构常年受到空气中各种有害气体和多种腐蚀介质的侵蚀，使混凝土构件遭遇损害。有些旧建筑物，原先在浇筑混凝土时，掺入对钢筋混凝土有害的外加剂，外加剂在钢筋混凝土中缓慢地产生各种化学和物理的变化，损伤结构构件。

另外，由于工业厂房中生产工艺的改变、更换设备、提高产量，增加了对建筑结构的负荷。如果遇到突然出现的灾害，如火灾、地震等，更使结构受到破损。凡此种种，都必须对建筑结构进行补强加固，以确保安全。

补强加固前，首先要对建筑物进行全面的质量鉴定。鉴定工作需要以检验、检测结果为依据。

换言之，建筑物的检验、检测工作是工程质量鉴定、补强加固的必要前提。这类检验工作，不同于工程施工时对原材料、配合比、试块强度和钢筋材质检验。它是在已有建筑构件上直接检测，要尽量不损伤或少损伤结构构件，且要达到规定的检测精确度，因而存在一定的难度。

已有建筑结构的外观特征能大致反映出它本身的使用状态。如构件由于多种原因承受不了荷载，先在其表面混凝土出现裂缝或剥落；钢筋混凝土构件中的钢筋锈蚀，则沿钢筋方向的混凝土产生裂缝；柱子倾斜，会使它偏心受压以致失稳崩坍。

1. 量测结构构件的外形尺寸

结构构件的尺寸，直接关系到构件的刚度和承载能力。正确度量构件尺寸，为结构验算提供资料。采用钢尺量测构件长度，且分别量测构件两端和中部的截面尺寸，确定构件的宽度和厚度。构件尺寸的允许偏差，如设计上无特殊要求时，应符合国标《混凝土结构工程施工及验收规范》的规定。

2. 量测结构构件表面蜂窝面积

蜂窝系指混凝土表面无水泥浆，露出石子深度大于 5 mm，但小于保护层厚度的缺陷。它是由于混凝土配合比中砂浆少石子多、砂浆与石子分离、混凝土搅拌不匀、振捣不足以及模板漏浆等多种原因造成。可用钢尺或百格网量取外露石子的面积。检查按梁、柱和独立基础的件数各抽查 10%，但均不少于 3 件；带形基础、圈梁每 30~50 m 抽查 1 处（每处 3~5 m），但均不少于 3 处；墙和板按有代表性的自然间抽查 10%，礼堂、厂房等大间接两轴线为 1 间；墙每 4 m 左右高为 1 个检查层，每面为 1 处，每间板为 1 处，但均不少于 3 处。

3. 量测结构构件表面的孔洞和露筋缺陷

孔洞系指深度超过保护层厚度，但不超过截面尺寸 1/3 的缺陷。它是由于混凝土浇筑时漏振或模板严重漏浆所致的。检查数量与检查混凝土表面蜂窝面积的数量相同。检查方法为凿去孔洞周围松动石子，用钢尺量取孔洞的面积及深度。梁、柱上的孔洞面积任何一处不大于 40 cm²，累计不大于 80 cm² 为合格；基础、墙、板上的孔洞面积任何一处不大于 100 cm²，累计不大于 200 cm² 为合格。露筋系指钢筋没有被混凝土包裹而外露的缺陷。它是由于钢筋骨架放偏、混凝土漏振或模板严重漏浆所造成的，旧建筑物还由于混凝土表层腐蚀、钢筋锈蚀膨胀致使混凝土保护层剥落形成。检查数量与检查混凝土表面蜂窝面积的数量相同。用钢尺量取钢筋外露长度。梁、柱上每个检查件（处）任何一根主筋露筋长度不大于 10 cm，累计不大于 20 cm 为合格，但梁端主筋锚固区内不允许有露筋。基础、墙、板上每个检查件（处）任何一根主筋露筋长度不大于 20 cm，累计不大于 40 cm 为合格。

4. 量测混凝土表面裂缝

钢筋混凝土结构是两种不同材料组成且要共同承受荷载，结构上出现裂缝难以避免，重要的是出现了裂缝是否对结构的安全有重大影响。形成混凝土裂缝的原因很多，主要有荷载超载、地基沉降引起的结构变形裂缝；有地震或设备振动等外力作用产生的构件裂缝；有混凝土本身特性产生的裂缝，如水泥水化时温差裂缝、混凝土干燥收缩裂缝和外界温度裂缝等；还有由于施工不良如浇筑、养护的方法不当和过早脱模产生的裂缝。除了详细搞清裂缝的走向、长度和宽度外，还要查明其产生的原因。按照《混凝土结构设计规范》（GBJ10—1989）的规定，除了烟囱、筒仓及处于液体压力下的结构构件另有规定外，一般非预应力结构中的屋架、托架和重级工作制吊车梁结构的裂缝宽度应小于或等于 0.2 mm，其他非预应力结构构件的裂缝宽度应小于或等于 0.3 mm。采用钢尺度量裂缝长度。用刻度放大镜、塞尺或裂缝宽度比测表检测裂缝的宽度。

5. 量测结构构件的搭接长度

楼板放在梁上，梁放在柱子或牛腿上，都有一定的搭接长度。搭接长度不足，会引起局部破坏，严重者甚至构件破裂崩坍。结构构件的搭接长度可用钢尺直接量度。

6. 量测结构构件的挠度和垂直度

在建造建筑物时，控制了建筑结构的允许偏差，随着使用时间的增加和承受荷载的变化，结构构件会产生变形，所以要进行检测。主要承受弯矩和剪力的梁，除了检查裂缝等表面特征外，还应量度其弯曲变形，可用钢丝拉线和钢尺量测梁侧面弯曲最大处的变形。

柱子、屋架、托架梁和大型墙板的垂直度通常用线锤、钢尺或经纬仪量测构件中轴线的偏斜程度。

第二节 结构混凝土中钢筋质量检验

钢筋混凝土中的钢筋浇筑在混凝土中，不容易检查。在进行结构安全度验算时，需要按原设计资料和结构构件现有承受荷载进行计算。如果对构件中钢筋的数量和质量产生怀疑，应对钢筋的钢材材质、配筋数量、规格和锈蚀程度进行检验。

1. 检验钢筋的材质

老建筑物结构混凝土中钢筋的材质，主要检测其规格和型号，即钢筋的种类、直径和抗拉强度值。如有必要，还应取样进行化学分析。钢筋材质检验，一般只在结构构件上做抽查验证。凿去构件局部保护层，观察钢筋型号，量取圆钢直径或型钢特征尺寸。截取试样做抗拉试验时，首先要考虑到被取样构件在截取试样后仍有足够的安全度，还应注意到样品的代表性。钢筋的拉力试验按国标《金属拉伸试验方法》的规定进行。

2. 检测混凝土中钢筋配筋数量

进行结构验算时，若对钢筋配筋数量怀疑，应检验配筋数量，并与图纸复核。如钢筋布置在构件截面四周，可使用钢筋位置探测仪测出主筋、箍筋位置，检查钢筋数量。也可以抽样检查，即凿去构件上局部保护层，直接检查主筋和箍筋的数量。如混凝土表层有双排或多排主筋，只能局部凿除混凝土，直接检测。钢筋位置探测仪检测钢筋位置的原理是电磁感应。接通电池电源，使探头远离导磁体，调整零点。随即把探头垂直于主筋方向平移，边移动边观察微安表上指针的位置，表上指针的最大读数即为主筋所在处。探头垂直于箍筋方向平移，检查箍筋的位置和数量。山东济南三联电器公司和广州汕头市超声电子仪器公司都生产钢筋位置测定仪。

3. 检测混凝土碳化深度和钢筋保护层厚度

若有充分的水使混凝土中水泥完全水化，最多约有35%的氢氧化钙被游离出来，使混凝土呈碱性。钢筋在碱性介质中（pH=12~13），表面生成难溶的三氧化二铁和四氧化三铁，形成一层保护膜，这层保护膜被称为钝化膜。它时刻保护着钢筋，使钢筋难以生锈。所谓碳化，是指本来是碱性的混凝土，长期暴露在空气中，混凝土表面受到空气中二氧化碳的作用，生成碳酸钙，这个过程叫作混凝土的碳化或称中性化。无论混凝土如何密实，总做不到不透水汽和空气。天长日久，混凝土中的氢氧化钙减少，碱度下降以至消失，碱度消失的混凝土即已碳化。这种作用是缓慢地由表及里地进行的。当混凝土碳化层逐渐加深并扩展到钢筋表面，这时的表层混凝土已属中性，失去对钢筋的保护能力。钢筋表面的纯化膜渐渐破坏，在水、氧和二氧化碳作用下，钢筋开始锈蚀。

钢筋锈蚀后，锈层体积为原金属体积的 2~8 倍。体积膨胀使混凝土表面沿钢筋走向产生裂缝。出现的裂缝，为水和空气的渗入创造了顺畅的条件，加速了钢筋的锈蚀。测量碳化深度值时，可用合适的工具在测区表面形成直径约为 15 mm 的孔洞（其深度略大于混凝土的碳化深度）。然后除去孔洞中的粉末和碎屑（不得用液体冲洗），并立即用浓度为 1% 酚酞酒精溶液洒在孔洞内壁的边缘处。再用钢尺测量自混凝土表面至深部不变色（未碳化部分变成紫红色）有代表性交界处的垂直距离 1~2 次，该距离即为混凝土的碳化深度值，测试精确至 0.5 mm。日本在《已有建筑物可靠性鉴定方法和检验手册》一书中，建议按建筑物已有使用年限、碳化深度和主筋保护层厚度推算建筑物的剩余寿命，可见检测混凝土碳化深度的重要意义。钢筋保护层厚度可以用钢筋保护层厚度测试仪测量，也可以在构件上凿去部分保护层，用钢尺直接量度。

4. 检测混凝土中钢筋锈蚀程度

混凝土中钢筋锈蚀会减小钢筋的截面，降低钢筋和混凝土之间的黏结力，因此也就减弱了整个构件的承载能力。对旧建筑物而言，检验混凝土工程中钢筋锈蚀程度是鉴定工程质量的一项主要的检测项目。混凝土中钢筋锈蚀的速度与程度取决于构件混凝土的密实度、构件表面有无裂缝、混凝土碳化深度、外界腐蚀介质的浓度以及原先浇筑混凝土时是否掺入对钢筋有害的外加剂等多种因素。检测混凝土中钢筋锈蚀程度的方法通常采用直接观测法和自然电位法两种。

直接观测法是在构件表面凿去局部保护层，暴露钢筋，直接观察锈蚀程度。锈蚀严重者，应精确量取锈层厚度和钢筋剩余有效截面。这种方法具有直接和直观的优点，但要破损构件表面保护层，检测的测点不能太多。

　　混凝土中的钢筋在其界面上与周围介质起作用，形成"双电层"，并最终建立一个稳定电位，称为自然电位。电位值的大小能反映出钢筋所处的状态。采用硅酸盐水泥制成的混凝土，能提供较高的 pH 值，使钢筋处于钝化状态，这时自然电位一般处于较高的负电位毫伏范围内。钢筋钝化状态破坏后，自然电位向负向变化。当遭受杂散电流影响，钢筋自然电位会发生大幅度变化。通过测量混凝土中钢筋的电位及其变化规律，判断钢筋锈蚀程度称为自然电位法。参比电极可选用硫酸铜电极、甘汞电极或氧化汞、氟化铜电极，局部剥露的钢筋在焊接前应磨光除锈。自然电位法可用作对整个构件中的钢筋进行全面量测。有时会有某种因素干扰，出现一定的误差。最好把自然电位法与直接观测法相结合，用直接观察法验证自然电位法的检测结果，提高检测精度。

第三节　结构混凝土抗压强度检测

　　混凝土的抗压强度是其各种物理力学性能指标的综合反映。它的抗拉强度、轴心抗压强度、弹性模量、抗弯强度、剪力强度、抗疲劳性能和耐久性都随其抗压强度的提高而增强。多年来，国内外科研人员对已有建筑物混凝土抗压强度测试方法进行了大量试验研究。方法虽多，但各有优缺点和局限性。

　　测试方法大致可分为表面硬度法、微破损法、声学法、射线法、取芯法和多种多样的综合法。表面硬度法以测定混凝土表面的硬度推断混凝土内部的抗压强度。这类方法包括锤击印痕法、表面拉脱法、射入法和回弹法。采用表面硬度法检测混凝土的抗压强度，混凝土表面和内部的质量应一致。

　　对于表面受冻害、火灾以及表面被腐蚀的混凝土，不该采用这类检测方法。微破损法只使构件表面稍有破损，但不影响构件的质量，以微小的破损推断构件混凝土的抗压强度。如在构件上用薄壁钻头钻成圆环，给小圆柱体芯样上施加劈力，以圆柱劈裂抗力推断混凝土强度。还有像破损功法和拉拔法都属于微破损测强法。声学法主要有共振法和超声脉冲法。量测构件固有的自振频率，以自振频率的高低推断混凝土的强度和质量称为共振法。以超声脉冲通过混凝土的速度快慢确定混凝土的抗压强度称为超声脉冲法。结构混凝土检测的方法有很多，目前国内外使用比较普遍、检测精度较高且有标准可供遵循的检测方法有主要有回弹法、超声法、拉拔法、取芯法以及采用两种或三种方法同时检测的综合法。

一、回弹法测强

回弹法是使用最普遍的检测混凝土表面硬度确定其强度的检测方法。它仅适用于检测龄期为一年以内的结构混凝土强度。

1. 检测原理

回弹法是回弹仪内有拉簧和一定尺寸的金属撞击杆，以一定动能弹击混凝土表面，使局部混凝土发生变形，吸收一部分能量，另一部分能量则仍以动能的形式赋予回弹的金属撞击杆。回弹能量或混凝土吸收能量的多少，被用作衡量混凝土抗压强度的参数。回弹能量愈多，即回弹值愈大，混凝土表面硬度愈大，其抗压强度愈高；反之愈低。由于回弹仪具有结构简单、轻巧、操作方便、便于重复、测试等优点，使用较为普遍。当前国内生产回弹仪的规格很多，有 HT3000 型、HT225 型、HT100 型和 HT28 型，其中 HT225 型回弹仪的标称动能为 2.207 J，适用于一般混凝土结构的强度检测。

2. 对回弹仪的技术要求

为了保证回弹仪的冲击动能为 2.207 J，仪器中拉力弹簧的工作长度和拉伸长度、冲击锤头质量、冲击杆的硬度和端部的形状、指针与指针轴之间的摩擦阻力，都有规定的技术要求。为确保回弹仪的测试精度和稳定性，回弹仪在新仪器使用前、连续测试一千次后、主要零部件更换后、对测试值有怀疑和久置不用的仪器，需要做仪器率定值校验。仪器率定应在洛氏硬度 HRC 为 60±2 的钢砧上进行，率定值应在 78~82 之间。被检测的混凝土表层应清洁、平整、干燥，不应有接缝、蜂窝、麻面、饰面层、粉刷层浮浆、油垢等杂物。

3. 操作要点和数据计算

测试时，回弹仪的轴线应始终垂直于构件的表面。先将回弹仪的弹击杆顶住混凝土表面，轻压回弹仪，按钮松开，弹击杆徐徐伸出，挂钩挂上重锤。

回弹仪对混凝土表面缓慢均匀施压，待重锤脱钩、冲击弹击杆后，重锤即带动指针向后移动，直到达到一定位置时，指示回弹值。回弹仪继续顶住混凝土表面，读数并记录回弹值。如条件不利于读数，可按下按钮，锁住机芯，将回弹仪移至有利条件处读数。回弹仪应弹击混凝土浇筑的侧面。每一测区面积约为 20 cm × 20 cm，共弹击 16 点。16 个回弹值中，分别剔除其中三个最大值和三个最小值，取余下 10 个回弹值的平均值。按回弹值和该测区的碳化深度可确定该测区混凝土的抗压强度。有些因素影响着回弹法测强的精度，如构件的刚度、湿度、测试面位置和测试角度。被测试的构件必须具有一定的刚度。对于体积小、刚度差或测试部位厚度小于 10 cm 的混凝土，均应设置支撑并进行可靠加固后再进行测试。构件表面潮湿，测试的回弹值偏小。为统一构件表面的潮湿程度，取得正确的回弹值，被测构件在测试时表面一定要干燥。以回弹仪水平位置的测值为准。当回弹仪非水平方向测试混凝土浇筑侧面时，应根据回弹仪轴线与水平方向的角度进行修正，将测得的数据计算出测区平均回弹值，再按既定公式换算为水平方向测试时的测区平均回弹值。

如测试时仪器既非水平方向而测区又非混凝土的浇筑侧面，则应对回弹值先进行角度修正，然后再进行浇筑面修正。

4. 回弹法测强技术标准

《回弹法评定混凝土抗压强度技术规程》（JGJ23—1985）阐述了混凝土回弹法测强使用的仪器、检测操作和强度评定方法。建议各地区各单位制定本地区本单位的地区或专用测强曲线。推荐了全面通用测强曲线。在应用全国通用测强曲线前，要用本地区本工程的混凝土试块对通用曲线进行验证，并提出修正系数。

5. 回弹法测强地区曲线的制定、使用及测试精度

为了提高回弹法测强的测试精度，各地区各单位制定了本地区本单位的地区或专用测强曲线。按本地区本单位经常使用的混凝土原材料，确定

原材料后，配制各种强度的混凝土，成型许多组 15 cm×15 cm×15 cm 立方体试块。规定养护条件，在各种不同龄期下，把试块放置在压力机的下压板上，恒压 50 kN。对每块试块两个相对侧面各测 8 个回弹值。剔除三个最大值和三个最小值，取余下 10 个数值的平均值作为该试块的回弹值，计算到 0.1。然后加压破型，记录最大荷载。以横坐标为回弹值，纵坐标为强度值，点出各试块的坐标位置，画出曲线，配制回归方程。再改变水泥品种、集料种类、养护方式等各种参数的任何一项，大量进行试验，可画出许多条不同配合成分、各种养护条件下的曲线，配制多种回归方程。

二、超声法测强

1. 超声法测强的检测原理

超声仪器产生高压电脉冲，激励发射换能器内的压电晶体获得高频声脉冲，声脉冲传入混凝土介质，由接收换能器接收通过混凝土传来的声信号，测出超声波在混凝土中传播的时间。量取声通路的距离，算出超声波在混凝土中传播的速度。对于配合成分相同的混凝土，强度愈高则声速愈大；反之愈小。

2. 操作要点和干扰超声测强的因素

混凝土超声测强的仪器有三种类型。一是数显型，如国产 JC-2 型，英国产 PUND1T。二是示波型，如国产 CTS-10 型，英国产 UCT/2 型。三是数显示波型，如国产 SYC-2 型、SC-2 型、CTS-25 型。仪器的声时范围应为 0.5~999.0μs，测读精度为 0.1μs。仪器应具有良好的稳定性，声时显示调节在 20~30μs 范围内时，2 h 内声时显示漂移不得大于 ±0.2μs。换能器的频率可根据被测构件超声波声通路长度确定，在 25~200 kHz 之间，宜在 50~100 kHz 范围内。换能器与被测体表面应有良好的声耦合。被测体表面应平整、光滑。

在测点涂以耦合剂，把换能器紧压在被测体的表面上，挤出多余的耦合剂。耦合剂的种类可视气温高低和被测体表面粗糙程度，分别使用黄油、浓机油、液体皂或浆糊等。测试超声声速时，两换能器的中心轴线要在同一条直线上。为了准确测定超声脉冲在混凝土中传播的时间，根据仪器的种类，应事先扣除或测出零读数。仪器的零读数是指当发、收换能器之间仅有耦合剂薄膜时,仪器的时间读数,以 t_0 表示。数显型仪器采用标准扣除。示波型和数显示波型仪器用同一材料不同长度的两个均匀介质进行测试,以 0.01 mm 的精度测量两个棱柱体长度,用超声仪测读声波通过两个棱柱体长度方向的时间。

测量棱柱体的尺寸和测读声波通过的时间应在同一室温下进行。所用的耦合剂应与建筑物上测量时所用的相同。钢筋混凝土是一种非匀质的建筑材料,由水泥石、粗细集料和钢筋组成,混凝土强度与声速间的定量关系受其本身各种技术条件的制约。在水泥品种、集料和养护条件相同条件下,按不同配合比制成不同强度的混凝土试块,测其声速值和抗压强度值。以声速值为横坐标,抗压强度值为纵坐标,各强度等级的曲线斜率不完全一致。强度等级低的混凝土斜率小,反之斜率大。同种混凝土在两种不同的养护条件下养护,测得的声速 v 与强度 f 曲线,形成两条偏离曲线。两种不同品种的水泥在相同条件下制作和养护混凝土试块,测得的 f-u 曲线也有些差异。另外,粗集料粒径与种类、混凝土中的含水量以及结构混凝土中含有钢筋的数量和位置,都对测试结果有影响。

3. 超声测强地区曲线的制定、使用及其测试精度

与制订定回弹法地区或专用测强曲线一样,选定当地的原材料、养护条件,在各种不同龄期下检测超声脉冲通过试块的速度和试块的抗压强度。超声测试面应取试块成型时的侧面。一个试块上测三点,取三个测点声时值的平均值,计算声速值。

4. 现场超声测强测试步骤

测试前,应先了解与现场结构混凝土有关的原材料和施工情况。超声测点应尽量避开缺陷和内应力较大的部位。按设计图纸确定钢筋和埋设铁件位置。测试时避开与声通路平行且在声通路附近的钢筋。测试面要选择靠模板的面。为使换能器与被测混凝土表面有良好的声耦合,被测混凝土表面放换能器处要平整。若表面不平而换能器又无法避开,应用砂轮片将表面打磨平整。用黄油等耦合剂使换能器紧贴在构件表面进行超声声速测试。

测试布点视构筑物具体情况而定。可以在构筑物相对的两侧均匀地划出网格,网格的交点即为测点;两侧的每一对测点要对准。测点布置的疏密视构筑物大小、构件质量和测试要求的精确度而定。一般情况下,网格

边长为 20~100 cm。还可以在每根构件上划分若干测区，测区的尺寸范围为 15~20 cm 的方框，在其中测三个声速值，取三个数值的平均值作为这个测区的声速值，由声速值推算该测区的强度值。

三、拉拔法测强

拉拔法测强是检测构件表层混凝土的抗拉力与抗剪力的综合指标，以此推断混凝土的抗压强度。它又可分为预埋件拔出法、锚杆拔出法、混凝土表面黏结环氧拉脱法和无胀拔出法。预埋件拔出法是把一端带有挡板螺杆预埋在混凝土表层一定的深度中，另一端露在外面。待混凝土硬化后，拔出预埋件，记录拔出力。挡板周围的混凝土受剪力和拉力破坏。按照已建立的拉拔力与混凝土强度之间的相关关系换算混凝土的抗压强度。

本方法已被选入美国 A.S.T.M C900-82 标准。锚杆拔出法是在已硬化的混凝土表面钻直径为 2 cm、深 5 cm 左右的小孔，插入短锚杆。拔出锚杆，记录拔出力。这种由拔出力推算混凝土抗压强度的检测方法只适宜于大体积混凝土工程。由于拔出锚杆时，锚杆环向混凝土的张力大，不宜在梁、柱、屋架等小截面构件上应用。混凝土表面环氧黏结拉脱法是以表层混凝土中砂浆之间和砂浆集料之间的黏结力推算混凝土的抗压强度。其方法为，在硬化混凝土表面清除灰尘，用丙酮擦洗干净。待干燥后，用环氧黏结剂把一个带钢棒的钢圆盘粘贴在混凝土上，待环氧完全硬化后拉拔钢盘，记录拉拔力，以拉拔力推算混凝土的抗压强度。

无胀拔出法是在硬化混凝土上先钻直径 2 cm 左右、深 3~4 cm 的小孔，而后在孔底开磨扩孔。将孔清洗干燥后放入拉拔胀管，胀管到孔底后，管内放入扩管棒，使孔底胀管的头部张开。拔出胀管，记录拔出力，以拔出力推算混凝土的抗压强度。这种检测方法在混凝土受力特征和破损状况方面与预埋件拔出法相类似。它具有破损小、操作方便、设备简单等优点。我国已制定出无胀找出法检测结构混凝土抗压强度技术标准。

四、结构混凝土取芯法测强

非破损法或微破损法检测混凝土的强度都是检测与混凝土强度有关的物理量，以测得的物理量推算混凝土强度。混凝土是一种非均质性材料，它受到原材料、配合比、工艺条件、养护条件和龄期等多种因素的影响。测得的物理量经过多次修正，推算混凝土的强度总不免带进误差。取芯法测强是在结构构件上直接钻取混凝土试样进行压力试验，测得的强度值能真实地反映结构混凝土的质量。一些从事混凝土检测工作的专家认为，混凝土强度的非破损检测一定要以取芯测强为基础，用非破损检测法比照检测其他构件，测试和推算的结果才有可靠性。采用这种检测方法除了可以直接检验混凝土的抗压强度外，还可以在芯样试体上发现混凝土施工时造成的缺陷。

1. 取芯

取芯之前应该充分考虑到由于取芯可能导致对结构带来的影响，使取得的试样既有质量代表性，又保证被取芯结构仍有足够的安全度。混凝土强度过低，取芯时容易损坏芯样。为防止砂浆与石子之间黏结力损伤而使试验结果不正确，规定被取芯结构的混凝土强度不宜低于 10 MPa。取芯钻机一般使用带冷却装置的岩石或混凝土钻机。采用金刚石或人造金刚石钻头。钻机本身各部件都具有足够的刚度。

钻芯时，钻头应做无显著偏差的同心运动，并要同时防止混凝土芯样受到震动和出现发热现象。钻机大致有两种类型：一种是顶杆支撑固定形式的钻机，它的底盘大，用压重或顶杆固定钻机。钻取方向可 360° 转动，这种设备较笨重，垂直运输不方便；另一种是轻便型钻机，质量轻，用螺栓或真空吸盘固定钻机。钻头的直径从 14 mm 到 200 mm，各种规格均有。制作钻头的材料有天然金刚石、人造金刚石和硬质合金。以天然金刚石制成的钻头质量最好。钻机在现场定位后，钻头垂直结构混凝土的表面。牢固固定钻机后拨动变速钮，调到所需要的转速。通水检查冷却水流是否有阻。对三相电动机，要通电检查钻头旋转方向与所标方向是否一致。接上钻头，通水通电，使钻头缓慢地接触混凝土表面，待钻头入槽稳定后方可加压进钻。冷却水量的大小与进钻的速度和钻头直径大小有关，流出水温不宜超过 30 ℃，水流量达到料屑能快速排除又不致使水四处飞溅即可。钻头钻至所需深度后，慢慢退出钻头，待钻头离开混凝土表面后再停机停水。取出芯样，进行编号，并记录被取芯的构件名称、钻取位置和方向。

2. 芯样试件的技术要求

芯样的大小取决于混凝土中粗集料最大粒径的大小。最大粒径 ≤ 4 cm 时，芯样直径为 10 cm；最大粒径 ≤ 6 cm 时，芯样直径应为 15 cm。芯样的高度应为直径的 0.95~2.00 倍，一般采用 1.0 倍。芯样两端锯切后，端面要处理平整。其不平度应控制在每 100 mm 长度内不大于 0.05 mm。要达到规定的平整度，可把试件放在磨平机上用金刚砂磨平。也可以用水泥净浆将试件端面抹平，但抹面层厚度要薄，控制在 1~3 mm 范围内。

在芯样破型时，抹面层的强度应稍高于芯样本身的强度，且要保证抹面层与芯样端面之间有良好的黏结。端面平整度不符合要求的芯样不能用木板、纸板或铅板等材料在试压时垫平。因这些垫平材料质地松软，芯样受压时，减小了压板与芯样接触面之间的摩阻力，试件容易产生横向变形，从而降低了试件的强度。芯样端面与轴线之间的垂直度偏差过大，会削弱芯样试体的强度。国外许多国家对这种偏差度的规定并不一致。按照我国目前的设备和工艺条件，对端面垂直轴线的芯样强度和两个端面与轴线间垂直度总偏差在 2° 左右的芯样强度进行比较。试验结果表明，两组各 10 个芯样的平均强度分别为 37.4 MPa 和 37.3 MPa，强度均方差也基本相同。故只要芯样端面和轴线间垂直度偏差控制在 2° 以内，采用备有球座的压力试验机破型，就能获得可靠的抗压强度值。

试件受压时，由于潮湿会产生强度损失。这是由于水在水泥石中受荷载不能被压缩，向横向膨胀，试件侧向增加拉应力，还由于混凝土内的水分减弱了颗粒之间的摩阻力等多种原因造成的。这种现象称为软化作用。强度减弱的数值与混凝土的密实性和吸水性有关。鉴于混凝土构件在使用时难免遇水软化的实际情况，并与国外绝大部分国家的检验标准相一致，芯样在试压前，应在清水中浸泡两昼夜。

3. 强度计算方法

经过不同强度等级的 34 组共 100 多块高和直径均为 10 cm 的芯样和对应的 15 cm × 15 cm × 15 cm 立方体进行强度比较，芯样强度均方差小，强度值稳定。芯样强度与立方体强度的比值在 0.91~1.04 之间，总体平均值为 0.989，均方差为 0.035，故采用直径和高度均为 10 cm 的芯样，若芯样技术条件满足上述要求，其强度值可等同于现行规范规定的

15 cm×15 cm×15 cm 立方体强度值。芯样抗压值随其高度的增加而降低，降低的程度还与混凝土强度等级的高低有关。试件抗压强度值还随其尺寸的增大而减小，这称为尺寸效应。综合这些因素，芯样强度按公式换算成 15 cm×15 cm×15 cm 立方体强度值。

五、超声回弹综合法测强

采用单一的某种非破损检测法测定混凝土的抗压强度，其测试精度会受到限制。应用两种或多种测试手段同时检测，可以提高检测精度。

目前最常用的方法是超声回弹综合法。由于回弹数值只能反映表面质量，对混凝土的内部情况很难确定，而声波可穿过混凝土内部，其传播速度与混凝土抗压强度有较好的相关性。另外，混凝土随龄期增长会逐渐干燥，有使回弹值增高而使声速值降低的趋势，采用两种方法综合检测，可以抵消部分误差，增加测试结果的精度。本方法适用于检测龄期为两年以内的结构混凝土强度。超声回弹综合法采用的仪器和使用方法如前所述。

1. 超声回弹综合法地区或专用测强曲线的制定和应用

根据本地区或本工程常用的水泥，粗、细集料，配制 C10~C50 级混凝土，并制作试块。按 7 天、14 天、28 天、60 天、90 天、180 天和 365 天龄期进行试验。每一龄期每组需 3 块 15.0 cm 立方体试块。每种强度等级的试块量不少于 30 块，宜在同一天成型，按规定方法养护。试块到达龄期，先测声速值，应取试块的捣制侧面为测试面，采用对测法测量试件的声速值。在一个相对测试面上测三点，取三点的平均声时值，计算超声波通过试块的声速值。然后把试块放在压力试验机上预压 50 kN，测两个侧面共 16 个回弹值，计算试件的平均回弹值。最后将试块加压破型，记录荷载，算出抗压强度。在测量回弹值的测试面上测出混凝土碳化深度，准确至 0.5 mm。将各试块记录的回弹值、碳化深度、声速值和抗压强度值汇总整理，进行多元回归分析和误差分析计算。

2. 超声回弹综合法统一测强曲线

由中国建筑科学研究院主编，中国工程建设标准化委员会批准的《超声回弹综合法检测混凝土强度技术规程》，规程中阐述优先采用专用或地区测强曲线推定混凝土的强度。当无该类测强曲线时，经验证后可采用全国统一测强曲线。统一测强曲线未经验证不宜使用。验证曲线类似制作曲线，但工作量小。验证曲线选用该地区常用混凝土的原材料，按最佳配合比配制强度等级为 C10、C20、C30、C40、C50 的混凝土，制作边长为 150 mm 立方体试块各 3 组，采用自然养护。使用符合技术要求的回弹仪和超声仪，按试件龄期为 28 d、60 d 和 90 d 进行超声回弹综合法测试和试块抗压试验。根据每个试块测得的回弹值、超声声速值，按统一测强曲线计算其强度值。计算实测试块强度值和曲线推算强度值之间的相对标准差 er。若 er ≤ ±15%，则可使用全国通用测强曲线；若 er> ±15%，应另建立专用或地区测强曲线。

六、回弹法、综合法测强与取芯测强结合

回弹法检测结构混凝土的抗压强度，具有设备简单、操作方便和便于重复测试等优点，但其测试精度受到限制。取芯测强虽然测试精度高，但它除了设备复杂、费用高外，还会损伤结构构件。将两种方法相结合，可充分发挥二者的优越性。即对于符合回弹性测强条件的混凝土结构构件，可用回弹法在结构构件上普遍检测，按地区或统一测强曲线计算和评定强度。在少量回弹法测强测区钻取混凝土芯样作混凝土芯样的抗压强度，对回弹法测强各测区强度予以校核和修正，从而提高检测精度。取芯校核的芯样数量视工程大小和施工情况而定，但不得少于 3 个。

若施工现场留有与结构物同种混凝土、同条件制作和养生的混凝土立方体试块。可用试块校核回弹法测强的各测区强度。同样能提高回弹法测强精度。混凝土超声、回弹综合法测强，若取与结构物同种混凝土且同条件制作和养生的混凝土试块或直接在结构构件钻取芯样，予以校核，同样可以提高综合法测强的检测精度。

特别是对于老厂房工程结构，即长龄期的混凝土强度检测。在既无试块留下也无施工记录的情况采用综合法测强，必须以结构混凝土的芯样强度校核。《超声回弹综合法检测混凝土强度技术规程》规定了在用钻芯试件做校核的条件下，可按该规程对结构或构件长龄期的混凝土强度进行检测推定。取芯数量视工程具体情况确定。

第四节　结构混凝土中的缺陷检测

前面叙述了结构构件的外观检查，提及结构构件表面的一些缺陷，一般不会影响构件的承载能力，若缺陷严重，可随即采取加固补救措施。此处阐述的是混凝土工程内部或由表面深入内部且范围较大的缺陷。这些缺陷单凭表面特征，很难判断，需要用仪器来检测，才能确定其性质和范围。结构混凝土内部的缺陷主要有裂缝、孔洞和不密实区。检测方法主要有放射性同位素检测、声波探测和取芯直接观察。

放射性同位素检测方法的原理是利用被检验混凝土的密实度与测定的辐射通量衰减或散佚之间存在一定关系进行检测。辐射源和探测器安装在被测混凝土构件的两侧，按辐射通量的衰减量确定混凝土密实性；辐射源和探测器如安装在被测混凝土构件一侧的表面或表层，则按辐射通量的散佚确定混凝土的密实性。由于射线检测的价格高昂贵，使用不安全，除苏联制定过相应的检测标准外，其他国家较少采用。混凝土内部的缺陷主要用超声声波检测，也可以用混凝土钻机钻取直径为 50 mm 的芯样后直接观察。由于大部分混凝土工程中的缺陷位置不能确定，不宜用取芯检测。所以一般都用超声声波通过混凝土，以超声声速、首波衰减和波形变化判断混凝土中存在缺陷的性质、范围和位置，然后以钻取芯样观察校核。

1. 超声波检测垂直裂缝深度

当混凝土中出现裂缝，裂缝空间充满空气，由于固体与气体界面对声波构成反射面，通过的声能很小，声波绕裂缝顶端通过，以此可测出裂缝深度。先在混凝土无缝处测定该混凝土平测时的声波速度。把发、收换能器平置于裂缝附近有代表性的、质量均匀的混凝土表面，以换能器边缘间距离 l' 为准，取 l'=100 mm、150 mm、200 mm、250 mm 和 300 mm，改变两换能器之间的距离，分别测读超声波穿过的时间 t'。以距离 l' 为横坐标，时间 t' 为纵坐标，将数据点绘在坐标纸上。如被测处的混凝土质量均匀、无缺陷，则各点应大致在一条直线上。按图形计算出这条直线的斜率，即为超声波在该处混凝土中的传播速度 u。按算出的传播速度和测得的传播时间可求出超声波传播的实际距离 $l=l'u+a$（l 略大于 1）。将发、收换能器置于混凝土表面裂缝的各一侧，并以裂缝为轴线相对称，即换能器中心的连线垂直于裂缝的走向。

声波在混凝土中通过，会受钢筋的干扰。当有钢筋穿过裂缝时，发、收换能器的布置应使换能器连线离开钢筋轴线，离开的最短距离粗略估计约为计算裂缝深度的 1.5 倍。若钢筋太密，无法避开，则不能用超声法测量裂缝深度。本方法适用于深度在 600 mm 以内的结构混凝土裂缝检测。

2. 超声波检测倾斜裂缝深度

先在无缝处测定混凝土平测时的超声传播声速，然后判断裂缝的倾斜方向。把一只换能器置于 A 处，另一只换能器靠近裂缝（B 处），测出传播时间。而后把 B 处的换能器向外稍许移动至 B′，如传播时间减小，则裂缝向换能器移动方向倾斜。上述测试应进行两次，即固定 A 点移动 B 点和固定 B 点移动 A 点。检测倾斜裂缝的深度。先将发、收换能器分别布置在对称于裂缝的 A、B 位置，测读出传播时间 t_1。然后固定一只换能器，将另一只换能器移至 C，测读出另一传播时间 t_2。以上为组成一组测量数据。改变不同的 AB、AC 的距离即可测得 n 组数据。裂缝深度的计算以作图为简便。在坐标纸上按比例标出换能器及裂缝顶端的位置。以第一次测量时两换能器位置 A、B 为焦点，以 t_1、v 为两动径之和做一椭圆，再以第二次测量时两换能器的位置 A、C 为焦点，以 t_2、v 为两动径之和做一椭圆。两椭圆的交点 D 即为裂缝末端，DE 为裂缝深度 0。n 组测试数据中，凡是两换能器之间的距离 AB 或 AC 小于裂缝深度 h，该组 h 值舍弃，取余下（不少于 2 个）值的平均值作为裂缝深度的检测结果。当有钢筋穿过裂缝，发、收换能器的布置应使换能器连线离开钢筋轴线。离开的最短距离粗略估计约为计算裂缝深度的 1.5 倍。本方法适用于深度在 600 mm 以内的结构混凝土裂缝检测。

3. 超声波检测混凝土中的深裂缝深度

在大体积结构混凝土中，当裂缝深度在 600 mm 以上，可钻孔放入径向振动式换能器探测。先在裂缝两侧对称地钻两个垂直于混凝土表面的钻孔，两孔口的连线应与裂缝走向垂直。孔径大小应能自由地放入换能器为度。钻孔冲洗干净后注满清水。将发、收径向振动式换能器分别置于两钻孔中，以同样高度徐徐下落，用超声波波幅的衰减情况判断裂缝深度。换能器在孔中上下移动进行测量，直至发现当换能器达到某一深度时，波幅达到最大值，再向下测量时，波幅变化不大，此时，换能器在孔中的深度即为裂缝的深度。为便于判断，可绘制孔深与波幅的曲线图。

若两换能器在两孔中不等高度进行交叉斜测，根据波幅发生突变的两次测试连线的交点，可判定倾斜深裂缝末端所在位置和深度。

4. 检测混凝土内部的空洞和不密实区

深埋在混凝土内部的单个小孔，对超声波声时和波幅的影响很小，无法测出来。而结构混凝土中的不密实区或孔洞，是可以用超声波检测出来的。先在被测构件上划出网格。对测法测出每一点的超声声速值、波幅值与接收频率。若某测区中某些测点的波幅或频率明显偏低，可认为这些测点区域的混凝土不密实。若某测区某些测点的声速和波幅明显偏低，可认为这些测点区域的混凝土内部存在空洞。为了判定不密实区或空洞在结构内部的具体位置，应在测区的两个相互平行的测试面上，分别画出交叉测试的两组测点位置。对于大体积混凝土内部的不密实区和孔洞检测，由于测试距离大，应用对测法的灵敏度低。可每隔一定距离，钻孔放入径向振动式换能器，也可以采用钻孔放入径向振动式换能器检测和对测相结合的方式，检测大体积混凝土内部的不密实区或孔洞。为了保证超声测缺的正确性，可在认为混凝土内部存在不密实区或空洞的部位，钻孔取芯，直接观察、验证。

第三章 钢结构的可靠性鉴定与评估

　　随着我国经济的迅速发展，国民对于建筑物使用追求的期望值也日趋增高。但是随着建筑物使用年限的增加和环境的变化，建筑结构的承载能力和使用寿命肯定会逐年降低，破损将是一个必然的、不可逆转的过程。因此，从国家宏观经济的长远发展角度出发，为了节约能源和资金，有必要对建筑结构的可靠性进行全面科学的鉴定与分析，以保证建筑物在使用期间具有最优的可靠度水平，进而完成延长结构使用寿命的任务与目标，因此，本章主要分析钢结构的可靠性鉴定与评估。

第一节 概　述

一、鉴定的分类

　　建筑物可靠性是指建筑物在正常使用条件下和预定的使用期限内满足预定功能的能力。可靠性鉴定是建筑物可靠性控制过程中的一个特殊环节，主要是通过调查、检查、测试等手段获得建筑物及其环境的相关信息，通过力学和可靠性分析，对建筑物的可靠性水平做出评价，为建筑物的技术决策和方案制定提供依据。如果缺少这一环节或者可靠性鉴定的结论不准确、不全面，则以使建筑物的维修、加固、改造等取得良好的效果，而且可能会带来新的隐患。

　　结构功能的安全性、适用性和耐久性能否达到规定要求，是以结构的两种极限状态来划分的，其中承载能力极限状态主要考虑安全性功能，正常使用极限状态主要考虑适用性和耐久性功能。这两种极限状态均规定有明确的标志和限值。

承载能力极限状态对应于结构或构件达到最大承载力或不适于继续承载的变形，当结构或构件出现下列状态之一时，即认为超过了承载能力极限状态：①整个结构或结构的部分作为刚性体失去平衡，如倾覆等；②结构构件或连接因材料强度不足而破坏，或因过量塑性变形而不适于继续承载；③结构转变为机动体系；④结构或构件丧失稳定，如压屈等；⑤结构构件被破坏。

正常使用极限状态对结构或构件达到正常使用成耐久性能的某项规定限值。当结构或构件出现下列状态之一时，即认为超过了正常使用极限状态：①影响正常使用或外观的变形；②影响正常使用或耐久性能的局部破坏，如裂缝等；③影响正常使用的振动；④影响正常使用的其他特定状态。

按照结构功能的两种极限状态，结构可靠性鉴定可以分为两种鉴定内容，即安全性鉴定（或称承载力鉴定）和使用性鉴定（或称正常使用鉴定）。根据不同的鉴定目的和要求，安全性鉴定与使用性鉴定可分别进行。或选择其一进行，或合并成为可靠性鉴定。各类别的鉴定有不同的适用范围。可按不同要求选用不同的鉴定类别。

在下列情况下，仅可进行安全性鉴定：①危房鉴定及各种应急鉴定；②房屋改造前的安全检查；③临时性房屋需要延长使用期的检查；④使用性鉴定中发现有安全问题。

在下列情况下，仅可进行使用性鉴定：①建筑物日常维护的检查；②建筑物使用功能的鉴定；③建筑物有特殊使用要求的专门鉴定。

在下列情况下，应进行可靠性鉴定：①建筑物大修前的全面检查；②重要建筑物的定期检查；③建筑物改变用途或使用条件的鉴定；④建筑物超过设计基准期继续使用的鉴定；⑤为制定建筑群维修改造规划而进行的普查。

当鉴定结论为需要加固处理或更换构件时，根据加固或更换的难易程度、修复价值及加固修复对原建筑功能的影响程度。补充构件的适修性评定，作为工程加固修复决策时的参考或建议。当需要确定结构继续使用的寿命时，还可进一步做结构的耐久性鉴定。

二、鉴定的方法

一般将建筑物的鉴定方法划分为三种：传统经验法、实用鉴定法和概率鉴定法。

1. 传统经验法

传统经验法是在不具备检测仪器设备的条件下，目测调查建筑结构的材料强度及其损伤情况，或结合设计资料和建筑年代的普遍水平，凭经验进行评估取值，再按相关设计规范进行验算；然后从承载力、结构布置及构造措施等方面，通过与设计规范的比较，对建筑物的可靠性做出评定，经验法快速、简便、经济，适合于对构造简单的旧房的普查和定期检查。由于未采用现代测试手段，鉴定人员的主观随意性较大，鉴定质量由鉴定人员的专业素质和经验水平决定，鉴定结论容易出现争议。

2. 实用鉴定法

实用鉴定法是运用现代检测技术手段，对结构材料的强度、老化、裂缝、变形、锈蚀等通过实测确定，并按现行标准规范对结构构件进行验算校核，综合得出鉴定结论。实用鉴定法将鉴定对象从构件到鉴定单元划分成三个层次，每个层次划分为三至四个等级。评定顺序从构件开始。通过调查、检测、验算确定等级，然后按该层次的等级构成评定上一层次的等级，最后评定鉴定单元的可靠性等级。

3. 概率鉴定法

实用鉴定法虽然较传统经验法有较大的突破，评价的结论比传统经验法更接近实际，但是已有建筑物的作用力、结构抗力等影响建筑物的诸多因素，实际上都是随机变量甚至是随机过程，采用现有规程进行应力计算、结构分析均属于定执法的范围，用定执法的固定值来估计已有建筑物的随机变量的不定性的影响，显然是不合理的。近些年来，随着概率论和数理统计在建筑行业的推广应用，采用非定值理论的研究已经有所进展，对已有建筑物可靠性的评价和鉴定已形成一种新的方法——概率鉴定法。概率鉴定法是依据结构可靠度理论，用结构失效概率来衡量结构的可靠度，但是由于建筑结构诸多的复杂因素，概率鉴定法仅仅是在理论上和概念上对可靠性鉴定方法的完善，实用上仍存在很大的困难。传统经验法基本已被淘汰。我国目前普遍采用的是以《民用建筑可靠性鉴定标准》和《工业厂房可靠性鉴定标准》为代表的鉴定方法。它们总体上属于实用鉴定法，但在一些原则性的规定和具体条款上已引入概率鉴定法的思想。从发展趋势上讲，概率鉴定法仍然是可靠性鉴定方法发展的方向。

三、鉴定程序及工作内容

实用鉴定法包括初步调查、详细调查、补充调查、检测、试验、理论计算等多个环节。

初步调查的目的是了解建筑物的历史和现状的一般情况，为下一阶段的结构质量检测提供有关依据，详细调查是可靠性鉴定的基础，其目的是对结构的质量进行评定，为结构验算和鉴定以及后续的加固设计提供可靠的资料和依据。鉴定评级过程中，如发现某些项目的评级依据不充分，或者评级介于两个等级之间，需要进行补充调查，以获得较正确的评定结果。

1. 初步调查内容

初步调查主要包括下列基本工作内容：

①图纸资料：包括岩土工程勘察报告、设计计算书、设计变更记录以及施工图等。施工及施工变更记录。竣工图、竣工质检及验收文件（包括隐蔽工程验收记录）、定点观测记录、事故处理报告、维修记录、历次加固改造图纸等。

②建筑物历史：包括原始施工、历次修复、改造、用途查询，以及使用条件改变以及受灾等情况。

③考察现场：按资料核对实物，调查建筑物实际使用条件和内外环境，查看已发现的问题，以及听取有关人员的意见等。

④填写初步调查表。

⑤制订详细调查计划及检测、试验工作大纲并提出需由委托方完成的准备工作。

2. 详细调查内容

详细调查可根据实际需要选择下列工作内容：

①结构基本情况：勘查结构布置及结构形式；圈梁、支撑（或其他抗侧力系统）布置；结构及其支承构造；构件及其连接构造；结构及其细部

尺寸，其他有关的几何参数。

②结构使用条件调查核实：结构上的作用；建筑物内外环境；使用史（含荷载史）。

③地基基础（包括桩基础）检查：场地类别与地基土（包括土层分布及下卧层情况）；地基稳定性（斜坡）；地基变形，或其在上部结构中的反应；评估地基承载力的原位测试及室内物理力学性质试验；基础和性的工作状态（包括开裂、腐蚀和其他损坏的检查）；其他因素（如地下水抽降、地基浸水、水质、土壤腐蚀等）的影响或作用。

④材料性能检测分析：结构构件材料；连接材料；其他材料。

⑤承重结构检查：构件及其连接工作情况；结构支承工作情况；建筑物的裂缝分布；结构整体性；建筑物侧向位移（包括基础转动）和局部变形；结构动力特性。

⑥围护系统使用功能检查。

⑦易受结构位移影响的管道系统检查。

3.鉴定报告内容

可靠性鉴定报告一般应包括下列内容：建筑物概况；鉴定的目的、范围和内容；检查、分析、鉴定的结果；结论与建议；附件。

四、可靠性鉴定试验研究现状

可靠性是指产品在规定的时间内、规定的条件下完成规定功能的能力。可靠性鉴定试验主要是指通过对批次产品的样本进行试验，依据试验数据开展假设检验，判定批次产品的可靠性指标是否满足要求，从而决定是接收还是拒收该批次产品。可靠性鉴定试验通常是在产品设计定型阶段验证产品的设计是否达到了规定的可靠性要求，其结果是批准定型的依据。随着技术的迅速发展，产品的组成越来越复杂，所面临的环境也复杂多变，对产品可靠性的要求也越来越高，因而需要对产品进行可靠性鉴定，保证产品设计定型时的可靠性能够达到要求，避免不可靠的产品进入生产部署中。

在现有的研究和实践中，基于寿命数据的可靠性鉴定试验应用最为广泛，可根据判决方式分为三种类型：定时截尾试验、定数截尾试验和序贯截尾试验。目前国内外开展可靠性鉴定试验主要参考《可靠性鉴定与验收试验》或对应的美军标 MIL-STD-781，这两种标准均是以产品寿命服从指数分布为前提，进行试验方案的设计，其中介绍的试验主要有定时截尾试验和序贯截尾试验两种类型。由于只需要事先确定总的试验时间，再根据出现的失效次数与设定的次数进行对比，就可以得出接收与否的结论，因此定时截尾试验便于组织，在工程上应用得最多。使用军标中的可靠性鉴定试验方案，默认的要求是产品的寿命必须服从指数分布。而且，其中提供的短期试验方案往往存在两类风险较高的问题。

我国的国家军用标准 GJB 899A 是以产品服从指数分布为前提来提供试验方案的。因此，从现有的标准出发，首先介绍指数、二项和威布尔等不同寿命分布产品的可靠性鉴定试验研究现状；其次，由于产品的可靠性越来越高，出现了加速退化试验来评估产品的可靠性；再次，由于试验经费的限制，投入试验的样本量往往比较小，而且系统的结构越来越复杂，故而也分别对加速退化方式的可靠性鉴定研究现状，以及考虑多源信息的小子样产品和复杂系统的可靠性鉴定试验研究现状进行了论述；最后，对可靠性鉴定试验研究现状进行了总结与展望。

1. 基于寿命分布的可靠性鉴定试验产品的可靠鉴定试验设计

通常需要考虑到产品的寿命分布，据目前研究表明，当前产品的寿命分布主要有成败型（二项分布）、指数分布、威布尔分布和正态分布等。其中，成败型、指数型产品由于日常存在较多，且寿命特征较为简单，所以对其试验鉴定研究较早且较为充分；威布尔分布产品由于其对机械产品的寿命刻画得较为准确，故而主要是对机械产品的试验鉴定中研究较多。下面分别对不同分布的产品可靠性鉴定试验研究现状进行详细的介绍。

成败型产品是指产品的试验结果只存在成功和失败两种状态，诸如导弹等武器装备大多是成败型产品。较早的研究基本上都是对现有标准的补充和对现有鉴定方法的总结提炼。除了 GJB899A 中给出的试验方法以外，还有许多可靠性鉴定方法在实践中也有应用。例如，根据 GJB899 的定时截尾试验方案的设计方法，针对相关实例开展了可靠性鉴定试验设计。

指数分布是可靠性鉴定领域研究起步最早、研究时间最长、应用范围最广泛的分布，它起源于对电子产品的寿命分布模型研究，对于在服役过程中失效概率与时间无关的产品，指数分布模型是较为准确的。当前我国国内广泛使用的 GJB899A 是以产品服从指数分布为前提来进行可靠性鉴定试验设计，在该标准中针对指数分布型产品如何进行可靠性试验鉴定有着详细的规定。在该标准基础之上，国内外许多学者也对结合新方法对指数分布型产品的可靠性鉴定试验进行了广泛的研究，比如：当前应用广泛的结合 Bayes 方法对指数型产品进行可靠性鉴定；此外，还有许多新方法被提出，给出了可靠性鉴定的序贯检验方法；对指数型产品在定数截尾试验及平均风险准则的约束下确定基于试验损失的可靠性鉴定试验方案。

威布尔分布最早是由瑞典科学家威布尔在研究链式模型时提出的，它可以看成是指数分布模型的推广，因为引入了形状参数使得它在刻画失效率随时间增长或是减小的产品时都较指数分布模型更加准确。尤其是在机械产品中，用威布尔分布刻画产品的寿命分布最为准确，故而关于威布尔分布的研究主要是应用在机械产品上。当前在工程实践中，多采用的试验方式是定时截尾试验，目前有部分学者针对威布尔分布产品的定时截尾试验进行了方案设计。例如：基于家用电器中指数分布的无故障定时截尾试验方案，给出了一种适用于寿命服从威布尔分布的产品的无故障定时截尾试验方案。相对于传统的定时截尾试验，当前学者也针对样本量相对较少的序贯试验方案进行了研究。通过实例数据说明了选择不同的试验方案对鉴定试验准确性的影响。

对于寿命服从正态分布的产品，当前也有许多研究成果。例如：基于 0 ~ 1 损失函数，根据 Bayes 理论，在两类风险的约束条件下，研究了参数服从正态分布的产品可靠性鉴定方案设计方法。除了指数分布、威布尔分布和正态分布以外，产品的寿命分布还包括泊松分布、对数正态分布等。对于服从其他分布的产品，目前主要是研究了当产品服从该分布时的可靠性鉴定方法。例如：给出了对数正态分布的产品在给定变异系数前提下的一种定时截尾试验方案。

当前研究对产品服从某一分布时可靠性鉴定方法的确定进行了详细的研究，成败型产品情况最为简单，研究得也最为充分。此外，指数分布的研究也很成熟，尤其是在指数产品的试验鉴定方法确定上较为全面；并且，由于指数分布较为简单，当前标准的可靠性鉴定试验方案是以假设产品服从指数分布为前提来推导方案的。威布尔分布对机械产品的寿命分布刻画得十分准确，由于威布尔分布函数较指数而言更加复杂，所以当前学者在对于如何估计威布尔分布参数的研究较多，但对于威布尔分布产品的试验设计的研究不如指数分布成熟。而对于正态分布、泊松分布和其他较不常见的产品寿命分布研究上，多停留于验证某类产品寿命服从该种分布，以及服从该类分布时如何进行可靠性估计的研究；对于针对服从这些分布的产品如何设计可靠性鉴定试验方案的研究较少。

2. 基于加速退化的可靠性鉴定试验

由于生产技术的进步，许多产品初始的可靠性较高，而对于高可靠性要求的产品，如果采用传统的可靠性鉴定试验，则需要较长的试验时间，会影响产品的研制进度和经费。为了缩短试验时间，科研人员开始采用加速退化的试验方式。学者最先开展了恒应力加速退化试验条件下的产品寿命预测研究：研究了不同温度点下绝缘材料的加速退化试验，采用击穿电压作为产品的性能退化参数，测量了不同温度下的击穿电压值，通过建立性能退化模型和加速模型，得到产品在正常应力下的工作时间，提出了一种加速可靠性鉴定试验方法。与 GJB899A 中的试验方案相比，该方法将多个加速应力应用于高可靠性产品，显著地缩短了试验时间，在可靠性论证中考虑了加速退化试验，并提出了非线性随机系数模型来描述退化，在给定的两类风险约束下得到费效比较高的可靠性鉴定试验方案。

将基于退化的可靠性鉴定试验方法与传统的零失效鉴定试验方法进行了比较，发现前者在更短的试验时间和更少的样本量方面具有一定优势。鉴于加速退化试验方式在高可靠性产品的可靠性鉴定试验上能显著地缩短试验时间，国内学者也对基于加速退化实验方式的可靠性鉴定进行了广泛研究。而为了进一步地提高试验的效费比，许多学者也开展了加速退化试验优化方法的研究。除具体基于加速退化方式的产品可靠性鉴定试验方案的设计优化研究之外，当前在加速退化试验方面的研究主要体现在产品的退化试验数据分析之上，包括退化模型的构建、可靠性指标的分析上，当前已经构建了线性模型、指数模型、幂律模型、反应论模型、Pairs 模型和混合效应模型等退化模型，并基于 Wiener 过程、Gamma 过程和逆高斯过程开展了产品退化轨迹分析、可靠性指标推导的研究，这些对产品自身退化性能的理论研究更加有助于产品可靠性鉴定试验方案的设计优化。

研究表明，基于加速退化方式的可靠性鉴定试验方法相对于传统的方法具有节省时间和经费的优势，而且对于加速方式的选择也更加多样，对于具体产品的加速试验方案设计较为成熟。除了对加速试验方式的研究之外，如何通过试验中产生的退化数据处理来评估产品的可靠性指标是当前众多学者关注的问题。但是，对于基于退化数据的可靠性鉴定试验来说，能否采集到准确的退化数据是决定产品可靠性鉴定结论的关键因素；此外，试验结论是否正确取决于退化模型的正确选择，但退化数据的采集和退化模型的构建等理论研究当前仍不成熟。一般来讲，基于退化数据的可靠性鉴定试验仅适用于出现性能退化的部件，难以应用于复杂系统的可靠性鉴定中。

第二节　民用钢结构建筑可靠性鉴定

一、一般规定

1. 荷载标准值的确定

我国《民用建筑可靠性鉴定标准》（GB 50292—2015）规定，结构和构件自重的标准值，应根据构件和连接的实际尺寸，按材料或构件单位自重的标准值计算确定。对不便实测的某些连接构造尺寸，允许按结构详图估算、常用材料和构件的单位自重标准值，应按现行《建筑结构荷载规范》（GB 5009—2012）的规定采用。当规范规定值有上、下限时，应按下列规定采用：当其效应对结构不利时，取上限值；当其效应对结构有利（如验算倾覆、抗滑移、抗浮起等）时，取下限值。如果材料和构件的自重标准值在现行荷载规范尚无规定或材料（构件）自重变异较大（如现场制作的保温材料等）或怀疑规定值与实际情况有显著出入时，应按现场抽样称量确定，现场抽样检测的试样数应不少于 5 个，并按下列规定计算标准值：对非结构的构配件，或对支座沉降有影响的构件，若其自重效应对结构有利时。应取其自重标准值，当对结构成构件进行可靠性（安全性或使用性）验算时，其基本雪压和风值应按现行《建筑结构荷载规范》（GB 5009—2012）采用。

2. 材料强度标准值的确定

在确定已有结构构件材料强度标准值时，一般应按该类材料结构现行检测标准的要求现场进行检测，检测时还应遵守下列规定：受检构件应随机地选自同一总体（同批）；在受检构件上选择的检测强度部位应不影响该构件承载；当按检测结果推定每一受检构件材料强度值（即单个构件的强度推定值）时，应符合该现行检测方法的规定。当按检测结果确定构件材料强度的标准值时，应遵守下列规定：

①当受检构件仅 2~4 个，且检测结果仅用于鉴定这些构件时，允许取受检构件强度推定值中的最低值作为材料强度标准值。

②当受检构件数量 n 不小于 5，且检测结果用于鉴定一种构件时。

③当受检构件材料强度标准差算得的变异系数：对钢材大于 0.10，对混凝土、砌体和木材大于 0.20 时，不宜直接计算构件材料的强度标准值，而应先检查导致离散性增大的原因。若查明系混入不同总体（不同批）的样本所致，宜分别进行统计，并分别确定其强度标准值。

3. 单个构件的划分

对民用建筑进行可靠性评定时，首先评定单个构件（包括构件本身及其连接、节点）的等级。单个构件划分时，应符合下列规定：

①基础。独立基础一个基础为一个构件：墙下条形基础一个自然间的一轴线为一构件；带壁柱墙下条形基础按计算单元的划分确定，单桩一根为一构件：群桩一个承台及其所含的基桩为一构件；筏形基础和箱形基础一个计算单元为一构件。

②墙砌筑的横墙一层高、一自然间的一轴线为一构件；砌筑的纵墙（不带壁柱）一层高、一自然间的一轴线为一构件；带壁柱的墙按计算单元的划分确定剪力墙按计算单元的划分确定。

③柱整截面柱一层、一根为一构件:组合柱一层、整根（即含所有柱支）为一构件。

④梁式构件一跨、一根为一构件:若仅鉴定一根连续梁时，可取整根为一构件。

⑤板预制板一块为一构件；现浇板按计算单元的划分确定：木楼板、

木屋面板一开间为一构件。

⑥桁架、拱架一榀为一构件。

⑦网架，折板、壳一个计算单元为一构件。

4.结构验算的一般规定

①对结构或构件进行鉴定时，一般要验算承载能力和变形等项目，根据计算结果进行评定等级。对被鉴定的结构或构件进行计算和验算时，除应符合现行设计规范的规定外，还应遵守下列规定：结构构件验算采用的结构分析方法应符合国家现行设计规范的规定。结构构件验算使用的计算模型，应符合其实际受力与构造状况。结构构件作用效应的确定，应符合下列要求：作用的组合、作用的分项系数及组合值系数，应按现行国家标准《建筑结构荷载规范》的规定执行；当结构受到温度、变形等作用，且对其承载有显著影响时，应计入由之产生的附加内力。构件材料强度的标准值应根据结构的实际状态按下列原则确定：若原设计文件有效，且不怀疑结构有严重的性能退化或设计、施工偏差，可采用原设计的标准值；若发现实际情况不符合上述要求时，采用随机抽样的方法，在该种构件中确定 5~10 个构件作为检测对象进行现场检测（当构件总数少于 5 个时应逐个进行检测）。结构或构件的几何参数应采用实测值，并应计入锈蚀、腐蚀、腐朽、虫蛀、风化、局部缺陷或缺损以及施工偏差等的影响。

当需检查设计责任时，应按原设计计算书、施工图及竣工图，重新进行一次复核。对构件材料的弹性模量、的变模量和泊松比等物理性能指标，可根据鉴定确认的材料品种和强度等级，按现行设计规范规定的数值采用。若验算结果与观察不符，应进一步检查设计和施工方面可能存在的差错。

②对结构或构件的鉴定需以现场的调查、检测结果为基本依据。鉴定所采用的检测数据应符合下列要求：检测方法应按国家现行有关标准采用。当需采用不只一种检测方法同时进行测试时，应事先约定综合确定检测值的规则，不得事后随意处理。检测应划分构件单位进行，并应有取样、布点方面的详细说明。当测点较多时，尚应绘制测点分布图。当怀疑检测数据有异常值时，其判断和处理应符合国家现行有关标准的规定，不得随意舍弃数据。

二、鉴定评级的层次和等级划分

1. 鉴定评级的层次和等级划分

（1）鉴定评级层次的划分及工作内容

《民用建筑可靠性鉴定标准》（GB 50292—2015）根据民用建筑的特点，在分析结构失效过程逻辑关系的基础上，将被鉴定的建筑物划分为构件（含连接）、子单元和鉴定单元由小到大三个层次。各层次的鉴定内容如下。构件一为第一鉴定层次，是指按方法所划分的单个构件；子单元一为第二鉴定层次，由构件组成，包括地基基础、上部承重结构和围护系统三个子单元；鉴定单元一为第三鉴定层次，由子单元组成，根据被鉴定建筑物的构造特点和承重体系的种类，可将该建筑物划分成一个或若干个可以独立进行鉴定的区段，每一区段为一鉴定单元。

（2）评定等级的种类

根据鉴定目的不同，每一层次的评定等级种类不尽相同。安全性鉴定和可靠性鉴定的每一个层次分为四个评定等级，正常使用性鉴定的每一个层次分为三个评定等级。鉴定时按照规定的检查项目和步骤，从第一层次开始，逐层进行下列内容的等级评定：

①根据构件各检查项目评定结果，确定单个构件的等级；

②根据子单元各检查项目及各种构件的评定等级结果，确定子单元的等级；

③根据各子单元的评定等级结果，确定鉴定单元的等级。对于某些问题，如地基的鉴定评级，由于不能将其细分为构件，因此允许直接从第二层开始评级。

2. 鉴定层次的分级标准

民用建筑安全性鉴定评级的各层次分级标准，应按规定使用。

三、钢构件鉴定评级

前面讲述了鉴定的层次和各层次的分级标准，下面讲述具体的评级方法。单个构件安全性和正常使用性的鉴定评级，应根据构件的不同材料种类分别评定，如划分为混凝土结构构件、钢结构构件、砌体结构构件和木结构构件等。只介绍钢结构构件的鉴定要求，其他构件种类参见《民用建筑可靠性鉴定标准》（GB 50292—2015）的规定。

1. 钢构件安全性鉴定评级

该构件的安全性鉴定等级取上述检查项目中的最低等级。

①钢结构构件（含连接）的承载能力检查项目应按规定，分别评定每一验算项目的等级，然后取其中最低一级作为该构件承载能力的安全性等级。

②钢结构构件的构造检查项目按表 3-1 的规定评级。

表 3-1　钢结构构件的构造安全性评定标准（GB 50292—2015）

检查项目	au 级或 bu 级	cu 级或 du 级
连接构造	连接方式正确。构造符合国家现行设计规范要求，无缺陷，或仅有局部的表面缺陷，工作无异常	连接方式不当，构造有严重缺陷（包括施工遗留缺陷）；构造或连接有裂缝或锐角切口；焊缝、铆钉、螺栓有变形、滑移或其他损坏

注：评定结果取 au 级或 bu 级，可根据其实际完好程度确定；评定结果取 cu 级或 du 级，可根据其实际严重程度确定。施工遗留的缺陷，对焊缝系指夹渣、气泡、咬边、烧穿、未焊透以及焊脚尺寸不足等；对铆钉或螺栓系指漏铆、栓、错位、错排及掉头等；其他施工遗漏的缺陷可根据实际情况确定。

③钢结构构件的不适于继续承载的位移或变形检查项目评定时，应遵守下列规定：

a. 对桁架（屋架、托架）的挠度，当实测值大于桁架计算跨度的 1/400 时，应验算其承载力。验算时，应考虑由于位移产生的附加应力的影响。若验算结果不低于 bu 级，仍可定为 bu 级，但宜附加观察使用一段时间的限制。若验算结果低于 bu 级，可根据其实际严重程度定为 cu 级或 du 级。

b. 对桁架顶点的侧向位移，当其实测值大于桁架高度的 1/200，且有可能发展时，应定为 cu 级。

c. 对其他受弯构件的挠度或偏差造成的侧向弯曲，应按规定评级。

d. 对柱顶的水平位移（或倾斜），当其实测值大于限值时，应按下列规定评级：若该位移与整个结构有关，取与上部承重结构相同的级别作为该柱的水平位移等级。若该位移只是孤立事件，则应在其承载能力验算中考虑此附加位移的影响，并根据验算结果按原则评级。若该位移尚在发展，应直接定为 du 级。

e. 对偏差或其他使用原因引起的柱弯曲，当弯曲矢高实测值大于柱自由长度的 1/660 时，应在承载能力的验算中考虑其所引起的附加弯矩的影响，并按规定的原则评级。

④当钢结构构件的不适于继续承载的锈蚀检查项目评定时，除应按剩余的完好截面验算其承载能力外，还应按规定评级。

⑤当需通过荷载试验评估结构构件的安全性时，应按现行专门标准进行。结构构件可仅做短期荷载试验，其长度效应的影响可通过计算补偿。若检验合格，可根据其完好程度定为 au 级或 bu 级；若检验不合格，可根据其严重程度定为 cu 级或 du 级。当建筑物中的构件符合下列条件时，可不参与鉴定；该构件未受结构性改变、修复、修理或用途，或使用条件改变的影响；该构件未遭明显的损坏；该构件工作正常，且不怀疑其可靠性不足。若考虑到其他层次鉴定评级的需要，且有必要给出该构件的安全性等级，可根据其实际完好程度定为 au 级或 bu 级。

2. 钢构件正常使用性鉴定评级

钢构件的使用性等级取位移、锈蚀（腐蚀）、长细比三个检查项目中的最低等级。

①钢桁架或其他受弯构件的挠度检查项目，应根据检测结果按下列规定评级；若检测值小于计算值及现行设计规范限值时，可评为 a 级；若检测值大于或等于计算值，但不大于现行设计规范限值时，可评为 b 级；若检测值大于现行设计规范限值时，应评为 c 级。对于一般构件，当检测值小于现行设计规范限值时，可直接根据其完好程度定为 a 级。

②钢柱的柱顶水平位移（或倾斜）检查项目，应根据检测结果按下列原则评级：若该位移的出现与整个结构有关，按评定结果，取与上部承重结构相同的级别作为该柱的水平位移等级。若该位移的出现只是孤立事件，则可根据其检测结果直接评级，评级所需的位移限值，可按层间数值确定。

③钢结构构件的锈蚀（腐蚀）检查项目，应按表 3-2 的规定评级。

表 3-2　钢结构构件和连接的锈蚀（腐蚀）等级的评定（GB 50292—2015）

锈蚀程度	等级
面漆及底漆完好，漆膜尚有光泽	as 级
面漆脱落（包括起始面积）。对普通钢结构不大于15%；对薄壁型钢和轻钢结构不大于10%。底漆基本完好。但边角处可能有锈蚀。易锈部位的平面上可能有少量点蚀	bs 级
面漆脱落面积（包括起鼓面积）。对普通钢结构大于15%；对薄壁型钢和轻型钢结构大于10%；底漆锈蚀面积正在扩大。易锈部位可见到麻面状锈蚀	cs 级

四、子单元安全性鉴定评级

民用建筑安全性的第二层次鉴定评级，包括地基基础、上部承重结构和围护系统的承重部分三个子单元。若不要求评定围护系统可靠性，可不将围护系统承重部分列为子单元，而将其安全性鉴定并入上部承重结构中。

1. 地基基础

地基基础（子单元）的安全性鉴定包括地基、桩基和斜坡三个检查项目，以及基础和桩两种主要构件。其中地基、桩基和斜坡三个项目因无法细分，故直接从第二层次评级；基础和桩需根据第一层次单个构件的评定结果，参与第二层次的评定。

①地基、桩基检查项目，根据地基变形或者地基承载力，按下列原则评级：当按地基变形（建筑物沉降）鉴定评级时，宜根据地基、桩基沉降观测资料或其不均匀沉降在上部结构中的反应的检查结果，具体如下：

A 级：不均匀沉降小于现行国家标准《建筑地基基础设计规范》（GB 50007—2011）规定的允许沉降差；或建筑物无沉降裂缝、变形或位移。

B 级：不均匀沉降不大于现行国家标准《建筑地基基础设计规范》（GB 50007—2011）规定的允许沉降差，且连续两个月地基沉降速度小于每月 2 mm；或建筑物上部结构砌体部分虽有轻微裂缝，但无发展迹象。

C 级：不均匀沉降大于现行国家标准《建筑地基基础设计规范》（GB 50007—2011）规定的允许沉降差，或连续两个月地基沉降速度大于每月 2 mm；或建筑物上部结构砌体部分出现宽度大于 5 mm 的沉降裂缝，预制构件之间的连接部位可出现宽度大于 1 mm 的沉降裂缝，且沉降裂缝短期内无终止趋势。

D 级：不均匀沉降远大于现行国家标准《建筑地基基础设计规范》（GB 50007—2011）规定的允许沉降差，连续两个月地基沉降速度大于每月 2 mm，且有变快趋势；或建筑物上部结构的沉降裂缝发展明显，砌体的裂缝宽度大于 10 mm；预制构件之间的连接部位的裂缝大于 3 mm；现浇结构个别部位也已开始出现沉降裂缝。

当按地基、桩基承载力进行鉴定评级时，可根据岩土工程勘察档案和有关检测资料的完整程度，适当补充近位勘探点，进一步查明土层的分布情况，并采用原位测试和取原状工作室内物理力学性质试验方法进行地基检验，根据以上资料并结合当地工程经验对地基、桩基的承载力进行综合评价；若现场条件许可，可通过在基础（或承台）下进行载荷试验以确定地基（或桩基）的承载力；当发现地基受力层范围内有软弱下卧层时，应对软弱下卧层地基承载能力进行验算；对建造在斜坡上或毗邻深基坑的建筑物，应验算地基稳定性。根据上述检测或计算分析结果，采用下列标准评级：当承载能力符合现行国家标准《建筑地基基础设计规范》或现行行业标准《建筑桩基技术规范》的要求时，可根据建筑物的完好程度评为 A 级或 B 级；当承载能力不符合现行国家标准《建筑地基基础设计规范》或现行行业标准《建筑桩基技术规范》的要求时，可根据建筑物损坏的严重程度评为 C 级或 D 级。

②地基稳定性（斜坡）检查项目，应按下列标准评级。

A 级：建筑场地地基稳定，无滑动迹象及滑动史。

B 级：建筑场地地基在历史上曾有过局部滑动，经治理后已停止滑动，且近期评估表明，在一般情况下，不会再滑动。

C 级：建筑场地地基在历史上发生过滑动，目前虽已停止滑动，但若触动诱发因素，今后仍有可能再滑动。

D 级：建筑场地地基在历史上发生过滑动，目前又有滑动或滑动迹象。

③基础（或桩）应根据下列原则进行鉴定评级。

a. 对浅埋的基础或短桩，宜根据抽样或全数开挖的检查结果，先按前述钢结构构件的有关项目评定每一受检基础或单桩的等级，并按样本中所含的各个等级的百分比，按下列原则评定安全性等级：

A 级：不含 c 级及 d 级基础（或单桩），可含 b 级基础（或单桩），但含量不大于 30%；

B 级：不含 d 级基础（或单桩），可含 c 级基础（或单桩），但含量不大于 15%；

C 级：可含 d 级基础（或单桩），但含量不大于 5%；

D 级：d 级基础（或单桩）的含量大于 5%。

b. 对深基础（或深桩），可根据原设计、施工、检测和工程验收的有效文件进行分析，也可向原设计、施工、检测人员进行核实；或通过小范围的局部开挖，获取材料性能、几何参数和外观质量的检测数据。若检测中发现基础（或桩）有裂缝、局部损坏或腐蚀现象，应查明其原因和程度。根据核查结果，对基础或桩身的承载能力进行计算分析和验算。若分析结果表明其承载能力（或质量）符合现行有关国家规范的要求，可根据其开挖部分的完好程度定为 A 级或 B 级；若承载能力（或质量）不符合现行有关国家规范的要求，可根据其开挖部分所发现问题的严重程度定为 C 级或 D 级。

c. 在下列情况下，可不经开挖检查而直接评定一种基础（或桩）的安全性等级：当地基（或桩基）的安全性等级已评为 A 级或 B 级，且建筑场地的环境正常时，可取与地基（桩基）相同的等级；当地基（或桩基）的安全性等级已评为 C 级或 D 级，且根据经验可以判断基础或桩也已损坏时，可取与地基（或桩基）相同的等级。

④地基基础子单元的安全性等级，应根据地基、桩基，斜坡以及基础和桩的评定结果，按其中最低一级确定。在鉴定中若发现地下水位或水质有较大变化，或土压力、水压力有明显增大，且可能对建筑物产生不利影响，应在鉴定报告中加以说明，并提出合理的建议。

2. 上部承重结构

上部承重结构子单元的安全性鉴定评级，应根据其所含各种构件的安全性等级、结构整体性等级，以及结构侧向位移等级进行确定。

①各种构件的安全性等级应根据每一受检构件第一层次的评定结果，分主要构件和一般构件。

②当评定结构整体性等级时，先评定其每一检查项目的等级，然后按下列原则确定该结构整体性等级；若四个检查项目均不低于 B 级，可按占

多数的等级确定；若仅一个检查项目低于 B 级，可根据实际情况定为 B 级或 C 级；若不止一个检查项目低于 B 级，可根据实际情况定为 C 级或 D 级。

③对于结构侧向位移，应现场量测出结构的顶点位移和层间位移，根据其检测结果，按下列规定评级：当检测值已超出界限，且有部分构件（含连接）出现裂缝、变形或其他局部损坏迹象时，应根据实际严重程度定为 C 级或 D 级。

但尚未发现部分构件（含连接）出现裂缝、变形或其他局部损坏迹象时，应进一步做计入该位移影响的结构内力计算分析，验算各构件的承载能力，若验算结果均不低于 B 级，仍可将该结构定为 B 级，但宜附加观察使用一段时间的限制。若构件承载能力的验算结果有低于 B 级时，应定为 C 级。

④上部承重结构子单元的安全性等级，应根据各种构件的安全性等级、结构整体性等级以及结构侧向位移等级的评定结果，按下列原则确定：

a. 一般情况下，应按各种主要构件和结构侧向位移（或倾斜）的评级结果，取其中最低一级作为上部承重结构（子单元）的安全性等级。

b. 当上部承重结构按第一条原则评为 B 级，但若发现其主要构件所含的各种 C 级构件（或其连接）处于下列情况之一时，宜将所评等级降为 C 级；C 级沿建筑物某方位呈规律性分布，或过于集中在结构的某部位出现 C 级构件交汇的节点连接；C 级存在于人群密集场所或其他破坏后果严重的部位。

c. 当上部承重结构按第一条原则评为 C 级，但若发现其主要构件或连接有下列情形之一时，宜将所评等级降为 D 级：任何种类房屋中，有 50% 以上的构件为 C 级；在多层或高层房屋中，其底层均为 C 级；多层或高层房屋的底层，或任一空旷层，或框支剪力墙结构的框架层中，出现 d 级，或任何两相邻层同时出现 D 级，或脆性材料结构中出现 D 级；在人群密集场所或其他破坏后果严重部位，出现 D 级。

d. 当上部承重结构按第一条原则至第三条原则评为 A 级或 B 级，而结构整体性等级为 C 级时，应将所评的上部承重结构安全性等级降为 C 级。

e. 当上部承重结构在按第四条原则的规定做了调整后仍为 A 级或 B 级，而各种一般构件中，其等级最低的一种为 C 级或 D 级时，尚应按下列规定调整其级别：若设计考虑该种一般构件参与支撑系统（或其他抗侧力系统）

工作，或在抗震加固中，已加强了该种构件与主要构件锚固，应将所评的上部承重结构安全性等级降为 C 级；当仅有一种一般构件为 C 级或 D 级，且不属于前面的情况时，可将上部承重结构的安全性等级定为 B 级；当不只一种一般构件为 C 级或 D 级，应将上部承重结构的安全性等级降为 C 级。

3. 围护系统的承重部分

围护系统承重部分子单元的安全性，应根据该系统专设的和参与该系统工作的各种构件的安全性等级，以及该部分结构整体性的安全性等级进行评定。其中，一种构件的安全性等级应根据每受检构件的评定结果及其构件类别分别规定评级；围护系统承重部分的结构整体性的安全性等级可按规定评级。

围护系统承重部分子单元的安全性等级，可根据上述评定结果，按下列原则确定：

①当仅有 A 级和 B 级时，按占多数级别确定。

②当含有 C 级或 D 级时，可按下列规定评级：若 C 级或 D 级属于主要构件时，按最低等级确定：若 C 级或 D 级属于一般构件时，可按实际情况，定为 B 级或 C 级。

③围护系统承重部分的安全性等级，不得高于上部承重结构等级。

五、子单元正常使用性鉴定评级

1. 地基基础

地基基础子单元的正常使用性，可根据其上部承重结构或围护系统的工作状态进行评估。若安全性鉴定中已开挖基础（或桩）或鉴定人员认为有必要开挖时，也可按开挖检查结果评定单个基础（或单桩、基桩）及每种基础（或桩）的使用性等级。地基基础的使用性等级，应按下列原则确定：

①当上部承重结构和围护系统的使用性检查未发现问题，或所发现问题与地基基础无关时，可根据实际情况定为 A 级或 B 级。

②当上部承重结构或围护系统所发现的问题与地基基础有关时，可根据上部承重结构和围护系统所评的等级，取其中较低一级作为地基基础使用性等级。

③当一种基础（或桩）按开挖检查结果所评的等级为 C 级时，应将地

基基础使用性的等级定为 C 级。

2. 上部承重结构

上部承重结构子单元的正常使用性鉴定，应根据其所含各种构件的使用性等级和结构的侧向位移等级进行评定。当建筑物的使用要求对振动有限制时，还应评估振动（颤动）的影响。

①各种构件的使用性等级应根据每一受检构件第一层次的评定结果，分为主要构件和一般构件。

②对于结构侧向（水平）位移，应现场量测出主要由风荷载（可含有其他作用，但不含地震作用）引起的顶点位移和层间位移，根据其检测结果，按规定评定每一测点的等级，并按下列原则分别确定结构顶点和层间的位移等级：对结构顶点，按各测点中占多数的等级确定；对层间，按各测点中最低的等级确定。根据以上两项评定结果，取其中较低等级作为上部承重结构侧向位移使用性等级。当检测有困难时，允许在现场取得与结构有关参数的基础上，采取计算分析方法进行鉴定。

③上部承重结构的使用性等级，应按各种主要构件及结构侧移所评等级，取其中最低一级作为评定等级。若按此标准评为 A 级或 B 级，而一般构件所评等级为 C 级时，尚应按下列规定进行调整：当仅发现一种一般构件为 C 级，且其影响仅限于自身时，可不做调整，但若其影响波及非结构构件、高级装修或围护系统的使用功能时，则可根据影响范围的大小，将上部承重结构所评等级调整为 B 级成 C 级；当发现多于一种一般构件为 C 级时。可将上部承重结构所评等级调整为 C 级。当遇到下列情况之一时，可直接将该上部承重结构定为 C 级：在楼层中，其楼面振动（或颤动）已使室内精密仪器不能正常工作，或明显引起人体不适感；在高层建筑的顶部几层，其风振效应已使用户感到不安；振动引起的非结构构件开裂或其他损坏，已可通过目测判定。

④当需评定振动对某种构件或整个结构正常使用性的影响时，可根据专门准的规定，对该种构件或整个结构进行检测和必要的验算，若其结果不合格，应按下列原则对评定出的等级进行修正：当振动仅涉及一种构件时，可仅将该种构件所评等级降为 C 级；当振动的影响涉及整个结构或多于一种构件时，应将上部承重结构以及所涉及的各种构件均降为 C 级。

3.围护系统

围护系统子单元的正常使用性鉴定评级，应根据该系统的使用功能等级及其承重部分的使用性等级进行评定。

①当评定围护系统使用功能时，应按规定的检查项目及其评定标准逐项评级，并按下列原则确定围护系统的使用功能等级：一般情况下，可取其中最低等级作为围护系统的使用功能等级；当鉴定的房屋对各检查项目的要求有主次之分时，也可取主要项目中的最低等级作为围护系统使用功能等级，当按主要项目所评的等级为 A 级或 B 级，但有多于一个次要项目为 C 级时，应将所评等级降为 C 级。

②当评定围护系统承重部分的使用性时，应按评定其每种构件的等级，并取其中最低等级，作为该系统承重部分使用性等级。

③当对围护系统使用功能有特殊要求的建筑物，尚应按现行专门标准进行评定。若评定结果合格，可维持原评定等级不变；若不合格，应将评定等级降为 C 级。

六、民用钢结构建筑的综合鉴定评级

1.鉴定单元安全性评级

民用建筑鉴定单元的安全性鉴定评级，应根据其地基基础、上部承重结构和围护系统承重部分等的安全性等级，以及与整幢建筑有关的其他安全问题进行评定。鉴定单元的安全性等级是根据子单元评定的结果，按地基基础和上部承重结构两个子单元中较低等级确定。当按此原则鉴定单元评为 A 级或 B 级，但围护系统承重部分的等级为 C 级或 D 级时，可根据实际情况将鉴定单元所评等级降低一级或两级，但最后所定的等级不得低于 C 级。对下列任一情况，可直接将该建筑评为 D 级：建筑物处于有危房的建筑群中，且直接受到其威胁；建筑物朝某一方向倾斜，且速度开始变快。当新测定的建筑物动力特性与原先记录或理论分析的计算值相比，有下列变化时，可判其承重结构可能有异常，应经进一步检查、鉴定后再评定该建筑物的安全性等级；建筑物基本周期显著变长（或基本频率显著下降）；建筑物振型有明显改变（或振幅分布无规律）。

2. 鉴定单元使用性评级

民用建筑鉴定单元的正常使用性鉴定评级，应根据地基基础、上部承重结构和围护系统的使用性等级以及与整幢建筑有关的其他使用功能问题进行评定。鉴定单元的使用性等级是根据子单元评定的结果，按地基基础、上部承重结构和围护系统三个子单元中最低的等级确定。当鉴定单元的使用性等级评为 A 级或 B 级，但若遇到下列情况之一时，宜将所评等级降为 C 级；房屋内外装修已大部分老化或残损；房屋管道、设备已需全部更新。

3. 民用建筑的可靠性鉴定

民用建筑的可靠性鉴定，应按划分的层次，以其安全性和正常使用性的鉴定结果为依据逐层进行。当不要求给出可靠性等级时，民用建筑各层次的可靠性可直接列出其安全性等级和使用性等级予以表示。当需要给出民用建筑各层次的可靠性等级时，可根据安全性和正常使用性的评定结果，按下列原则确定：当该层次安全性等级低于 B 级时，应按安全性等级确定；除上述情形外，可按安全性等级和正常使用性等级中较低的一个等级确定；当考虑鉴定对象的重要性或特殊性时，允许对上述的评定结果做不大于一级的调整。

七、鉴定报告的编写要求

民用建筑可靠性鉴定报告中，应对 C 级和 D 级检查项目的数量、所处位置及其处理建议，逐一做出详细说明。当房屋的构造复杂或问题很多时，尚应绘制 C 级和 D 级检查项目的分布图。若在使用性鉴定中发现 C 级项目已严重影响建筑物的使用功能时，也应按上述要求，在鉴定报告中做出说明。对承重结构或构件的安全性鉴定所查出的问题，可根据其严重程度和具体情况采取下列处理措施：减少结构上的荷载；加固或更换构件；临时支顶；停止使用；拆除部分结构或全部结构。

对承重结构或构件的使用性鉴定所查出的问题，可根据实际情况采取下列措施：考虑经济因素而接受现状；考虑耐久性要求而进行修补、封护或化学药剂处理；改变使用条件或改变用途；全面或局部修缮、更新；进行现代化改造。鉴定报告中应说明：对建筑物（鉴定单元）或其组成部分（子单元）所评的等级，仅作为技术管理或制定维修计划的依据，即使所评等级较高，也应及时对其中所含的 C 级和 D 级检查项目采取措施。

第三节　工业钢结构厂房可靠性鉴定

目前《工业厂房可靠性鉴定标准》对混凝土结构、砌体结构为主体的单层或多层工业厂房的整体厂房、区段或构件和以钢结构为主体的单层厂房的整体厂房、区段或构件的可靠性鉴定做了明确的规定。下面主要介绍单层工业钢结构厂房的评定方法。

一、一般规定

结构上的作用包括永久作用（结构构件、建筑构配件、固定设备等自重，预应力、土压力、水压力、地基变形等）、可变作用（屋面及楼面活荷载、层面积灰、吊车荷载、风荷载、雪、冰荷载、温度作用、振动冲击及其他动荷载）、偶然作用（地震，撞击爆炸事故、火灾）和其他作用。作用效应分项系数及组合系数应按国家现行标准《建筑结构荷载规范》确定，当有充分依据时，可结合工程经验，经分析判断确定。结构或构件的验算应按国家现行标准执行。

一般情况下，应进行结构或构件的强度、稳定、连接的验算，必要时还应进行疲劳、裂缝、变形、倾覆、滑移等的验算。对国家现行规范没有明确规定验算方法或验算后难以判定等级的结构或构件，可结合实践经验和结构实际工作情况，采用理论和经验相结合（包括必要时进行试验）的方法，按照国家现行标准《建筑结构可靠度设计统一标准》（GB 50068—2018）进行综合判断。结构或构件验算的计算图形应符合其实际受力与构造状况。当混凝土结构表面温度长期高于 60 ℃，钢结构表面温度长期高于150 ℃时，应考虑温度对材质的影响。当结构经受过 150 ℃以上的温度作用或受过骤冷骤热影响时，应检查烧伤程度，必要时应取样试验，确定其力学性能指标。验算结构或构件的几何参数应采用实测值，并应考虑构件截面的损伤、腐蚀、锈蚀、偏差、断面削弱以及结构或构件过度变形的影响。对于重级 T 作制或吊车起质量等于或大于 50 t 的中级 T 作制焊接吊车梁，应检验其常温冲击韧性，必要时检验负温冲击韧性。

二、鉴定评级的层次和等级

划分工业厂房可靠性鉴定是按子项、项目或组合项目、评定单元三个层次，每一层次划分为四个等级进行鉴定评级。鉴定时按规定的检查项目和步骤，从第一层次开始，逐层进行评定。

1. 工业建筑可靠性鉴定评级的各层次分级标准

子项 a 级：符合国家现行标准规范要求，安全适用，不必采取措施；b 级：略低于国家现行标准规范要求，基本安全适用，可不必采取措施；c 级：不符合国家现行标准规范要求，影响安全或影响正常使用，应采取措施；d 级：严重不符合国家现行标准规范要求，危及安全或不能正常使用，必须采取措施。

2. 项目和组合

项目应按对项目可靠性影响的不同程度，将子项划分为主要子项和次要子项两类。结构的承载能力、构造连接等应划分为主要子项；结构的裂缝、变形等应划分为次要子项。A 级：主要子项符合国家现行标准规范要求；次要子项略低于国家现行标准规范要求，正常使用，不必采取措施；B 级：主要子项符合或略低于国家现行标准规范要求，个别次要子项不符合国家现行标准规范要求，尚可正常使用，应采取适当措施；C 级：主要子项略低于或不符合国家现行标准规范要求，应采取适当措施；个别次要子项可严重不符合国家现行标准规范要求，应采取措施，D 级：主要子项严重不符合国家现行标准规范要求，必须采取措施。

3. 评定单元

一级：可靠性符合国家现行标准规范要求，可正常使用，个别项目宜采取适当措施；二级：可靠性略低于国家现行标准规范要求，不影响正常使用，个别项目应采取措施；三级：可靠性不符合国家现行标准规范要求，影响正常使用，有些项目应采取措施，个别项目必须立即采取措施；四级：可靠性严重不符合国家现行标准规范的要求，已不能正常使用，必须立即采取措施。

三、结构布置和支撑系统的鉴定评级

结构布置和支撑系统组合项目的鉴定评级应包括结构布置和支撑布置、支撑系统长细比两个项目，评定等级应按两个项目中较低等级确定。

①结构布置和支撑布置项目应按下列规定评定等级。

A级：结构和支撑布置合理，结构形式与构件选型正确，传力路线合理，结构构造和连接可靠，符合国家现行标准规范规定，满足使用要求；B级：结构和支撑布置合理，结构形式与构件选型基本正确，传力路线基本合理，结构构造和连接基本可靠，基本符合国家现行标准规范规定，局部可不符合国家现行标准规范规定，但不影响安全使用；C级：结构和支撑布置基本合理，结构形式、构件选型、结构构造和连接局部可不符合国家现行标准规范规定，影响安全使用，应进行处理；D级：结构和支撑布置、结构形式、构件选型、结构构造和连接不符合国家现行标准规范规定，危及安全，必须进行处理。

②支撑系统长细比项目的评定等级，应首先根据评定钢支撑杆件长细比子项的等级，然后根据各个等级的百分比，按下列规定确定：A级：含b级不大于30%，且不含c级、d级；B级：含c级不大于30%，且不含d级；C级：含d级小于10%；D级：含d级大于或等于10%。

四、地基基础的鉴定评级

地基基础的鉴定评级应包括地基、基础、桩和桩基、斜坡四个项目。

①地基项目宜根据地基变形观测资料，按下列规定评定等级：A级：厂房结构无沉降裂缝或裂缝已终止发展，不均匀沉降小于国家现行《建筑地基基础设计规范》（GB 50007—2011）规定的容许沉降差，吊车运行正常；B级：厂房结构沉降裂缝在短期内有终止发展趋向，连续2个月地基沉降速度小于2 mm/月，不均匀沉降小于国家现行《建筑地基基础设计规范》（GB 50007—2011）规定的容许沉降差，吊车运行基本正常；C级：厂房结构沉降裂缝继续发展，短期内无终止趋向，连续2个月地基沉降速度大于2 mm/月，不均匀沉降大于国家现行《建筑地基基础设计规范》（GB 50007—

2011）规定的容许沉降差，吊车运行不正常，但轨顶标高或轨距尚有调整余地；D 级：厂房结构沉降裂缝发展显著，连续 2 个月地基沉降速度大于 2 mm/ 月，不均匀沉降大于国家现行《建筑地基基础设计规范》（GB 50007—2011）规定的容许沉降差，吊车运行不正常，轨顶标高或轨距没有调整余地。

②基础项目应根据基础结构的类别，参照混凝土结构或砌体结构子项的评定方法，从承载能力、构造和连接、裂缝和变形四个子项方面来评定等级，详见《工业建筑可靠性鉴定标准》。

③桩和桩基项目包括桩、桩基两个子项，评定等级时按桩、桩基子项的较低等级确定。单桩宜按下列标准评定等级：a 级：木桩没有或有轻微表层腐烂，钢桩没有或有轻微表面腐蚀；b 级：木桩腐烂的横截面积小于原有横截面积 10%，钢桩腐蚀厚度小于原有壁厚 10%；c 级：木桩腐烂的横截面积为原有横截面积的 10%~20%，钢桩腐蚀厚度为原有壁厚 10%~20%；d 级：木桩腐烂的横截面积大于原有横截面积 20%，钢桩腐蚀厚度大于原有壁厚 20%。当基础下为群桩时，其子项等级应根据单桩各个等级的百分比按下列规定确定：a 级：含 b 级不大于 30%，且不含 c 级、d 级；b 级：含 c 级不大于 30%，且不含 d 级；c 级：含 d 级小于 10%；d 级：含 d 级大于或等于 10%。

④斜坡项目应根据其稳定性按下列规定评定等级：A 级：没有发生过滑动，将来也不会再滑动；B 级：以前发生过滑动，停止滑动后将来不会再滑动；C 级：发生过滑动，停止滑动后将来可能再滑动；D 级：发生过滑动，停止滑动后目前又滑动或有滑动迹象。

⑤基础组合项目的评定等级，应按地基、基础、桩和桩基、斜坡项目中的最低等级确定。当地下水水位和水质有较大变化，或因土压和水压显著增大对地下墙有不利影响时，可在鉴定报告书中采用文字说明。

五、上部承重结构系统的鉴定评级

单层厂房钢结构或构件的鉴定评级应包括承载能力（包括构造和连接）、变形、偏差三个子项。

钢结构或构件应进行强度、稳定性、连接、疲劳等承载能力的验算。结构或构件的承载能力（包括构造和连接）子项应按评定等级。

1. 钢结构或构件的偏差子项宜按下列规定评定等级

①天窗架、屋架和托架的不垂直度：a 级：不大于天窗架、屋架和托架高度的 1/250，且不大于 15 mm；b 级：构件的不垂直度略大于 a 级的允许值，且沿厂房纵向有足够的垂直支撑保证这种偏差不再发展；c 级或 d 级：构件的不垂直度大于 a 级的允许值，且有发展的可能时，可评为 c 级或 d 级。

②受压杆件对通过主受力平面的弯曲矢高：a 级：不大于杆件自由长度的 1/1000，且不大于 10 mm；b 级：不大于杆件自由长度的 1/660；c 级或 d 级：大于杆件自由长度的 1/660，可评为 c 级或 d 级。

③实腹梁的侧弯矢高：a 级：不大于构件跨度的 1/660；b 级：略大于构件跨度的 1/660，且不可能发展；c 级或 d 级：大于构件跨度的 1/660，可评为 e 级或 d 级。

④吊车轨道中心对吊车梁轴线的偏差 e：a 级：e ≤ 10 mm；b 级：10 mm<e ≤ 20 mm；c 级或 d 级：e>20 mm，吊车梁上翼缘与轨底接触面不平直，有啃轨现象，可评为 c 级或 d 级。

2. 钢结构或构件的承重结构系统组合项目评定等级

应根据承载能力（包括构造和连接）、变形、偏差三个子项的等级，按下列原则确定：当变形、偏差与承载能力（包括构造和连接）相差不大于一级时，以承载能力（包括构造和连接）的等级作为该项目的评定等级；当变形、偏差比承载能力（包括构造和连接）低于二级时，以承载能力（包括构造和连接）的等级降低一级作为该项目的评定等级；当变形、偏差比承载能力（包括构造和连接）低于三级时，可根据变形、偏差对承载能力的影响程度，以承载能力（包括构造和连接）的等级降一级或二级作为该项目的评定等级。

六、围护系统的鉴定评级

围护结构系统的鉴定评级包括使用功能和承重结构两个项目。

①使用功能项目包括屋面系统、墙体及门窗、地下防水和防护设施四个子项。使用功能各子项可按评定等级。围护结构系统使用功能项目评定等级，可根据各子项对建筑物使用寿命和生产的影响程度确定一个或数个主要子项，其余为次要子项。应将主要子项中的最低等级作为该项目的评

定等级。

②围护结构系统中的承重结构或构件项目的评定等级，应根据其结构类别，参照混凝土结构或身体结构子项的评定方法，从承载能力、构造和连接、裂缝和变形四个子项方面来评定等级，详见《工业建筑可靠性鉴定标准》（GB 50144）。

③围护结构系统组合项目的评定等级，应按使用功能和承重结构项目中的较低等级确定。对只有局部地下防水或防护设施的工业厂房，围护结构系统的项目评定等级，可根据其重要程度进行综合评定。

七、工业厂房的综合鉴定评级

1. 工业厂房的综合鉴定

可根据厂房的结构系统、结构现状、工艺布置、使用条件和鉴定目的，将厂房的整体、区段或结构系统划分为一个或多个评定单元进行综合评定。厂房评定单元的综合鉴定评级应包括承重结构系统、结构布置和支撑系统、围护结构系统三个组合项目。

2. 厂房评定

单元的承重结构系统包括地基基础及结构构件，组合项目的评定等级分为A、B、C、D四级，可按下列规定进行。

①将厂房评定单元的承重结构系统划分为若干传力树。传力树是由基本构件和非基本构件组成的传力系统。树表示构件与系统失效之间的逻辑关系。基本构件是指当其本身失效时会导致传力树中其他构件失效的构件；非基本构件是指其本身失效是孤立事件，它的失效不会导致其他主要构件失效的构件。传力树中各种构件包括构件本身及构件间的连接节点。

②传力树中各种构件的评定等级，应根据其所处的工艺流程部位，按下列规定评定：基本构件和非基本构件的评定等级，应在各自单个构件评定等级的基础上按其所含的各个等级的百分比确定。

基本构件：

A级：含B级且不大于30%；不含C级、D级；

B级：含C级且不大于30%；不含D级；

C级：含D级且小于10%；

D级：含 D 级且大于或等于 10%。

非基本构件：

A级：含 B 级且小于 50%；不含 C 级、D 级；

B级：含 C 级、D 级之和小于 50%，且含 D 级小于 5%；

C级：含 D 级且小于 35%；

D级：含 D 级且大于或等于 35%。

当工艺流程的关键部位存在 C 级、D 级构件时，可不按上述规定评定等级，根据其失效后果影响程度，该种构件可评为 C 级或 D 级。

（3）传力树评级取树中各基本构件等级中的最低评定等级

当树中非基本构件的最低等级低于基本构件的最低等级二级时，以基本构件的最低等级降一级作为该传力树的评定等级；当出现最低三级时，可按基本构件等级降二级确定。

（4）厂房评定单元的承重结构系统的评级可按下列规定确定

A级：含 B 级传力树且不大于 30%；不含 C 级、D 级传力树；B 级：含 C 级传力树且不大于 15%；不含 D 级传力树；C 级：含 D 级传力树且小于 5%；D 级：含 D 级传力树且大于或等于 5%。

3.厂房评定单元的综合

鉴定评级分为一、二、三、四共四个级别，应包括承重结构系统、结构布置和支撑系统、围护结构系统三个组合项目，以承重结构系统为主，按下列规定确定评定单元的综合评级：当结构布置和支撑系统、围护结构系统与承重结构系统的评定等级相差不大于一级时，可以承重结构系统的等级作为该评定单元的评定等级；当结构布置和支撑系统、围护结构系统比承重结构系统的评定等级低一级时，可以承重结构系统的等级降一级作为该评定单元的评定等级；当结构布置和支撑系统、围护结构系统比承重结构系统的评定等级低三级时，可根据上述原则和具体情况，以承重结构系统的等级降一级成两级作为该评定单元的评定等级；综合评定中宜结合评定单元的重要性、耐久性、使用状态等综合判定，可对上述评定结果做不大于一级的调整。

第四节　民用钢结构建筑适修性评估

民用建筑适修性评估,应按每种构件、每一子单元和鉴定单元分别进行,且评估结果应以不同的适修性等级表示。每一层次的适修性等级分为四级。民用建筑适修性评级的各层次分级标准,应分别按表 3-3 及表 3-4 的规定采用。

表 3-3　每种构件适修性评级的分级标准(GB 50292—2015)

等级	分级标准
A	构件易加固或易更换,所涉及的相关构造问题易处理。适修性好,修后可恢复原功能
B	构件稍难加固或稍难更换。所涉及的相关构造问题尚可处理,适修性尚好;修后尚能恢复或接近恢复原功能
C	构件难加固,或难更换,或所涉及的相关构造问题较难处理;适修性差;修后对原功能有一定影响
D	构件很难加固,或很难更换,或所涉及的相关构造问题很难处理;适修性极差,只能从安全性出发采取必要的措施,可能损害建筑物的局部使用功能

表 3-4　子单元或鉴定单元适修性评级的分级标准(GB 50292—2015)

等级	分级标准
A	易修或易改造,修后能恢复原功能,或改造后的功能可达到现行设计标准的要求,所需总费用远低于新建的造价;适修性好,应予修或改造
B	稍难修或稍难改造,修后尚能恢复或接近恢复原功能,或改造后的功能尚可达到现行设计标准的要求,所需总费用不到新建造价的 70%;适修性尚好,宜予以修复或改造
C	难修或难改造,修后或改造后需降低使用功能或限制使用条件,或所需费用为新建造价的 70% 以上。适修性差,是否有保解价值,取决于其重要性和使用要求
D	该鉴定对象已严重残损或修后功能极差。已无利用价值,或所需总费用接近甚至超过新建的造价;适修性很差,除纪念性或历史性建筑外宜予以拆除,重建

在民用建筑可靠性鉴定中，若委托方要求对 C 级和 D 级鉴定单元，或 C 级和 D 级子单元（或其中某种构件）的处理提出建议时，宜对其适修性进行评估。适修性评估可按下列处理原则提出具体建议：对评为 A 级、B 级，或 A' 级、B' 级的鉴定单元和子单元（或其中某种构件），应予以修复使用；对评为 C 级的鉴定单元和 C 级子单元（或其中某种构件），应分别做出修复与拆换两种方案，经技术、经验评估后再做选择；对鉴定单元和子单元（或其中某种构件），宜考虑拆换或重建。对有纪念意义或有文物、历史、艺术价值的建筑物，不进行适修性评估，而应予以修复和保存。

因此，对钢材料安全性的检验是非常重要的。

1. 钢结构优点与缺点

（1）钢材的强度较高，质量轻

钢材与混凝土或木质材料相比，虽然钢材的容积质量比较大，但是由于钢材的强度很大，而且容积质量与屈服点的比值相比相对来讲较低。所以，在承重力相一致的前提下，钢材结构与木质材料结构和钢筋混凝土结构进行比较，构件的体积较小，质量轻，对于运输与安装来讲相对比较方便。所以，钢结构比较适用于建筑物较高、跨度较大，而且要求可以进行装拆移动的结构。

（2）钢材的质地均匀，具有良好的塑性和韧性

与平常的木质材料和混凝土相比较，钢材质地均匀，具有较好的塑性与韧性。

（3）安装较方便而且施工周期短

因为现在的施工特点是一般都不在建筑场地施工而只是在建筑场地进行安装等简单的操作，因此对于钢这种装配化程度较高的材料来讲，不仅装配速度较高而且施工的速度也较高，施工周期极短。

（4）钢材料的密闭性较好

由于钢材具有不易渗漏与可焊接性的特性，因此可以焊接封闭的钢结构，如对于气密性和水密性都有极高要求的高压容器或是大型的管道等设施都可采用钢结构。

（5）钢材料耐热，但是不易耐火

物理中提到过随着温度的升高钢强度逐渐降低，因此可知，钢材料具

有耐热性但是不具耐火性，所以对于那些需要长期经受暴晒的建筑物来讲，若使用钢材料则需采取必要的保护措施，如涂一些具有防火功能的涂料，则其后期的使用费用就会很高。所以对于不同的建筑物来讲合理选择材料的使用非常重要。

（6）钢材料易生锈，后期的维护费用较大

易生锈是钢结构最大的缺陷，因此对于新建的钢建筑需要先除锈，其次还要涂防锈漆，而且这个过程是持续性的，一段时间一涂，久而久之这种重复就是维护的费用越发的高，由于现在还没有防锈技术的研究，所以这种防护是必需的。

2.钢材料的合理使用范围

（1）重型的建筑结构

所谓重型的建筑物是专指 100 t 以上或是长期进行频繁吊车的车间或是直接或间接需要承受巨大震动的建筑车间。例如，重型的铸造厂、造船厂的船体制作车间、飞机的零件组装车间。

（2）大跨度的建筑区结构

建筑物的结构跨度越大，建筑自身的质量所占的负荷的比例就会越大。因为钢的本身具有质地轻、强度大等优势，所以比较适合跨度较大的建筑物。例如，大型飞机仓库、体育馆、电影院等众多公共场所。

（3）高层与多层的建筑

由于钢结构自身具有质量轻、密度高等优点，所以极易适合高层建筑尤其是超高层建筑，特别是在高层建筑中大多使用钢材与混凝土的结合结构。

（4）轻型的钢结构建筑

所谓轻型钢结构，就是指钢的壁厚较薄等。由于轻型钢的各种特点使得建造的速度较快而且很省，所以对大型的建筑来讲极为划算。其中，钢材料由于自身的质量较轻所以便于拆迁，因此极易适合需要经常拆迁的建筑物使用。

第五节 钢结构耐久性评估

结构耐久性是指结构在正常维护条件下，随时间变化而仍满足预定功能要求的能力，也指耐久年限及剩余耐久年限。耐久年限是指结构在正常维护条件下，从建成至不能满足预定功能要求的时间。剩余耐久年限是指经过一定使用年限后的已建结构至不能满足预定功能要求的剩余时间。结构耐久性评估一般是指剩余耐久年限的评估。

我国《钢铁工业建（构）筑物可靠性鉴定规程》对此做了规定，它通过可靠性检测鉴定，根据结构在前一个使用阶段的损伤程度、损伤速度，结合结构现存的安全度或加固后的安全度进行推算或评估。影响结构耐久性的因素十分复杂，目前的研究还不是很深入，迫切需要进一步研究、补充和完善。钢结构的耐久性破坏，是钢结构表面的保护膜、母材、焊缝、铆钉、螺栓等随时间增长，由于受自然作用、化学腐蚀、疲劳损伤（重复荷载下裂纹扩展、冲击断裂、连接疲劳等）、累积变形、失稳等造成的累积损伤。

目前，钢结构耐久性评估有多种理论，如保护膜破坏寿命理论、大气腐蚀母材断面损伤寿命理论、大气和应力联合作用下承载能力寿命理论、疲劳累积损伤寿命理论，以及按常见钢结构耐久性破坏的规律判断寿命理论等。各种理论均根据耐久性破坏速度推算钢结构构件的剩余耐久年限。当钢结构构件主体的保护膜破坏，母材截面损伤超过 10%，且通过一般维修和局部更换已不能满足评定等级 B 级要求时，达到这种状态的年限 Y，称为该钢结构耐久性的自然腐蚀剩余年限。

1. 对钢结构安全性评估遵循的原则

所谓的安全是指在正常的施工与使用的情况下，钢结构可以承受的最大压力，当出现意外时仍然能保持最基本的稳定性。根据国家标准附录，对钢结构的安全评估主要包括以下几方面：

①钢结构的整体结构体系与各部件的安排；

②钢结构内部构件是否连接与内部构造所采取的措施；

③钢结构的承受力；

④钢结构最基本的抗险能力。

2. 对钢结构安全性评估的具体方法

①通过将结构的设计与设计图纸结合核查，如果没有设计图时就需要进行现场的检测与检查，钢结构的实际建筑应该与图纸上的设计一致，避免产生扭曲；钢结构的设计体系要明确，而且各方面的受力要均匀，检查检验各种装置的位置和建筑宽度应该符合实际情况，钢结构的尺寸大小也要进行合理的控制，以防由于局部的不稳造成整体的失衡。有钢结构建筑的房屋的各种标准都要严格遵守国家规定的大小。

钢材料的构件与整体的设施布置满足国家标准的要求：比如各构件之间的承受力，房屋的水平、垂直的承受力；建筑的保护与防热满足国标的规定。

②钢材料的抗灾害能力主要是指对地震、风、雨、雪等自然灾害的抵抗能力。具体可以根据钢材料的合理选择或是各种防护措施的采取进行判断，如可以从选材或采取措施上判断防火的能力；从结构的构造或链接的方式和承重力上判断防雨雪的能力等。

3. 对钢材料安全评估的总结与建议

①钢材料的安全性评估要根据现场的实际检验结果为最终结果，检验时既要依据设计构图或其他的资料为依据，还要有相关的专家人员在现场，结合不同的情况，认真研究分析，从而得出可靠、科学的结论。

②当对钢材料的评估不满足国标的要求时，可采取以下处理方法：整体加固、构件加固，但是当评估不能满足要求时也可以强行限制再次的使用。

③通过增设构件的方法提高结构的整合性。

④通过扩大截面积来增强构件的承受力；对于上述所说的增加构件或是扩大截面积都要有合理的途径，并且构件的底座要与所增加的构件之间有坚实的连接，这种连接大多采用焊接或是螺栓连接。当连接存在困难时也可以采取附加连接板等方法。

⑤如果外观的质量存在问题，则要采取措施进行修补，对于钢结构出现裂痕的，首先要观察分析裂痕出现的缘故，然后适当地进行维修；如果维修不能直接解决，还可以通过嵌板或附加盖，而对于没法维修的就需要通过其他的方法进行处理。

由于钢材料自身具有：轻、韧性度高，环保等特点，使钢材料的使用越来越频繁。随着国内钢铁产量的逐渐提高和国内钢材市场供应的逐步改善，钢结构在各种工程建设中的使用越来越广泛，但是据相关数据调查可知，我国人均钢产量的占有量却很低。由于现在的钢材在各种建筑中使用比较广泛，大到国家设施的建设，小到居民居住场所的建设，都离不开钢材的使用，所以，它已成为一种极其重要的建筑材料。

第六节　钢结构房屋危险性鉴定

一、评定方法

《危险房屋鉴定标准》将房屋系统划分为房屋、组成部分和构件三个层次。房屋危险性的鉴定采用三级综合模糊评判模式。考虑到实际操作的可行性和以往的实践经验，对三级综合模糊评判方法进行了简化和修正。评判时先从构件层次进行。构件危险性的等级评定分为两个等级，即危险构件和非危险构件。

每一种构件考察若干类因素（构成因素子集），如钢结构构件考察承载能力、构造与连接和变形三类因素。构件危险性评判时并不是通过评判矩阵和因素集上模糊子集（权重集）的模糊矩阵复合运算得出评判结果，而是根据考察的若干个方面直接列出一系列构成构件危险的标志，一旦构件出现其中的一种现象，便判定该构件出现了危险点，或称危险构件；如果该构件没有一个危险点，则判定为非危险构件。采用这种方法是考虑到许多危险现象很难明确分解出若干个影响因素；不同类型的因素往往又相互交叉影响；另外，还有一些影响因素人们尚未完全搞清楚，而确定这些因素的影响程度更是一件十分困难的事情。这种评判方法实际上是跳过构件等级评定的因素子集，直接根据一系列危险现象的标志，对构件进行评级。一旦符合危险现象标志，则对危险点的隶属度为 1，否则为 0；各危险现象在对构件危险性的评定中具有相同的权重系数。房屋的组成部分包括地基基础、上部承重结构和围护结构。每个组成部分的因素集仅包含一个元素：危险构件百分数它是各构件危险点的一种加权平均。四个等级的言语描述为 a 级：无危险点；b 级：有危险点；c 级：局部危险；d 级：整体危险。

房屋的三个组成部分：地基基础、上部结构和围护结构构成了房屋危险性评定的因素集。房屋的等级评定分为 A、B、C、D 四个等级。四个等级的言语描述为：A 级：结构承载力能满足正常使用要求，未发现危险点，房屋结构安全；B 级：结构承载力基本能满足正常使用要求，个别结构构件处于危险状态，但不影响主体结构，基本满足正常使用要求；C 级：部分承重结构不能满足正常使用要求，局部出现险情，构成局部危房；D 级：承重结构已不能满足正常使用要求，房屋整体出现险情，构成整幢危房。

对综合评判所得的模糊向量 B 采用一定的分析方法，便可对整栋房屋的危险性做出结论。

二、构件危险性鉴定

危险构件是指其承载能力、裂缝和变形不能满足正常使用要求的结构构件。

1.单个构件的划分

①基础对于独立基础，以一根柱的单个基础为一构件；对于条形基础，以一个自然间轴线单面长度为一构件；对于板式基础，以一个自然间的面积为一构件。

②墙体以一个计算高度、一个自然间的一面为一构件。

③柱以一个计算高度、一根为一构件。

④梁、搁栅、檩条等以一个跨度、一根为一构件。

⑤板以一个自然间面积为一构件；预制板以一块为一构件。

⑥屋架、桁架等以一副为一构件。

2. 地基基础的危险性鉴定

地基基础危险性鉴定包括地基和基础两个部分，其中基础部分根据基础类型可划分为若干个构件。地基基础应重点检查基础与承重砖墙连接处的斜向阶梯形裂缝、水平裂缝、竖向裂缝状况，基础与框架柱根部连接处的水平裂缝状况，房屋的倾斜位移状况，地基滑坡、稳定、特殊土质变形和开裂等状况。

①若地基部分有下列现象之一者，应评定为危险状态：地基沉降速度连续 2 个月大于 2 mm/ 月，并且短期内无终止趋向；地基产生不均匀沉降，其沉降量大于现行国家标准《建筑地基基础设计规范》（GB 50007—2011）规定的允许值，上部墙体产生沉降裂缝宽度大于 10 mm，且房屋局部倾斜率大于 1%；地基不稳定产生滑移，水平位移量大于 10 mm，并对上部结构有显著影响，且仍有继续滑动迹象。

②若基础部分有下列现象之一者，应评定为危险点：基础承载能力小于基础作用效应的 85%（R/%S<0.85，其中 R 是结构构件重要性系数，对安全等级为一级、二级、三级的结构构件分别取 1.1、1.0、0.9）；基础老化、腐蚀、碎、折断，导致结构明显倾斜、位移、裂缝、扭曲等；基础已有滑动，水平位移速度连续 2 个月大于 2 mm/ 月，并在短期内无终止趋向。

3. 混凝土结构构件的危险性鉴定

混凝土结构构件的危险性鉴定包括承载能力、构造与连接、裂缝和变形等内容。应重点检查柱、梁、板及屋架的受力裂缝和主筋锈蚀状况，以及柱的根部和顶部的水平裂缝、屋架倾斜和支撑系统稳定等。混凝土构件有下列现象之一者，应评定为危险点：构件承载力小于作用效应的 85%（R/%S<0.85，承载力验算时，应对构件的混凝土强度、碳化和钢筋的力学性能、化学成分、锈蚀情况进行检测，实测混凝土构件截面有效值，应扣除因各种因素造成的截面损失）；梁、板产生超过 L/150 的挠度，且受拉区的裂缝宽度大于 1 mm；简支梁、连续梁跨中部位受拉区产生竖向裂缝，其一侧向上延伸达梁高的 2/3 以上，且缝宽大于 0.5 mm，或在支座附近出现剪切斜裂缝，缝宽大于 0.4 mm；梁、板受力主筋处产生横向水平裂缝和斜裂缝，缝宽大于 1 mm，板产生宽度大于 0.4 mm 的受拉裂缝；梁、板因主筋锈蚀。

产生沿主筋方向的裂缝，缝宽大于 1 mm，或构件混凝土严重缺损，或混凝土保护层严重脱落、露筋；现浇板面周边产生裂缝，或板底产生交叉裂缝；预应力梁、板产生竖向通长裂缝；或端部混凝土松散露筋，其长度为主筋直径的 100 倍以上；受压柱产生竖向裂缝，混凝土保护层剥落，主筋外露锈蚀；或一侧产生水平裂缝，缝宽大于 1 mm，另一侧混凝土被压碎，主筋外露锈蚀；墙中间部位产生交叉裂缝，缝宽大于 0.4 mm；柱、墙产生倾斜、位移，其倾斜率超过高度的 1%，其侧向位移量大于 h/100，柱、墙混凝土酥裂、碳化、起鼓，其破坏面大于全截面的 1/3，且主筋外露，锈蚀严重。截面减小；柱、墙侧面变形，其极限值大于 h/250，或大于 30 mm；屋架产生大于 1/200 的挠度，且下弦产生横断裂缝，缝宽大于 1 mm；屋架的支撑系统失效导致倾斜，其倾斜率大于屋架高度的 2%；压弯构件混凝土保护层剥落，主筋多处锈蚀；端节点连接松动，且伴有明显的变形裂缝；梁、板的有效搁置长度小于规定值的 70%。

4. 砌体结构构件的危险性鉴定

砌体结构构件的危险性应包括承载能力、构造与连接、裂缝和变形等内容。应重点检查砌体的构造连接部位。纵横墙交接处的斜向或竖向裂缝状况，砌体承重墙体的变形和裂缝状况以及拱脚裂缝和位移状况，注意其裂缝宽度、长度、深度、走向、数量及其分布，并观察其发展状况。

砌体结构构件有下列现象之一者，应评定为危险点：受压构件承载力小于作用效应的 85%（R/x%S<0.85，承载力验算时，应测定砌块和砂浆强度等级，或直接检测砌体强度：实测砌体截面的有效值，应扣除因各种因素造成的截面损失）；受压墙、柱沿受力方向产生缝宽大于 2 mm、缝长超过层高 1/2 的竖向裂缝，或产生缝长超过层高 1/3 的多条竖向裂缝；受压墙、柱表面风化、剥落，砂浆粉化，有效截面削弱达 1/4 以上；支承梁或屋架端部的墙体或柱截面因局部受压产生多条竖向裂缝，或裂缝宽度已超过 1 mm；墙、柱因偏心受压产生水平裂缝，缝宽大于 0.5 mm；墙、柱产生倾斜，其倾斜率大于 0.7%。或相邻墙体连接处断裂成通缝；墙、柱刚度不足，出现挠曲鼓出，且在挠曲部位出现水平裂缝或交叉裂缝；砖过梁中部产生明显的竖向裂缝，或端部产生明显的斜裂缝，或支承过梁的墙体产

生水平裂缝或产生明显的弯曲、下沉变形；砖筒拱、扁壳、波形筒拱，拱顶沿母线开裂，或拱曲面明显变形成拱脚明显位移，或拱体拉杆锈蚀严重，且拉杆体系失效；石砌墙（或土墙）高厚比单层大于 14，两层大于 12，且墙体自由长度大于 6 m，墙体的偏心距为墙厚的 1/6。

5. 钢结构构件的危险性鉴定

钢结构构件的危险性鉴定包括承载能力、构造和连接、变形等方面。重点检查各连接、节点的焊缝、螺栓、螺钉等情况；应注意钢柱与梁的连接形式、支撑杆件、柱脚与基础连接损坏情况，钢屋架杆件弯曲、截面扭曲、节点板弯折状况和钢屋架挠度、侧向倾斜等偏差状况。钢结构构件有下列现象之一者，应评定为危险点；构件承载力小于作用效应的 9%（ R/S<0.90，承载力验算时，应对钢材的力学性能、化学成分、锈蚀情况进行检测，实测钢构件截面的有效值，应扣除因各种因素造成的截面损失；构件成连接件有裂纹或锐角切口，螺柱或铆接有拉开、变形、位移、松动、剪坏等严重损坏；连接方式不当，构造有严重缺陷；

受拉构件因锈蚀，截面减少超过原截面的 10%；梁、板等构件的挠度大于 L/250，或大于 45 mm；实腹梁侧弯矢高大于 L/600，且有发展迹象；受压构件的长细比大于现行国家标准《钢结构设计规范》（ GB 50017—2011 ）中规定值的 1.2 倍；钢柱顶位移，平面内大于 h/150，平面外大于 h/500，或大于 40 mm；屋架产生大于 L/250 或大于 40 mm 的挠度；屋架支撑系统松动失稳，导致屋架倾斜，倾斜量超过 h/150。

三、房屋危险性鉴定

房屋危险性鉴定应以整幢房屋的地基基础、结构构件危险程度的严重性为基础，结合历史状态、环境影响以及发展趋势，全面分析，综合判断。通过构件的危险性鉴定，将所有构件分成两类：危险构件和非危险构件。

四、危房及危险点处理

危房需由鉴定单位提出全面分析、综合判断的依据，报请市一级的房地产管理部门或其授权单位审定。对危房应按危险程度、影响范围，根据具体条件，分别按轻、重、缓、急安排修建计划。对危险点，应结合正常维修，及时排除险情。对危房和危险点，在查清确认后，均应采取有效措施，确保使用安全。

第四章　钢结构加固

　　钢结构具备强度高、自重轻、韧性好、制作简便、施工工期短等优点，目前在国内得到越来越多的应用，尤其是工业厂房与各种类型的工作平台。同混凝土、砌体结构一样，钢结构在设计、施工以及使用过程中，不可避免地会遇到这样或那样的问题或功能改造等，从而使得钢结构构件存在一定的缺陷或安全隐患，此时需要对此进行加固。钢结构相对混凝土结构与砌体结构而言，其具有材质均匀与力学模型吻合较好的特点，基于此，本章主要探讨钢结构加固。

第一节　钢结构加固原因与方法选择

一、钢结构加固原因

　　当钢结构存在严重缺陷和损伤，或改变使用条件经验查、验算结构的强度、刚度或稳定性不满足使用要求时，应对钢结构进行加固。常见的钢结构需加固补强的主要原因有以下几个：

　　①由于设计或施工中造成钢结构缺陷，如焊缝长度不足、杆件中切口过长、截面削弱过多等。

　　②结构性长期使用，不同程度锈蚀、磨损、操作不正常造成结构缺陷等，使结构构件截面严重削弱。

　　③工艺生产条件变化，使结构上荷载增加，原有结构不能适应。

　　④使用的钢材质量不符合要求。

⑤意外自然灾害，如雪灾造成结构严重损伤。

⑥由于地基基础的不均匀沉降，引起上部主体结构的变形和损伤。

⑦结构承受荷载的增加。钢结构建筑物建设或使用过程中，有时不得不对建筑物进行加层或进行加强利用，这就大大增加了建筑物的上部荷载，极易引起地基基础的沉降倒塌、梁柱弯曲变形甚至开裂等影响建筑物安全的问题。为保证钢结构建筑的正常安全使用，防止额外增加的荷载带来诸多隐患，需对建筑物采取必要的加固措施。

⑧地震影响。自古以来，地震都被认为是威胁建筑安全的重要因素，特别是近年来地震在全球范围内频繁发生。地震对建筑的危害极其严重，是不容忽视的，给社会和国家带来的经济损失和人员伤亡更是难以估量。故需要通过结构加固，加强建筑物的抗震能力，尽可能将地震的伤害程度降到最低。

⑨外部环境及自然灾害的损坏。钢结构由于其耐久性、耐腐蚀性较差，所以受自然环境影响较大。长期与空气接触后必定存在大气锈蚀，或者经过雨雪的冲刷，钢结构难免受到腐蚀。另有长期循环荷载作用导致结构整体承载能力和稳定性降低。通过对钢结构进行加固，可以减小这些负面作用对建筑的影响，从而保证结构各部件均衡受拉，使整体稳定可靠。

⑩改善结构本身的状态。许多结构使用时往往不再遵循初始设计时的结构功能，这样的改变使得原有的梁柱位置不得不发生变化，为了减小结构变形，抑制裂缝的产生，降低原有的结构应力，以满足新功能的需求，需要进行结构的加固。

⑪纠正设计或施工过程中的失误。在实际生产中，建筑物的新建和改造是非常复杂的系统工程。在这个过程中，失误是不可避免的，结果就是造成钢结构缺陷从而削弱截面，加之结构焊接时产生不均匀温度场因其应力集中，又或者施工过程中偷工减料的现象时有发生，为了保证结构正常运行，需要对结构进行加固改造。

二、加固方法选择原则

钢结构加固方法应从施工方便，不影响生产，经济合理、综合效果好等方面来选择，一般应遵循如下加固原则：

①加固尽可能做到不停产或少停产，因停产的损失往往是加固费用的几倍或几十倍：能否在负荷下不停产加固，取决于结构应力、应变状态，一般构件的应力应小于钢材设计强度的 80%，且构件损坏、变形等不是太严重时，可采用负荷不停产加固方法。

②结构加固方案要便于制作、施工，便于质量检查。

③结构制造、组装尽量在生产区外进行。

④连接加固尽可能采用高强螺栓或焊接。采用高强螺栓加固时，应验算钻孔截面削弱后的承载能力；采用焊接加固时，实际荷载产生的原有杆件应力最好在钢材设计强度 60% 以下，最大不得超过 80%，否则应采取相应措施才能施焊。

a. 对在使用过程中的钢结构进行加固时，加固过程应尽可能不妨碍结构的使用功能，对工业厂房做到不停产或者少停产，一旦停产，所造成的经济损失可达加固费用的几倍甚至几十倍。

b. 若结构强度、刚度、稳定性等鉴定结果显示结构可靠性已经不再满足正常的使用要求，则必须对钢结构工程进行加固。结构的加固内容和范围要结合结构的鉴定结果和加固后的使用要求综合考虑，且设计单位要与业主单位进行协商确定具体的加固方案。其中，结构加固的范围既可以是结构整体，也可以是特定的构件或结构某个区段、某个部位。加固后的结构安全等级取决于结构的重要性、结构破坏造成后果的严重性以及正常使用情况下的具体要求三个方面。

c. 结构加固施工过程中是否可以不停产进行负荷施工主要由加固结构在加固施工过程中的应力应变状态决定，若构件的应力应变状态小于所使用钢材设计强度的 80%，且构件损坏变形不太明显时，可采用负荷不停产的施工方法。

d. 当用外部连接构件对结构进行加固时，应使用高强螺栓或采取焊接，且施工过程中要对高强螺栓的截面承载力、焊缝及焊接后结构承载力进行验算。

e. 钢结构工程的加固设计不仅要满足结构使用要求，更要紧密结合实际的施工方法，采取适当的措施，充分考虑施工现场的条件，一方面避免构件在加固施工过程中产生附加变形，另一方面又要保证新增的截面或构件与原结构可靠有效地连接，使两者成为一个整体而共同工作。

f.由于特殊原因（冷脆、高温、地基不均匀沉降等）造成的结构损坏，应根据损坏原因采取相应的处理措施，确定实施可行后方可进行加固施工。

g.值得注意的是，对于加固时可能出现倾斜、失稳或倒塌的结构构件，在加固施工前要有相应的预防措施，防止施工过程中危险事故的发生。

第二节　钢结构加固方法

传统的钢结构的加固方法主要有减轻结构荷载、改变结构传力体系、加大原结构截面面积等，目前使用纤维复合材料对结构关键部位加固或修补裂缝逐渐显示出强大的优越性，也得到越来越广泛的应用。

改变结构传力体系适用于正在使用的钢结构改扩建工程，应用广泛，但这种加固方法对加固技术要求较高，技术手段要灵活多变，综合考虑经济效益、施工难度、使用功能、工艺要求等方面。

加大原结构的截面面积是指采用与原结构相同的材料来扩大构件截面面积，这种加固方法最大的优点是受力可靠且施工费用较低；缺点是施工时占用空间多、施工作业工作量大等，限制了这种方法的使用范围。

普通的钢板焊接、螺栓连接或者铆接，在一定程度上对结构起到了加固作用，但同时也会产生一些问题，最明显的就是焊接时产生的残余应力，对结构安全危害是很大的，一些新型的加固方式应运而生，其中效果最显著的是使用纤维复合材料（FRP）对钢结构关键部位进行加固或修补裂缝。

常用的 FRP 材料包括碳纤维复合材料（CFRP）、玻璃纤维复合材料（GFRP）、玄武岩纤维复合材料（BFRP）等，FRP 材料质量小厚度小，且有较高的强度，同时延性良好，施工作业时占地面积小、施工速度快，一般不会影响结构的正常使用。

三种 FRP 材料中，CFRP 综合性能最好，对结构加固后承载力提升最大，缺点是其延性、高温抗拉性能略差，且目前碳纤维材料主要依靠进口，造价过高；GFRP 价格较低，但对提高结构承载力的效果并不明显；BFRP 是一种绿色环保、经济适用的材料，采用 BFRP 加固的结构，不仅承载力得到了提高，延性也有所增加，因此可大范围推广。

钢结构加固根据损伤范围，一般可分为局部加固和全面加固。

局部加固是对某承载能力不足的杆件或连接节点处进行加固，分为增加杆件截面加固法、粘贴纤维增强复合材料加固法、减小杆件自由长度法和连接节点加固法。

全面加固是对整体结构进行加固，分为不改变结构静力计算简图加固法和改变静力计算简图加固法两类，增加或加强支撑体系，施加体外预应力都是对结构体系加固的有效方法。钢结构的加固施工有负荷加固施工、卸荷加固施工和部分卸荷加固施工；不得已时才采用从结构上拆下应加固构件进行更换（此时必须设临时支撑保证结构安全）。增加原有构件截面的加固方法是最费料最费工方法（但往往是可行、有效的方法），改变计算简图的方法最有效且多种多样，费用也大大下降。下面针对具体的加固方法进行分类阐述。

一、钢柱的加固方法

常用的钢柱加固方法有以下几种。

1. 补强柱的截面

一般补强柱截面用钢板或型钢，采用焊接或高强螺栓与原柱连接成一个整体。具体的加固方式主要从提高柱的截面面积及其截面惯性矩两个方面进行考虑。

2. 增设侧向支撑

增设侧向支撑可减小柱的自由长度，从而提高其承载能力。此时，可以在保持柱截面尺寸不变情况下提高柱的稳定性。

3. 改变计算简图

减少柱外荷载或内力通常采用的方法包括：将屋架与柱之间的铰接改为刚接，减小了柱根部的计算弯矩，柱截面可能就不需要进行加固，但此时应对屋架进行验算；加强排架柱的某一根柱（通常是外侧柱，便于施工），即通过提高该柱的抗侧刚度，使其所承担的水平荷载增大，从而使得其他柱列达到卸载的目的，导致加固工作量减少。

二、柱脚加固方法

1. 柱脚底板厚度不足加固方法

①增设柱脚加劲肋，达到减小底板计算弯矩的目的。

②在柱脚型钢间浇筑混凝土，使柱脚底板成为刚性块体。为增加钢板与混凝土之间的黏结力，柱脚表面油漆和锈蚀要清除干净，同时外焊炬钢筋。

2. 柱脚锚固不足加固方法

①增设附加锚栓：当混凝土基础宽度较大时可采用，在混凝土基础上钻出孔洞，插入附加锚栓，浇筑环氧砂浆或其他黏结材料固定（孔洞直径为锚栓直径 d 加 20 mm，深度大于 30 d），增设的锚栓上端，用螺帽拧紧在靴梁的挑梁上。

②将整个柱脚外包钢筋混凝土：新配钢筋要伸入基础内，与基础内原钢筋焊接。

三、钢屋架（托架）加固方法

屋架或托架的加固通常是在负荷状态下进行，有时必须在卸荷或部分卸荷状态下加固或更换。卸载用的临时支柱可直接由地面升起，也可把临时支柱安装在吊车桥架上。钢屋架（托架）加固方法类型较多，应根据原屋架存在的问题、原因、施工条件和经济条件进行综合选择。

1. 屋架体系加固法

体系加固法是设法将屋架与其他构件连接起来或增设支点和支撑，以形成空间的或连续的承重结构体系，改变屋架承载能力。

①增设支撑或支点：可增加屋架空间刚度，将部分水平力传递给山墙，提高抗震性能，故在屋架刚度不足或支撑体系不完善时可采用。

②改变支座连接加固屋架；将原铰接钢屋架改变为连续结构，单跨时铰接改刚接同样也可改变屋架杆件内力；支座连接变化能降低大部分杆件内力，但也可能使个别杆件内力特征改变或增加应力。所以，对改变支座连接后的屋架，应重新进行内力计算。

2.整体加固法

整体加固法是增强屋架的总承载能力，改变桁架内杆件内力。

①预应力筋加固法：通过对桁架增设体外预应力筋，可降低许多杆件内力。预应力的布置形式包括元宝式预应力筋与直线形预应力筋两种。

②撑杆构架加固法：在桁架下增加撑杆构架加固，增加的构架拉杆可以锚固在屋架上，也可锚固在柱子上。

3.杆件再分式加固法

利用再分式杆件减少压杆长细比，增加原有杆件的承载能力。

4.增大杆件截面加固法

屋架（桁架）中某些杆件承载能力不足，可以采用增大杆件截面方法加固，一般桁架杆件的增大截面采用加焊角钢、钢板或钢管。

四、钢梁加固方法

钢梁及吊车梁加固有时在负荷状态下进行，有时必须在卸荷或部分卸荷状态下加固，可以采用屋架类似方法进行卸荷。对于吊车梁来说，限制桥式吊车运行，即相当于大部分已卸荷，因吊车梁自重产生的应力与桥式吊车运行时产生应力相比是很小的。钢梁的加固类型与桁架加固方法相类似。

1.改变梁支座计算简图加固方法

各单跨梁可采用使支座部分连续的方法进行加固，在支座部分的梁上下翼缘焊上钢板，使其变成连续体系，该钢板所传递的力应恰好与支座弯矩相平衡，连续后可使跨中弯矩降低15%~20%。采用这种加固方法会导致柱荷载的增加，此时应验算柱。

2.支撑加固梁方法

支撑有竖向支撑（支柱）和斜撑两种。斜撑加固梁时，斜撑有长斜撑和短斜撑两种方法。长斜撑支在柱基上，虽用钢量多一点又较笨重，但能减少柱内力;而短斜撑支在柱上，将给柱传来较大水平力，虽用钢量少一点，但是只能在柱承载能力储备足够时才能采用。一般采用焊接方法连接斜撑和梁，验算时要考虑梁中间部分（斜撑支点之间）会产生压力，用斜撑加固梁时也必须加固梁截面。支柱加固时，需要做新基础。

3.吊杆加固梁方法

在层高较高的房屋内，可用固定于上部柱的吊杆来加固梁。由于吊杆不沿腹板轴线与梁相连，故梁又受扭。吊杆应是预应力的，吊杆按预应力和梁计算荷载引起的应力总和确定。

4.下支撑构架加固梁方法

当允许梁卸载加固时，可采用下支撑构架加固。各种下撑杆使梁变成有刚性上弦梁桁架，下撑杆一般是非预应力型钢（如角钢、槽钢和圆钢等），也可用预应力高强钢丝束加固吊车梁。

5.增大梁截面加固法

钢梁可通过增大截面面积来提高承载能力，焊接组合梁和型钢梁都可采用在翼缘板上加焊水平板、垂直板和斜板加固，也可用型钢加焊在翼缘上。当梁腹板抗剪强度不足时，可在腹板两边加焊钢板补强，当梁腹板稳定性不保证时，往往不采用上述方法，而是设置附加加劲肋方法。此外，为了考虑施工方便，也可采用圆钢和圆钢管补增梁截面。

五、连接和节点加固方法

构件截面的补增或局部构件的替换都需要适当的连接，补强的杆件也必须通过节点加固才能参与原结构工作，受损的节点更需要加固。所以，钢结构加固工作中连接与节点加固占有重要地位。钢结构加固所用连接方式与钢结构制造一样，包括铆接、焊接和螺栓连接（即高强螺栓和普通螺栓）几种。但是，鉴于加固是在既有结构上补强，因而选用的连接方式必须满足既不破坏结构功能又能参与共同工作的要求。此外，受既有结构各种因素和现场条件的限制，加固中必然会对不同连接方式混合使用的可能性和效果质疑，如结构空间有限，不可能增加新的螺栓时，可否增设焊缝来传递新增内力等。

正确选用连接方式的前提是掌握各种连接方式的工作特性。20世纪60年代以前，钢结构的连接以铆接为主，其特点是铆钉在热状态下铆合连接件，冷却后铆钉钉杆内产生纵向拉力，对被铆件施加挤压力。但由于施铆工艺受很多因素影响（如铆钉直径、连接件厚度、施铆工具和操作技术等），铆钉初应力变动很大，挤压作用不稳定。当铆钉初应力消失，挤压作用也随之松弛，连接部位由摩擦传力变为铆钉杆与孔壁之间承压传力，同时产生被铆部件之间的相对位移。同一节点的铆钉群中，各个铆钉将分别处在不同工作阶段中，因而铆钉连接的刚度小于焊接和高强螺栓连接。由于施工繁杂，目前铆接基本被淘汰。焊接连接刚度大，整体性好，尤其在横向角焊缝和对接焊缝连接情况更为显著。但是，焊接过程产生的残余应力，在几个方向焊缝交叉时，有可能出现三向应力状态的脆性破坏。高强螺栓连接从传力和变形特性两方面，都介于铆接和焊接之间，螺栓的预拉力值不仅高于铆钉，而且因施工工艺的保证，其值也较稳定。高强螺栓连接在产生滑移前（即摩擦型连接）连接刚度很好，滑移后则与铆接相似。不同连接方式除了工作特性的差异之处，对被连接钢材的材性要求也有很大出入，这一点在加固处理时必须慎重对待。从现场施工条件考虑，采用焊接方法最简单，但焊接对钢材要求最高，使用多年的工厂厂房结构往往原始资料残缺不全，钢材材性不明，若选用焊接，必须实地取样复验化学成分，主要控制碳、硫、磷三元素含量，建议碳含量 ≤ 0.22%，硫含量 ≤ 0.55%，磷含量 ≤ 0.05%。此外，硅含量 ≤ 0.22%，以保证其良好的可焊性。不同的连接方式是否适合于混合使用，取决于其各自的变形特性能否协调，具有相似变形特性的连接才能同时发挥各自的承载能力，起到应有的加固作用。下面对连接与节点的加固分别进行介绍。

1. 原铆接连接的加固

铆接连接节点不宜采用焊接加固，因焊接的热过程会使附近铆钉松动，工作性能恶化。由于焊接连接比铆接刚度大，两者受力不协调，而且往往被铆接钢材的可焊性较差，易产生微裂纹。铆接连接仍可用铆钉连接加固或更换铆钉，但铆接施工繁杂，且会导致相邻完好铆钉受力性能变弱（因新加铆钉紧压程度太强，影响到邻近完好铆钉），削弱的结果可能不得不将原有铆钉全部换掉。铆接连接加固的最好方式是采用高强螺栓，它不仅简化施工，且高强螺栓工作性能比铆钉可靠得多，还能提高连接刚度和疲劳强度。

2. 原高强螺栓连接的加固

原高强螺栓连接节点仍用高强螺栓加固，个别情况可同时使用高强螺栓和焊缝来加固，但要注意螺栓的布置位置，使两者变形协同。

3. 原焊接连接的加固

焊接连接节点的加固仍用焊接，焊接加固方式有两种：一是加大焊缝高度（堆焊），为了确保安全，焊条直径不宜大于 4 mm，电流不宜大于 220 A，每道焊缝的堆高不宜超过 2 mm；如需继续增加，应逐次分层加焊，每次以 2 mm 为限，后一道堆煤应待前一道堆焊冷却到 100 ℃以下才能施焊，这是为了使施焊热过程中尽量不影响原有焊缝强度。二是加长焊缝长度，在原有节点能允许增加焊缝长度时，应首先采用加长焊缝的加固连接方法，尤其在负载条件下加固时。负荷状态下施焊加固时，焊条直径宜在 4 mm 以下、电流 220 A 以下，每一道焊缝高度不超过 8 mm；如计算高度超过 8 mm，宜逐次分层施焊，后道施焊应在前道焊缝冷却到 100 ℃以下后再进行。

4. 节点连接的扩大

当原有连接节点无法布置加固新增的连接件（螺栓、铆钉）或焊缝时，可考虑加大节点连接板或辅助件。

六、裂纹的修复与加固

1. 焊接裂纹治理方法

裂纹是最为严重的焊缝缺陷。钢结构焊缝一旦出现裂纹，焊工不得擅自处理，应及时通知焊接工程师，找有关单位的焊接专家及原结构设计人员进行分析，采取处理措施，再进行返修，返修次数不宜超过两次。当负荷的钢结构出现裂纹时，应根据情况进行补强或加固。

①卸荷补强加固。

②负荷状态下进行补强加固，应尽量减少活荷载和恒荷载，通过验算其应力不大于设计的 80%，拉杆焊缝方向应与构件拉应力方向一致。

③轻钢结构不宜在负荷情况下进行焊缝补强或加固，尤其对受拉构件更要禁止。焊缝金属中的裂纹在修补前应用超声波探伤确定裂纹深度及长度，用碳弧气刨刨掉的实际长度应比实测裂纹长两端各加 50 mm，而后修补。

2. 钢构件裂纹的修复与加固

结构因荷载反复作用及材料选择、构造制造、施工安装不当等产生具有扩展性或脆断倾向性裂纹损伤时，应设法修复。在修复时，必须分析产生裂纹的原因及其影响的严重性，有针对性地采取改善结构受力性能的加固措施，对不宜采用修复加固的构件，应予拆除更换。对裂纹构件修复加固设计时，应按现行《钢结构设计规范》（GB 50017）规定进行疲劳验算，必要时应专门研究，进行抗脆断计算。在结构构件上发现裂纹时，作为临时的应急措施之一，可于板件裂纹端外 0.5~1.0 t（t 为板件厚度）处钻孔，以防止其进一步急剧扩展，并及时根据裂纹性质及扩展倾向再采取恰当措施修复加固。钢构件裂纹的常用修复方法如下所述。

（1）焊接法

修复裂纹时应优先采用焊接方法，一般按下述顺序进行：

①清洗裂纹两边 80 mm 以上范围内板面油污至露出洁净的金属面。

②用碳弧气刨、风铲或砂轮将裂纹边缘加工出坡口，直达纹端的钻孔，坡口的形式应根据板厚和施工条件按现行国家标准《气焊、手工电弧焊及气体保护焊焊缝坡口的基本形式与尺寸》的要求选用。

③将裂纹两侧及端部金属预热至 100~150 ℃，并在焊接过程中保持此温度；用与钢材相匹配的低氢型焊条或超低氢型焊条施焊；尽可能用小直径焊条以分段分层逆向焊施焊，焊接顺序，每一焊道焊完后宜即进行锤击。

④按设计要求检查焊缝质量。

⑤对承受动力荷载的构件，堵焊后其表面应磨光，使之与原构件表面齐平，磨削痕迹线应大体与裂纹切线方向垂直。

⑥对重要结构或厚板构件，堵焊后应立即进行退火处理。

（2）嵌板修补法

对网状、分叉裂纹区和有破裂、过烧或烧穿等缺陷的梁、柱腹板部位，宜采用嵌板修补。修补顺序如下：

①检查确定缺陷的范围；将缺陷部位切除，宜切带圆角的矩形孔，切除部分的尺寸均应比缺陷范围的尺寸大 100 mm。

②用等厚度同材质的嵌板嵌入切除部位，嵌入板的长宽边缘与切除孔间两个边应留有 2~4 mm 的间隙，并将其边缘加工成对接焊缝要求的坡口形式。

③嵌板定位后，将孔口四角区域预热至 100~150 ℃，并按顺序采用分段。

④检查焊缝质量，打磨焊缝余高，使之与原构件表面齐平。

（3）附加盖板修补法

用附加盖板修补裂纹时，一般宜采用双层盖板，此时裂纹两端仍须钻孔。当盖板用焊接连接时，应设法将加固盖板压紧，其厚度与原板等厚，焊脚尺寸等于板厚，盖板的尺寸和焊接顺序可参照嵌板修补法相关要求执行。当用摩擦型高强度螺栓连接时，在裂纹的每侧用双排螺栓，盖板宽度以能布置螺栓为宜，盖板长度每边应超出裂纹端 150 mm。

（4）吊车梁腹板裂纹修复

当吊车梁腹板上出现裂纹时，应检查和先采取必要措施，如调整轨道偏心等，再按焊接法修补裂纹。此外，尚应根据裂纹的严重程度和吊车工作制类别，合理选用加固措施。

七、钢结构锈蚀处理与防腐

1. 钢结构锈蚀的类型

钢材由于和外界介质相互作用面产生的损坏过程称为"腐蚀"，有时也称为"钢材锈蚀"。

钢材锈蚀按其作用可分为以下两类：

（1）化学腐蚀

化学腐蚀是指钢材直接与空气或工业废气中含有的氧气、碳酸气、硫酸气或非电解质液体发生表面化学反应而产生的腐蚀。

（2）电化学腐蚀

电化学腐蚀是由于钢材内部有其他金属杂质，而这些杂质又具有不同的电极电位，在与电解质或水、潮湿气体接触时，产生原电池作用，使钢材腐蚀。

实际工程中，绝大多数钢材锈蚀是电化学腐蚀或化学腐蚀与电化学腐蚀同时作用的结果。一般情况下，室外钢结构比室内易锈蚀；湿度大、易积灰部分易锈蚀；焊接节点处易锈蚀；难以涂层或涂刷到的部位易锈蚀。

2.处理与防腐措施

（1）新建钢结构防锈

新建钢结构应根据使用性质、环境介质等制定防锈方法，一般有涂料敷盖法和金属敷盖法。涂料敷盖法，即在钢材表面敷盖一层涂料，使之与大气隔绝，以防锈蚀，主要施工工艺有表面除锈涂底漆、涂面漆。

金属敷盖法即在钢材表面上镀上一层其他金属。所镀的金属可能使钢材与其他介质隔绝，也可能是镀层金属的电极电位更低于铁，起到牺牲阳极（镀层金属）保护阴极（铁）的作用。

（2）既有钢结构锈蚀处理

既有钢结构锈蚀层的处理包括旧漆膜处理、表面处理、涂层选择、涂层施工。其中，如果既有钢结构从未采用防锈漆保护过，想则不存在旧漆膜处理。

①漆膜处理。漆膜处理方法有碱水清洗（5%~10% 的 Na_2OH 溶液）、火喷法、涂脱漆剂、涂脱漆膏（配方：碳酸钙 6~10 份，碳酸钠 4~7 份，水80 份，生石灰 1~15 份，混成糊状；或清水 1 份、土豆淀粉 1 份，50% 浓度氢氧化钠水溶液 4 份，边搅拌边拌和，再加 10 份清水搅拌 5~10 min）等。

②表面处理。表面处理是保证涂层质量的基础，表面处理包括除锈和控制钢材表面的粗糙度。除锈可以采用手工工具处理、机械工具处理、喷砂处理、化学剂处理（酸洗、碱洗等）。对于既有钢结构的防腐处理往往是在不停产条件下进行，喷砂和化学剂处理方法使用较少，主要是采用手工和机械工具除锈。手工除锈是古老而简单的常用方法。即用铲刀、刮刀、钢丝刷、砂轮、砂布和手锤，靠手工铲、砂磨除去钢材表面旧漆膜和铁锈、油污和积灰。它操作方便，不受结构尺寸条件所限；但劳动强度大、效率低，质量难保证。机械除锈一般采用风动和电动工具——磨光机、风枪、风动针束除锈机，它比手工除锈的质量和效率都有提高，劳动强度相对较少。

③涂层选择。涂层选择包括涂层材料品种选择，涂层结构选择和涂层厚度确定。其中，漆膜厚度影响防锈效果，增加漆膜厚度是延长使用年限的有效措施之一。检测，室外条件应不小于 125 pm，腐蚀性环境中漆膜应加厚。

③涂层施工。涂层的施工质量与作业中具体操作有很大关系，实际施工时应委托专业化的施工队伍实施。

第三节 钢结构加固方法试验研究简介

一、FRP 加固方法

传统的钢结构加固方法是将钢板焊接，螺栓连接，铆接或者黏结到原结构的损伤部位，这些方法虽在一定程度上改善了原结构缺陷部位受力状况，但同时也给结构带来了一些新的问题，如产生新的损伤和焊接残余应力等。如果采用粘贴 FRP 加固技术，则可以克服上述方法的缺点，并且 FRP 具有比强度和比模量高、耐腐蚀及施工方便等优点。

FRP 加固修复钢结构是采用 FRP 板（或布）粘贴到钢结构构件损伤部位，提高或改善其受力性能，主要有以下几种形式：

①在梁的受拉面粘贴 FRP 片材，提高其抗承载力和抗弯刚度，这种加固形式在国内外研究应用得比较多，也比较有效；

②在梁的腹板粘贴 FRP 片材，提高其抗剪承载力；

③对疲劳损伤钢结构进行加固，提高剩余疲劳寿命，加固效果很不错；

④FRP 布环向缠绕钢管柱，避免钢管的局部失稳，提高柱的抗压承载能力；

⑤对钢结构节点的加固。

1.FRP 加固钢梁

FRP 加固钢梁的试验研究最早始于 20 世纪 90 年代中期，美国 Delaware 大学对无损伤缺陷的工字形钢梁进行研究。采用几种不同的 FRP 加固方案对跨度为 1 372 mm，型号为 W8×24 的工字形截面钢梁进行加固试验研究。

第一种方案是将 4.6 mm 厚的 CFRP 板直接粘贴在受拉翼缘底部；第二种方案是在粘贴 CFRP 板之前先粘贴铝合金蜂窝板；第三种方案是先将轻

质的泡沫制品粘贴到受拉翼缘底部,然后缠绕 GFRP 片材;第四种方案是将拉挤 GFRP 槽型板粘贴到受拉翼缘的底部,并用螺栓机械连接。加固后的钢梁采用四点受弯进行加载试验,研究结果显示刚度分别比加固前提高 20%、30%、11%、23%,极限承载力分别提高 42%、71%、41%、37%;相比较而言,第二种加固方案提高幅度最大。采用 19 mm 厚的 GFRP 板粘贴到型号为 W6X25 的工字形钢梁上、下翼缘表面,然后进行四点受弯加载试验研究;试验结果表明,这些钢梁的失效模式是 GFRP 板发生断裂或者 GFRP 层间发生分层,没有观察到 GFRP 和胶层之间的剥离破坏;加固后钢梁的刚度、屈服荷载和极限荷载分别提高了 15%、23% 和 78%。将厚 1.4 mm 的 CFRP 板粘贴到薄壁工字形钢梁腹板两侧,钢梁的破坏形式是腹板屈曲的剪切破坏;试验结果表明,加固后钢梁的抗剪承载力提高了 26%。

　　钢结构桥梁中常采用钢混凝土组合梁,对钢 - 混凝土组合梁也可以采用 FRP 进行加固。对钢材屈服强度分别为 310 MPa、370 MPa 的组合梁进行了试验研究,W8×24 工字形钢梁的跨度为 6 100 mm,上面是厚度为 114 mm,宽度为 710 mm 的混凝土板,分别用厚 2 mm 和 5 mm 的 CFRP 板粘贴到受拉翼缘底部进行加固。CFRP 板的长度为 3 650 mm,宽度为翼缘宽度,弹性模量为 114 GPa。试验结果表明,钢材屈服强度为 310 MPa 的组合梁分别采用 2 mm 和 5 mm 的 CFRP 板加固后,承载力分别提高了 21% 和 52%;钢材屈服强度为 370 MPa 的组合梁承载力分别提高了 9% 和 32%。对 3 根屈服强度为 335 MPa 的组合梁采用 CFRP 薄板进行加固试验研究,试验采用净跨为 4 780 mm 的 W14X30 工字形钢梁,钢梁上面是厚度为 75 mm、宽度为 910 mm 的混凝土板。钢梁下翼缘底部沿梁全长粘贴两道宽度为 76 mm,厚度为 1.27 mm 的 CFRP 薄板。研究结果表明,当钢梁底部分别粘贴 1、3、5 层 CFRP 薄板时,组合梁的极限承载力比未加固构件分别提高了 44%、51%、76%,但是刚度提高不明显。对组合梁进行的加固试验研究表明,其极限承载力比未加固构件提高了 21%~45%。从上面的试验结果可以看出,FRP 加固无初始损伤缺陷钢梁后,其承载力有一定提高,但是刚度大部分没有明显变化。已有的试验结果表明,FRP 加固效果的离散性较大,随着粘贴的纤维量、纤维的弹性模量、钢材的弹性模量、钢材的屈服强度的不同,加固效果也不同。

2.FRP 加固损伤钢梁

对存在损伤的钢梁进行加固试验研究，主要采用受拉翼缘切口、腹板钻孔等方法模拟钢梁的损伤，或直接从现场旧桥梁中选取存在锈蚀损伤的钢梁。对受拉翼缘存在损伤缺陷的工字形钢梁采用 CFRP 加固后，主要破坏模式是在切口处 CFRP 与钢梁间的剥离破坏，并随着剥离的发展，最后 CFRP 发生断裂。CFRP 加固带有损伤组合梁的破坏模式，主要有五种：混凝土被压碎、CFRP 与钢梁剥离、CFRP 被拉断、钢梁的翼缘或腹板屈曲、混凝土与钢梁间的剪力件破坏，通常是几种破坏模式的组合。试验结果表明，带有损伤缺陷钢梁采用高模量的 CFRP 板加固后，刚度基本能恢复到未损伤情况下钢梁刚度的 90% 以上；极限承载力的提高幅度随着加固量和损伤大小而不同。对 6 根腹板存在损伤的工字形钢梁进行了加固试验研究，钢梁的跨度为 711 mm，三点受弯试验在距钢梁支座 178 mm 的腹板中部用直径为 100 mm 的圆孔模拟腹板的损伤。采用不同种类的 FRP 片材进行加固，研究结果表明，所有钢梁在圆孔处的 FRP 片材都发生了与钢腹板的剥离，且承载力都没有得到显著提高。前面对没有损伤的钢梁粘贴 CFRP 板到腹板两侧，却使钢梁的抗剪承载力提高 26%。两个试验结果差异很大，一方面是由于后者加固量比前者大，另一方面是腹板圆孔的存在，使得 FRP 过早地发生与钢腹板之间的剥离破坏，这也说明采取措施延缓或避免剥离破坏的重要性。

3.FRP 加固受拉（压）构件

西安交通大学对采用碳纤维布粘贴加固后的钢板进行了单轴拉伸试验，试验结果表明，钢板采用 CFRP 布双面粘贴后，屈服荷载可提高 15%~18%，极限荷载可提高 16%~25%，破坏模式是 CFRP 布被拉断。加拿大的 Queen's、University 大学对 FRP 加固空心方管短柱的受压性能进行了试验研究。研究人员先沿着方管环向缠绕一层 GFRP 布（避免可能发生的电化学腐蚀），然后再沿方管环向或纵向粘贴若干层 CFRP 布。试验研究结果表明，沿方管环向粘贴 CFRP 布的加固效果远比纵向粘贴要好，极限承载力可提高 18%。当采用纵向 CFRP 布加固时，破坏形式是 CFRP 布与钢结构之间剥离破坏；当采用环向 CFRP 布加固时，则不会发生 CFRP 布与钢结构之间的剥离和 CFRP 布断裂的现象，钢柱最后发生局部屈曲破坏。

研究人员对 FRP 管加固锈蚀损伤钢柱的抗压性能进行了试验研究。研究人员在钢柱存在锈蚀损伤的部位先套上 FRP 管，然后在 FRP 管内浇筑膨胀轻质混凝土。试验研究结果表明，采用这种加固方法后，柱的承载力普遍比未加固构件提高 150% 以上。

4.FRP 疲劳加固

所有疲劳性能试验研究结果均表明，采用 FRP 加固之后，存在疲劳损伤的钢结构剩余疲劳寿命均成倍地增长，加固效果十分明显。Delaware 大学的研究人员针对两根从一座旧桥梁中取出的锈蚀损伤钢梁，采用 CFRP 板加固后进行了疲劳试验研究，在 34 MPa 的应力幅下，经过 1 000 万次应力循环没有发生 CFRP 板与钢梁之间的剥离破坏，这说明加固后钢梁具有很好的抗疲劳性能。通过试验研究了采用预应力 CFRP 板来延缓裂纹扩展速率从而提高铆接钢结构的疲劳寿命。

试验第一阶段对中心带裂纹的小尺寸钢板采用 1.2 mm 厚的预应力 CFRP 板进行加固处理，在 80 MPa 的应力幅和 0.4 应力比的循环荷载作用下，随着预应力的增大，裂纹扩展速度显著降低，疲劳寿命最大提高幅度达 16 倍。

试验第二阶段是从既有旧桥上取出的 1 根铆接钢梁进行加固，试验研究结果表明，用预应力 CFRP 板可以有效地延缓铆钉孔附近疲劳裂纹的出现和进一步发展；未加固钢梁 350 万次循环荷载后出现裂纹，加固后钢梁 2000 万次循环荷载后裂纹没有继续扩展。对 21 根（其中 15 根未加固梁，6 根 CFRP 加固梁）1.3 m 长 W127X4.5，A36 的小尺寸工字形钢梁进行四点受弯试验研究。梁跨中受拉翼缘两边各被切割一道长 12.7 mm、宽 0.9 mm 的切口模拟损伤疲劳裂纹，CFRP 板长度为 300 mm，宽度与梁的下翼缘相同，厚度为 1.27 mm，纤维方向与切口方向垂直。试验结果表明，CFRP 加固过的钢梁试件与未加固试件相比，当应力幅为 207 MPa 和 345 MPa 时，疲劳寿命分别提高 3.4 倍和 2.6 倍。对 21 个含边裂纹和 8 个含中心裂纹的受拉构件进行了疲劳试验研究，考察了 CFRP 类型、长度、宽度、单面和双面粘贴、裂纹扩展前后粘贴等因素对加固效果的影响。对于含边裂纹钢板，当双面粘贴加固时，加固后构件的剩余疲劳寿命与未加固构件相比最大可提高 115%，对于含中心裂纹钢板，当双面粘贴加固时，加固后构件的剩余疲劳寿命与未加固构件相比最大可提高 54%。

国家工业建筑诊断与改造技术研究中心对两组十字形横肋小试件进行在拉—拉循环荷载作用下的疲劳试验研究。试验结果表明，在钢构件 K 形焊接部位粘贴碳纤维布加固后，其疲劳寿命可提高 318%。除此之外，在粘贴 CFRP 加固钢结构之前，钢材的表面处理可以增强其黏结强度和耐久性。当表面处理完成后，15 h 内必须粘贴 CFRP，否则会降低黏结强度。表面处理或者喷砂处理可以从钢结构表面除去铁锈，各种涂料和油漆，增强其黏结效果；钢板选用 Q235 钢，钢材的屈服强度为 388.2 MPa，拉伸强度为 517.1 MPa，弹性模量为 216.2 GPa，加固材料为 HT 型和 HM 型碳纤维布，厚度均为 0.167 mm，拉伸强度、伸长率、弹性模量分别为 3 788 MPa、1.7%、217.6 GPa 与 3198 MPa、0.72%、422.4 GPa。黏结材料选用适合于碳纤维布加固的黏结剂，其拉伸强度、弹性模量、极限应变、压缩强度和钢 - 钢拉剪强度分别为 43.5 MPa、3 800 MPa、2.2% 和 86.0 MPa、22.06 MPa，该试验设计了以下两种形式的试件。

试件 I：含缺陷试件为了考察粘贴碳纤维布后的加固效果。

在钢板两侧各开一个半径为 5 mm 的贯穿半圆孔，用来模拟由于腐蚀或疲劳裂纹导致的截面削弱。碳纤维布采用对称粘贴，即在损伤钢板两对面各粘贴一层碳纤维布。钢板长度为 600 mm、宽度为 50 mm、厚度为 6 mm；碳纤维布的粘贴长度为 400 mm、粘贴宽度为 50 mm，一部分碳纤维布两端不锚固；另一部分碳纤维布两端采用玻璃纤维布进行锚固。碳纤维布端部的锚固方式有两种，即采用玻璃纤维布压条和缠绕玻璃纤维布锚固。

试件 II：无损伤试件。用来研究碳纤维布与钢结构之间的黏结应力分布及有效黏结长度。钢板两侧没有开孔且碳纤维布在一端采用玻璃纤维布横向缠绕锚固，这样可以使碳纤维布的剥离破坏出现在未锚固的一端。碳纤维布的粘贴长度为 400 mm，粘贴宽度为 40 mm，玻璃纤维箍的宽度为 40 mm。

基于试验研究与分析结果，可得出以下几点结论：

①粘贴碳纤维布能有效地提高拉伸构件的屈服荷载，但对极限荷载的贡献不大。这是因为在碳纤维布与钢板发生剥离之前，两者能有效地共同

工作，碳纤维布分担了一部分荷载，降低了钢板缺陷处的应力，从而延迟了钢板的屈服，最终提高了试件的屈服荷载；构件发生屈服后，碳纤维布发生剥离，剥离区域的碳纤维布成为自由状态，对钢板的约束能力消失，所承担的荷载转移给钢板，钢板的应变迅速增大，发生断裂，因此极限荷载变化不大。同时，碳纤维布端部不同的锚固措施对屈服荷载的影响不同，未锚固时，由于碳纤维布端部角点处界面存在严重的应力集中，因此钢板接近屈服时就出现剥离，而且钢板屈服后，由于应变增加得很快，碳纤维布大范围剥离；当端部缠绕玻璃纤维锚固后，可以使端部的应力集中程度得到缓和，提高碳纤维布的使用效率，从而使构件的屈服荷载进一步提高。

②采用高弹性模量的碳纤维布加固损伤钢构件的效果更加明显。

③保证碳纤维布在钢材屈服后仍不发生剥离是非常重要的；即使碳纤维布与钢板发生剥离，但若采取必要的措施，使碳纤维布仍能继续承受荷载也是一种有效的办法。

对 CFRP 加固焊接钢结构的疲劳性能进行了试验研究。试验构件采用典型的板材对接焊中的单面 V 形焊，试件截面尺寸为 220.0 mm×38.2 mm×11.8 mm，单面焊构件中钢板对接处竖向留有 4 mm 高度，然后做 60° 斜坡，梁钢板间距为 3 mm，对接焊钢板在三点弯曲的循环荷载作用下，当沿长度方向粘贴 CFRP 布后，钢板和焊缝接触部位的最大拉应力降低 9.9%，循环荷载应力幅度降低 9.7%。粘贴 CFRP 后将构件原有的疲劳寿命由 $1.25×10^4$ 提高到 $2.46×10^4$，提高了 97%。利用 FRP 套管砂浆填充的方法对双轴对称钢构件进行了抗屈曲加固。通过 18 根试件的轴心受压试验研究，可以发现此方法能显著地提高构件的抗屈曲能力，加固试件的极限承载力最大能够提高 178%，延性指标最大能够提高 778%。

二、其他加固方法

对于钢结构的焊接连接，一般可采用加长焊缝或补焊短斜板，以及将原焊缝加厚等方法进行加固。但对相当数量的结构，在连接部位增加新焊缝往往有一定的困难，这样就只能采用将原焊缝加厚的方法。从施工简便的角度出发，这种加固方法更希望在负荷条件下完成。为此，相关研究人员对此开展了试验研究。试验结果表明，在不卸载条件下，用加厚原有焊接方法对焊接连接进行加固补强，是行之有效的措施；即使在最不利条件、试件受力偏心很大呈拉弯状态时，加厚后焊缝强度平均值也能达到原有焊缝的 83.5%，加固时原有焊缝应力水平可保持为 0.8；加厚焊缝的总承载能力与焊缝工作断面的增加成比例，但与加固时焊接电流有关。在该试验研究中，当焊接电流为 170~190 A 时，加厚后焊缝强度（以单位面积切应力计算）可达原有焊缝强度的 94.5%；当焊接电流加大为 190~220 A 时，加厚后焊缝强度为原有焊缝强度的 92.5%，在前面连接加固方法中提到螺栓连接与焊缝连接。栓焊并用连接节点在钢结构加固工程中具有很好的应用前景，但螺栓连接与焊缝连接之间的刚度和延性差异，使得栓焊并用连接受力性能复杂，其承载能力并不一定是螺栓与焊缝两者的简单叠加。为此，相关人员进行了高强度螺栓摩擦型连接与侧端部角焊缝并用连接试件承载性能的试验研究。

并用试件的极限承载力与其所含纯螺栓、纯焊试件的极限承载力的叠加值相比基本相等，并用试件的承载力略大于基本试件的叠加值。考虑到试件加工误差及偶然因素的影响，可以认为并用试件的承载力等于所含基本试件的承载力之和，即并用效率为 1.0。试件为螺栓与侧焊缝并用连接，两者强度之比为 1∶1.87；因此可以认为，螺栓与侧焊缝强度比值在此范围内的栓焊并用试件的并用效率可达到 1.0。

并用连接试件，考虑到试件加工误差及偶然因素的影响，可以认为并用连接试件的承载力等于所含基本试件承载力之和的 0.9 倍，即并用效率为 0.9。综上所述，建议纯螺栓连接和侧焊缝纯焊连接的刚度和延性相差不大，两者可以较好地共同工作。端焊缝的刚度较大、延性较差、螺栓和端焊缝并用连接共同工作能力较差，实际工程设计中不建议采用此种并用连接方式。除此之外，体外预应力加固钢结构具有加固工作可在不卸载情况下进行，减小变形、降低内力峰值、扩大结构弹性受力幅度等优点。基于文献的研究资料，5.6 m 长的三跨连续钢梁，通过布置折线形预应力索能显著改善钢梁的受弯性能，跨中挠度减少 15%~20%，应变减少 40%。

三、加固改造新技术

（一）建筑结构新技术实验进展

1.ECC 材料研究进展

（1）概述

ECC（高性能纤维增强水泥基材料）是 Engineered Cementitious Composites 的简称，是一种基于微观力学设计的、在单轴拉应力作用下表现为多缝开裂的高韧性高耐久性乱向分布短纤维增强水泥基复合材料。与普通混凝土相比，ECC 材料具有良好的承载能力和耗能特性。ECC 的应变能力一般能够超过 3%，最高可达 8%，耗能能力是常规纤维混凝土的 3 倍。同时，其在拉力作用下裂缝状态呈现饱和多缝开裂特性，且最大裂缝宽度一般不大于 0.1 mm。ECC 理论研究始于 1992 年，最早使用 PE（聚乙烯纤维）作为增强纤维。1997 年开始 PVA（聚乙烯醇）被用于 ECC，其成本远低于 PE-ECC，目前国内外研究主要集中在 PVA-ECC 上。

目前已开发并得到应用的 ECC 产品主要有可喷射 ECC、自密实 ECC、轻质 ECC（ 1g/ cm^3 以下）、强 ECC 等。鉴于目前单位质量的 PVA ECC 成本是普通混凝土的 3 倍，一些学者开始研究低成本纤维增强 ECC，如 PP-ECC 等。在实际应用方面，欧美发达国家和日本已经开始将 ECC 应用于桥面板、建筑物减震、基础工程的表面修复等领域。国内关于 ECC 的研究主要集中在试验阶段，部分在建水电站项目也将 ECC 投入应用。基于 ECC 在提高结构延性、耗能能力、耐久性等方面效果显著，ECC 在抗震结构、大变形结构、抗冲击结构和修复结构中有着广阔的发展前景。

①ECC 的耐久性及其在工程中的应用。由于混凝土的低拉伸应变能力，混凝土结构极易产生非结构性裂缝（约占全部裂缝种类的 80%）。当混凝土开裂后，侵蚀性介质会通过裂缝渗透而使钢筋锈蚀，钢筋锈蚀后产生的膨胀应力将进一步导致脆性混凝土的保护层剥落，极大地影响了结构的耐久性。试验表明，采用 ECC 取代普通混凝土后，结构的非结构性裂缝发展受到抑制，渗透性、保护层抗剥落性能均得到提高。戴建国等对聚丙烯纤维混凝土的塑性收缩裂缝进行了理论研究和试验，结果表明，乱向分布的短

切聚丙烯、尼龙等合成纤维加入混凝土后，能有效提高混凝土的渗透性能、抗冻融性能及钢筋混凝土结构的耐腐蚀性能。

基于其良好的裂缝控制能力和耐久性，ECC 在结构修复领域及桥梁结构中得到了应用，同时也展现了较好的长期性能。如日本岐阜辖区一座建于 20 世纪 70 年代的混凝土重力挡土墙墙体，由于碱骨料反应开裂后，采用喷射 ECC 和其他材料同时进行修补，对比发现，采用 ECC 进行裂缝修补的墙体裂缝宽度远小于采用其他材料修补的。2005 年，日本滋贺辖区的中心枢纽渠道和富士山辖区的塞里丹诺灌溉渠道由于冲磨而遭到破坏后，用 ECC 对中心渠道和塞里丹诺渠道进行修补，目前尚未观测到裂缝，而之前曾采用普通砂浆和超高强聚合物砂浆进行渠道修补，修补部位于 1 个月后就能观测到裂缝；2002 年，美国密歇根州一座公路桥梁的面板经多年使用后严重损毁，维修加固工程中大量使用 ECC。2004 年检测发现，采用 ECC 修复的桥面板工作状况良好，裂缝宽度控制在 0.03 mm 以下；而同期采用普通混凝土修复的桥面板裂缝严重，裂缝高达数毫米。

②ECC 在耗能减震中的研究和应用。在抗震结构中，塑性铰区的能量吸收是耗散地震能的主要途径。对钢筋-ECC（R-ECC）梁构件进行抗剪周期循环试验发现，R-ECC 梁构件发生剪切破坏时出现大量的细微斜裂缝，滞回环形状饱满，耗能能力强，剪切破坏类似于延性破坏。姚山等通过 ETABS 建模分析使用 ECC 前后某六层钢筋混凝土框架结构的地震响应变化表明，ECC 可明显减小最大楼层位移及位移角，减震效果明显。采用 ZEUSNL 程序建模分析了 ECC 对混凝土框架结构在地震作用下倒塌安全储备的提升作用。将某四层框架的梁柱单元端部各 15% 的混凝土替换为 ECC 制成 ECC 框架，对比替换前的普通框架的抗震性能发现，ECC 框架能够较为有效地避免混凝土压碎导致的端部破坏，同时梁中部出现屈服。

ECC 框架的倒塌安全储备系数比普通框架提高了约 2.7 倍。采用 ZEUSNL 程序对某六层现浇钢筋混凝土框架结构进行 PUSHOVER 分析，共建立了普通钢筋混凝土 RC 框架、ECC 的 ECC 框架和部分构件采用 ECC 的 ECC/RC 组合框架三种模型，其中 ECCIRC 组合框架在框架节点及底层柱根区域应用 ECC，其余部位均使用普通混凝土。研究发现，ECC 框架和 ECCIRC 组合框架能够有效提高框架结构的抗震性能，且 ECC 框架和

ECCRC 组合框架对结构抗震性能提高相差不大。目前存在的 ECC 耗能装置主要分为现浇式和预制式。ECC 作为消能减震构件在高层建筑中得到了应用。例如，2007 年日本横滨市某 41 层高层建筑将 ECC 用在主框架结构的连接梁上；东京市中心某 95 m 的 27 层高层建筑内框架采用了 54 块预制钢筋 ECC 耗能连接梁，提高了结构的耗能能力。

由于 ECC 具有较高的耗能能力，剪切破坏时呈现类延性特征，遭受地震破坏后的残余裂缝宽度很小，能大大减小地震后的修补费用等特点，ECC 可以应用于抗震节点和抗震阻尼器。尤其在建筑工业化的背景下，目前的预制装配式结构的节点抗震性能依旧受到质疑，预制 ECC 抗震节点的开发和研究也具有较高的推广价值和应用前景。

③ECC 在结构加固方面的研究和应用。目前我国尚没有 ECC 在建筑结构加固中的应用实例，但是一些学者已经开始了相关的试验研究。2013 年对 ECC 面层加固受损砖墙的抗震性能进行了拟静力试验研究，研究表明，对于未受损砖墙，ECC 面层与砖墙体间黏结性能良好，采用 ECC 面层加固砖墙能有效限制墙体的开裂和破坏，改善砖墙的剪切脆性破坏，提高墙体的延性和损伤容限能力，经 ECC 面层加固后的砌体墙受压承载力也得到了提高。2015 年，发表了 ECC 面层加固受损砖墙的抗震性能研究结果。

研究表明，ECC 面层对砖墙具有良好的约束作用，可显著改善砖墙的变形能力，保证墙体在严重破坏时不会坍塌。试验过程中同时发现 ECC 面层与混凝土构造柱之间的黏结效果较差，无法充分发挥 ECC 的优异性能，采用锚栓可以提高 ECC 面层对砖墙的约束作用。2015 年采用拟静力试验综合评价 ECC 用于修复震损剪力墙的有效性。研究表明，ECC 修复后，剪力墙的承载力基本恢复，剪力墙的破坏模式由脆性破坏转化为延性破坏，墙体的耗能能力提高，能够有效避免剪力墙墙角混凝土的压溃和钢筋的屈曲。

在 ECC 面层加固砖砌体试验研究中，ECC 面层加固方法能将结构构件的破坏模式由脆性破坏转化为延性破坏，提高结构的耗能能力；且相较于钢筋网水泥砂浆面层加固法，ECC 面层加固法无须安装钢筋网和设置穿墙钢筋，施工简单，具有推广价值。但是目前关于 ECC 面层加固砌体结构的抗震性能研究中，ECC 面层加固方法均为双面加固，但实际运用中，单面加固方法能有效避免破坏室内装修，在住宅加固中尤为适用。因此，关于 ECC 面层单面加固砌体结构的抗震性能还有待研究。

ECC 是一种具有良好性能的耐久性材料，在维修工程和基础设施建设中的应用也越来越多。虽然 ECC 在我国建筑结构中尚未投入使用，但是试验室研究和国外使用 ECC 的工程实例已经证明，ECC 在提高结构延性、耗能能力、耐久性等方面效果显著，可以预见随着 ECC 价格的下降以及对 ECC 结构和构件研究的深入，ECC 将在新工程和加固工程中得到广泛应用。

（2）ECC 在日本的研究进展及工程应用

日本混凝土协会（Japan Concrete Institute，JCI）成立了关于韧性纤维水泥基复合材料（Ductile Fiber Reinforced Cementitious Composites，DFRCC）的研究委员会，以致力于研究这些韧性材料及其工程应用。该委员会引进了一些韧性材料，其中包括高性能纤维水泥基复合材料（High Performance Fiber Reinforced Cementitious Composites，HPFRCC），而 ECC 被归类为 HPFRCC 的一种。普通的韧性水泥基复合材料包括一些只在弯曲作用下表现出多缝开裂的纤维水泥基复合材料。日本土木学会（Japan Society of Civil Engineers，JSCE）于 2008 年发布了 HPFRCC 的设计及施工规范（试行），以规范该新材料在结构上的应用。

ECC 在日本的发展由于 ECC 不使用粗骨料，通常只使用 2%~3% 体积比的短纤维作为增强材料。截至目前，多种纤维已经被尝试用来生产 ECC，这些纤维包括钢纤维、碳纤维和聚合物纤维。在长期的实践中，逐渐确定使用聚合物纤维作为增强材料。现在日本 ECC 中所使用的聚合物纤维材料主要为聚乙烯（简称 PE）、聚乙烯醇（简称 PVA）和聚丙烯（简称 PP）三种材料，三种材料的物理特性根据 ECC 的命名方式，分别被命名为：PE-ECC、PVA-ECC 和 PP-ECC。

① PE-ECC（聚乙烯纤维增强工程水泥基复合材料），即在水泥基体中用聚乙烯（PE）纤维作为增韧材料。PE-ECC 属于 ECC 的早期的形式，其材料性能优异，但是由于 PE 成本较高，制约了 PE-ECC 在实际工程中的应用。尽管 ECC 的韧性较强，但是其极限抗拉强度较低，通常为 3~5 MPa。日本名古屋大学成功研发出了极限抗拉强度超过 10 MPa 的 PE-ECC，将 PE-ECC 的发展推上了一个新台阶。现阶段在日本 PE-ECC 主要向高抗拉

强度和高抗压强度发展，以满足一些特种工程的需要。

②PVA-ECC，由于 PE 纤维造价昂贵，从 1997 年开始，美国密歇根大学开始使用聚乙烯醇（PVA）纤维作为增韧材料制成了性能同样优异的 PVA-ECC，但其成本仅为 PE ECC 的 1/8。经过近些年的发展，PVA-ECC 在理论和试验研究方面均取得了长足发展。而日本的 HPFRCC 设计规范中记述的 ECC 也主要以 PVA-ECC 为主。PVA 属于亲水性化学高分子材料，其表面与水泥基体可发生化学反应而导致强烈的黏结。除此之外，PVA 纤维的抗拉强度和弹性模量都较高，使其非常适合用于 ECC 中作为增韧材料。日本应用于实际工程中的 ECC 也大多为 PVA-ECC，但是 PVA 纤维的成本仍然较高，在实际工程中大规模推广比较困难。

③PP-ECC，目前为止，ECC 常用的多为具有高强高模的纤维材料，如 PVA 纤维、高强高模 PE 纤维等，但是高昂的成本使其距产业化还有较长的距离，高性价比将成为 ECC 未来的发展方向之一。与现在大多使用的 PE 与 PVA 纤维相比，聚丙烯（简称 PP）纤维成本更低、更柔软、更容易分散，从而具备更好的和易性。除此之外，PP 纤维被广泛应用于控制裂缝开展、防止保护层剥落、提高弯曲韧性以及提高火灾时的抗爆性等方面。但是，由于 PP 不具备 -OH 等亲水基团，其本身为非极性并且与水泥基不发生化学反应，最初人们并不认为其适用于 ECC 中。2009 年将表面被化合处理过且增加了表面粗糙度的 PP 纤维添加进水泥基复合材料中。该材料在单轴拉伸下也表现出了应变硬化与细微裂缝多开裂现象，并被命名为聚丙烯纤维工程水泥基复合材料（PP-ECC）。由于 PP 纤维的疏水性和非极性，PP-ECC 在碱性环境下比 PVA-ECC 具备更加优良的材料耐久性。

尽管 PP-ECC 出现得较晚，却已经在 2010 年世界最大的模拟地震振动台实验中被成功应用于一个足尺比例的桥墩塑性铰中，用于验证下一代高韧性耐震 RC 桥墩的抗震性能，与之前普通钢筋混凝土相同激振对比，使用 PP-ECC 塑性铰的桥墩展示出了优良的损伤容限与韧性，为日本下一代高韧性耐震 RC 桥墩的开发打下了基础。

2.ECC 的应用

近期日本的建筑工程中都利用了 ECC 优良的材料特性以及细微裂缝的多缝开裂特征。ECC 的具体应用主要集中在以下几方面：

①桥面板铺装。通过利用ECC的拉伸能力来改善桥面板的抗疲劳性能；

②钢筋混凝土建筑中的阻尼器。在地震时ECC可以增大建筑能量吸收并减小震动，以及震后减少维修工作；

③大坝及灌溉渠的表面修复。ECC可以保护已经劣化的混凝土表面；

④高架桥的表面修复。ECC可以延缓混凝土表面碳化。

（1）建筑结构中的阻尼单元

包含钢筋的ECC结构单元在往复荷载下具有较大的能量吸收能力。ECC结构单元被用于建筑结构之中作为阻尼单元，该阻尼单元可以通过较小变形来有效地吸收能量，因而使其非常适合刚度较高的钢筋混凝土结构。ECC阻尼单元已经在2004年和2005年被成功应用于日本东京和横滨的高层建筑之中。在这些建筑中，ECC阻尼单元与高层建筑框架相连接，从而通过ECC阻尼单元吸收更多能量，同时承受较大变形，减少震后的修复工作。为了设计出考虑结构反映的阻尼单元，1/2.5比例尺的ECC阻尼单元试件被建造并用于剪切试验。实验结果表明，ECC阻尼单元具有更高的抗剪强度和刚度保持能力，在侧向位移达到4%时仍具有80%的抗剪能力，并且在循环往复荷载试验中加载后的裂缝宽度小于0.3 mm。

（2）大坝表面修复

由于ECC具有优异的控制裂缝开展能力，ECC常用作结构物的罩面层，以抵御雨水侵蚀。日本广岛县的一座重力混凝土坝出现了混凝土劣化带来的开裂、破碎甚至漏水等现象。在2003年，30 m的ECC被喷在约500 m²的混凝土上游坝体表面，厚度为30 mm，用作坝体表面的罩面层以保护既存坝体已劣化的混凝土表面。加固坝体表面每1.5 m²的间隔被打入锚具以增强ECC与坝体表面的黏结。

（3）灌溉渠表面修复

在日本，大量已经使用了几十年的灌溉渠表面都发生了严重的混凝土劣化现象。在滋贺县中央主沟的表面混凝土发生了严重劣化，以致沟渠表面裸露了大量的粗骨料，甚至一些骨料已经剥落，并伴随着大约1 mm宽、1 m长的裂缝。修复工作开始前，首先用高压水枪对混凝土表面进行清洗以去除已经劣化的砂浆，并对侧壁接缝处用砂浆进行填补；然后将ECC通过抹面或喷射的方式置于侧壁；最终6 mm和10 mm厚度的ECC分别覆盖了灌溉渠的侧壁和底部。通过该修复工作发现喷射作业比抹面作业施工速度提高了2倍到3倍。除此之外，普通水泥砂浆和高强聚合物水泥亦被用于修复该渠以对照ECC的修复效果。一个月以后，使用普通水泥砂浆和高强聚合物水泥的部分有裂缝发生，但是ECC修复部分未观察到任何开裂情况。

（4）挡土墙表面修复

由于ECC具有控制细微裂缝开展的能力，使其适用于已开裂的混凝土结构表面。在日本岐阜县一座建于20世纪70年代的混凝土边坡墙（长18 m、高5 m）由于碱性骨料反应而开裂严重。该墙于1994年通过向裂缝中注入树脂黏合剂和墙体表面覆盖有机涂层进行了修复。而后的修复材料也发生了开裂，于是2003年使用，ECC对墙体进行了进一步修复。为了保证修复后不再出现严重开裂，施工时在墙体表面喷了一层厚度为50~70 mm的ECC罩面层。在完工后7个月内未观测到裂缝，在完工后第10个月、24个月裂缝宽度开裂分别不超过0.05 mm和0.12 mm。

（5）高架桥表面修复

由于ECC具有较低的空气和水渗透率，ECC被作为罩面层用于修复混凝土表面，从而延缓炭化过程。传统的抗炭化有机涂层在车辆荷载的作用下容易发生开裂，因此10 mm厚度的ECC被喷射于高架桥已有弯曲裂缝的梁表面，同时锚具被用于增强ECC和既有结构的黏结。ECC从问世以来，由于其性能优越，已经获得较为广泛的研究，并在日本进行了一些工程应用。

从ECC材料在日本的发展情况来看，PE-ECC成本最高，但是近几年新研发出的PE-ECC表现出了较为优异的材料性能，使其可以应用在一些特种工程之中；PVA-ECC相关的研究最为广泛，现在使用较为广泛的仍然是PVA-ECC，但是其高成本制约了工程应用；PP-ECC出现得最晚，其在日本的工程中应用较少，但是其作为成本最低的ECC却具备大规模应用的可能。由此可见，如何降低ECC的造价仍然是未来ECC最重要的发展方向之一。从日本的应用情况来看，ECC最开始应用于结构物的修复中，如桥面板、大坝表面、铁路高架桥、灌溉渠表面、挡土墙、公路隧道等。钢筋ECC用于梁、柱、梁柱节点和阻尼结构单元方面，近年来人们开始对钢筋ECC构件在桥梁塑性铰区等基础设施承重结构的特殊区域中应用进行探索。目前研究结果表明，ECC 可以极大地提高结构的延性，减小结构损伤，在抗震结构中作为承重部件的应用也是未来研究的重中之重。

3.FRP 材料研究进展

FRP 是纤维增强复合材料的统称。所谓复合材料是由增强体和基体构成的，根据复合材料中增强体的几何形态，可将其分为纤维增强复合材料、颗粒增强复合材料、薄片增强复合材料和叠层增强复合材料四种。

FRP 中的基体种类有树脂基体、金属基体、陶瓷基体和碳素基体等；纤维种类有玻璃纤维、碳纤维、芳纶纤维、玄武岩纤维、聚烯烃纤维以及金属纤维等。由于组分不同，FRP 的性能会有很大的差别。目前土木工程中常用的 FRP 材料主要有树脂基体的玻璃纤维（GFRP）、碳纤维（CFRP）、玄武岩纤维（BFRP）和芳纶纤维（AFRP）。它们的力学性能参数变化范围很大，因此在工程中有很大的灵活性，具有可设计性。FRP 加固混凝土结构可提高建筑结构的强度与延性，已被国内外各种结构试验证实。目前，FRP 被广泛用于加固混凝土梁、板、柱甚至砌体结构与钢结构等，FRP 加固与传统的钢加固相比减少了自重与结构服役期间的维修费用、缩短了工期、减小了施工时对交通的阻断与干扰，并提高了结构的耐久性。

（1)FRP 材料的特点及优势

FRP 材料的性能与传统结构材料有很大差别，只有了解和掌握 FRP 材料的优缺点，才能在工程结构应用中充分发挥它的优势，避免其不足。FRP 具有以下优点：

①有很高的比强度，即通常所说的轻质高强，因此采用 FRP 材料可减轻结构自重。在桥梁工程中，使用 FRP 结构或 FRP 组合结构作为上部结构可使桥梁的极限跨度大大增加。理论上，用传统结构材料的桥梁极限跨度在 5 000 m 以内，而上部结构使用 FRP 结构的桥梁极限跨度可达 800 m，有学者已经对主跨度长达 500 m 的 FRP 悬索桥进行了方案设计和结构分析。在建筑工程中，采用 FRP 材料的大跨度空间结构体系的理论极限跨度要比采用传统材料的大 2~3 倍，因此，采用 FRP 结构和 FRP 组合结构是获得超大跨度的重要途径。

②有良好的耐腐蚀性。FRP 可以在酸、碱、氯盐和潮湿的环境中长期使用，这是传统结构材料难以比拟的。而在化工建筑、盐渍地区的地下工程、

海洋工程和水下工程中，FRP材料的耐腐蚀优点已经得到证实。一些发达国家已经开始在寒冷地区和近海地区的桥梁、建筑中较大规模地采用FRP结构或FRP配筋混凝土结构以抵抗除冰盐和空气中盐分的腐蚀，极大地降低了结构的维护费用，延长了结构的使用寿命。

③具有很好的可设计性。FRP属于人工材料，可以通过使用不同的纤维材料、纤维含量和铺陈方向设计出各种强度指标、弹性模量以及特殊性能要求的产品。另外，FRP产品成型方便，其形状可灵活设计。

④其他优势。FRP具有透电磁波、绝缘、隔热、热胀系数小等特点，使其在一些特殊场合能够发挥难以取代的作用，如雷达设施、地磁观测站、医疗核磁共振设备结构等。

（2）FRP纤维增强复合材料的性能

①抗弯加固性能。在混凝土结构的受拉区粘贴FRP可有效提高其承载能力，抑制裂缝扩展。FRP加固后混凝土结构的破坏特征与普通混凝土结构以及黏钢加固的混凝土结构有较大的区别，其承载力的计算方法也不相同。国内外学者的研究主要集中在FRP加固混凝土梁的抗弯性能、破坏形态、承载力计算、影像参数以及FRP加固后混凝土梁的截面变形、裂缝开展等方面。近年来，不少学者对负载状态下FRP加固梁展开了受力性能试验研究和理论分析，试图建立考虑二次受力的抗弯承载力计算方法、滞后应变及跨中挠度的计算公式。

②抗剪加固性能。在混凝土梁的受剪区侧面粘贴FRP能有效提高其抗剪能力，工程中常用的受剪加固方法有侧面粘贴、U形粘贴和包裹粘贴三种，其中以包裹粘贴效果最好。影响FRP抗剪加固性能的主要参数有梁的配箍率、混凝土强度、FRP配筋率、梁的剪跨比、FRP的粘贴方法与锚固性能、FRP及黏结胶本身的材料性能等。目前，国内外对抗剪加固的研究主要包括破坏机制和承载力计算等方面，其中承载力计算的理论模型一般是在钢筋混凝土构件桁架理论模型的基础上，增加FRP对抗剪承载力的贡献项。

③抗震加固性能。通过外包FRP约束塑性铰区混凝土以提高混凝土的极限压应变，可提高构件延性，有利于结构的抗震加固。目前国内外不少学者进行了外包FRP加固混凝土柱、梁、柱节点乃至框架的抗震性能试验研究、理论分析和工程应用研究，提出了相应的FRP约束混凝土应力－应

变关系的计算模型。研究表明，侧向约束模量和侧向约束强度是影响 FRP 约束混凝土结构延性特征和滞回耗能性能的两个重要参数。此外，在钢管混凝土和套管混凝土的研究基础上，首次提出了约束钢管混凝土的概念，在这种新型钢管混凝土柱中，为增强结构的抗震性能，在可能出现塑性铰的部位设置了 FRP 横向附加约束。附加套箍能有效地防止或延迟钢管混凝土柱中通长的钢管在塑性铰区域发生局部屈曲，提高结构的承载性能与延性，从而改善抗震性能。

④抗疲劳加固性能。FRP 片材加固构件的疲劳分为弯曲疲劳和剪切疲劳两种，根据荷载形式又可分为常幅荷载和变幅荷载下的疲劳问题。FRP 片材加固构件的疲劳强度除了与原有混凝土结构的抗疲劳能力有关外，还与 FRP 加固部分的疲劳断裂能力以及 FRP 片材与混凝土界面的抗疲劳破坏能力有关。混凝土抗弯疲劳理论可以用来评价原有混凝土结构的抗疲劳能力，FRP 片材自身的抗疲劳能力可以通过材料力学试验解决，但关于 FRP 片材与混凝土界面的抗疲劳破坏能力的研究积累甚少，目前仅有少量试验结果。这些研究表明，在重复、移动荷载作用下，界面的黏结能力有下降的趋势。

⑤耐久性加固性能。第一，FRP 耐久性对 FRP 在不同温度、湿度、酸碱环境下的性能研究表明，经过温度与湿度暴露后，FRP 的弹性模量、抗拉强度、极限应变没有降低；FRP 在经过温度循环后，弹性模量和抗拉强度没有下降，但延性降低，有脆化的趋势。碱性介质对高强复合玻璃纤维材料的抗拉强度基本没有影响，而在酸性介质中存放短时间后，试件的抗拉强度有所下降，但经过较长一段时间后强度又有所回升，两种腐蚀介质对 FRP 的拉伸弹性模量影响不大。第二，FRP 与混凝土黏结耐久性研究。FRP 与混凝土之间界面性能的试验方法有多种，如张拉黏结强度试验、剪切黏结强度试验、梁试验、修正梁试验，不同试验方法对所得到的黏结强度有不同程度的影响。张拉和剪切黏结强度试验方法比较简单，已被广泛采用。研究表明，酸对 FRP 与混凝土黏结界面的影响比碱严重；采用 FRP 加固受到冻融损伤的混凝土结构时，FRP 与混凝土的黏结强度会有所下降；采用 FRP 加固受到冻融循环影响的混凝土结构时，FRP 与混凝土结构的黏结强度会降低；在 FRP 与混凝土结构产生同样的相对滑移时，受到冻融循

环影响的 FRP 与混凝土的黏结力比未经受冻融循环影响的 FRP 与混凝土的黏结力有较大幅度的下降。

（3）FRP 在房屋建筑加固中的应用

①FRP 加固柱。FRP 加固柱的形式包括外包 FRP 布或 FRP 条。其具体方式有全包裹、不连续间隔缠绕包裹、连续缠绕包裹等。沿柱进行加固时，FRP 沿环向缠绕，并用环氧树脂将 FRP 与旧混凝土黏结，这样对混凝土就形成了约束作用。

早期约束混凝土的形式主要为箍筋约束混凝土，由于 FRP 优越的材料特性，近年来国内外许多研究者对 FRP 约束混凝土进行了研究，结果表明，FRP 约束混凝土柱能显著提高柱的承载力，同时柱的延性也有较大的改善。与箍筋约束混凝土类似，FRP 约束混凝土柱也是一种被动约束，随着混凝土轴向压力的增大，横向膨胀使外包复合材料环向伸长，产生侧向约束力。约束机制取决于两个因素，即混凝土横向膨胀性能与外包复合材料的环向刚度。

②FRP 加固墙体。FRP 加固墙体主要用于砌体墙及剪力墙。砌体墙的抗拉、抗剪、抗弯强度都较低且自重较大，许多砌体结构在最初设计时，只考虑了重力荷载和风荷载，没有考虑地震荷载。从总体上看，砌体房屋抗震性能较差，一旦发生地震，其危害较为严重。因此，对砌体墙进行抗震加固是十分必要的。用 FRP 防止及修补裂缝墙体来提高砌体结构的抗震能力，是如今应用较好的一种方法。由于墙体既受弯又受剪，在考虑地震作用的情况下，需对墙体同时进行抗弯、抗剪加固和抗震加固，一般的加固方法为沿墙体斜向交错地粘贴纤维材料，以起到抗弯、抗剪的作用。

③FRP 加固钢筋混凝土楼板。在大多数情况下钢筋混凝土楼板都表现出很好的耐久性，能很好地完成设计所设定的功能，但在其使用过程中，也会出现一些情况需要对其加固，最常见的就是结构功能改变或需要提高它的承载力。FRP 加固钢筋混凝土楼板的特点如下：根据 FRP 的性质不同，以及它们的粘贴方式不同，楼板弯矩承载力的增加程度也不相同，最高可提高到 300%；楼板加固后，其破坏模式会有很大的变化，普通钢筋混凝土板的破坏模式是有延性的钢筋拉屈破坏，而加固后的楼板延性大大降低，主要表现方式是 FRP 材料从板上突然剥落下来或 FRP 突然断裂。

根据钢筋混凝土板的受力特点及钢筋配置形式，可沿板的纵横向粘贴FRP条，因为板的受力状态是双向的，而且应限制FRP条设置的净距，一般该净距保持在250~300 mm为宜。FRP复合材料的发展空间是巨大的，其前景也不错。在研究和应用时需要注意以下几个方面：

首先，在应用单一品种的FRP复合材料的基础上，要更加重视不同性能的FRP复合材料的混合，混合后的特性以及改变性能的状况都要留意，还要努力克服FRP复合材料的弱点，发挥其长处，这样才能更好地适应现代工程的加固要求，以满足社会的需要。其次，高强高性能是FRP复合材料的一大优点，因此，要将有力的措施应用于结构的加固中。采取预应力，让FRP在施工方面的研究更加深入，结构设计更加灵活，这样才能满足更高标准的加固补强要求。最后，要解决有关FRP复合材料的开发和研制工作，如筋、索、棒材这些设备的开发。

4. 梁侧锚固钢板加固混凝土梁中钢板受压屈曲特性的数值模拟研究

目前梁加固法有梁底粘钢法和CFRP法等，但这两种方法对配筋率很高的梁来说可能导致混凝土梁超筋，容易在钢板或CFRP端部发生剥离破坏。但是通过采用植筋式锚栓或膨胀螺栓将钢板锚固在混凝土梁两侧的方法，即梁侧锚固加固钢板，不仅可以有效避免剥离破坏，而且相当于同时增加了受拉和受压纵筋，从而在显著提高梁抗弯承载力的同时，保持甚至提高梁的变形性能。

然而，对于实际使用中的BSP梁来说，其梁侧钢板上部始终处于受压状态，当荷载施加到一定程度，受压区钢板就会因侧向起拱而发生屈曲破坏，从而导致整根BSP梁瞬间改变受力模式，发生脆性破坏，这显然违背了该加固方案的初衷。鉴于此，对梁侧锚固钢板的受压屈曲特性进行进一步的研究，并对屈曲限制措施进行探讨，具有非常重要的研究意义和切实的社会经济效益。国内外已经有学者开始对BSP开展一些有针对性的研究。将受压等局部屈曲试验方法引入BSP梁则锚固钢板的局部屈曲试验研究中，研究了不同螺栓布置条件下钢板屈曲模态的变化。就不同钢板厚度、不同加劲肋配置形式、受压区螺栓加密等因素对梁侧钢板屈曲承载力的影响进行了试验研究，但试件数量偏少，因而所得出的结论也偏于定性方面。虽然进行了相关的ABAQUS数值模拟，但仅仅模拟了各试件的屈曲模态，并未对试件进行位移加载模拟，也未考虑初始缺陷，因此该数值模拟还需进行进一步的改良，这对于论证试验结论的可靠性也相当重要。鉴于此，对BSP梁侧锚固钢板的受压屈曲特性及其随不同屈曲限制措施的变化规律进行深入的数值模拟研究，从而为BSP加固混凝土梁的设计及施工提供参考依据。

（1）数值模型建立

①几何模型及单元选取。在试验过程中，为研究梁侧锚固钢板屈曲特性随不同荷载形式、钢板厚度、螺栓间距及加劲肋布置形式等改变的规律，建立了8个试件，通过试验得到相应的规律。为了进一步验证和研究不同屈曲限制措施对钢板屈曲的影响，通过ABAQUS建立相关构件的数值模型，根据试验中构件的实际尺寸选择数值模型尺寸并预留植筋所需螺栓孔。其中混凝土块、加载钢条、螺杆、螺帽、垫片采用C3D8R单元类型，受压钢板加劲肋加载圆盘厚钢板采用S4R单元类型。

②材料结构。混凝土密度取 2 500 kg/m³，弹性模量为 2.95×10^8 N/m²，泊松比为 0.2。所有钢材密度取 7 850 kg/m³，弹性阶段弹性模量取 2.10×10^8 N/m²，泊松比为 0.3。在塑性阶段，受压钢板、螺杆螺帽、垫片及 4 mm × 20 mm 加劲肋依据试验取钢材 2 的数据，6 mm × 25 mm、8 mm × 30 mm 加劲肋取钢材的数据。

③建模过程。在定义分析时开启非线性以考虑模型的非线性；定义接触摩擦单元，并将各个部件之间定义为自接触以有效模拟各部件间的力学环境；整个分析过程分为 2 个 Step，通过在 Step-1 对螺杆长度进行调节和 Step-2 中施加相对于参考点的位移荷载以实现部件间的摩擦连接。先建立 Job-1 对模型进行 Buckle 分析，得到模型的屈曲模态；然后选取第一阶屈曲模态作为初始缺陷建立 Job-2，采用 Static General 分析进行位移加载分析。

（2）模拟与实验结果对比

经对比分析，试验和模拟在破坏模式上高度吻合。在加载初期均未发生明显屈曲，荷载随位移增加而增大，随后发生侧向起拱，随着位移增大刚度逐渐降低直至模型发生屈曲破坏。另外，钢板侧向起拱位置随屈曲约束条件不同而不同。屈曲承载力误差最大值为 11.1%，平均误差为 6.1%。

因此，从试件的破坏模式和屈曲承载力来看，数值模拟的结果与试验结果吻合度很高，这充分论证了该模型的可靠性和有效性，从而可以在此基础上批量建立更多的有限元模型，以对梁侧受压钢板的屈曲特性进行更为全面而深入的探讨和研究。

（3）参数分析

为充分研究不同屈曲限制措施（增大钢板厚度、配置不同形式加劲肋、受压区螺栓加密等）对钢板受压屈曲特性的影响以及屈曲特性对初始缺陷的敏感性，建立了板厚 2.0 mm、4.3 mm、5.7 mm 一系列的有限元模型，并补充了 1.08 mm、3.23 mm、4.30 mm 三种初始缺陷，建立了 27 个有限元模型。

钢板厚度、初始缺陷对模型最终的破坏模式影响较小，而螺栓加密、是否偏心受压、加劲肋配置方式对模型的破坏模式影响较大。偏心荷载作用下起拱区向偏心方向转移，螺栓加密后屈曲仅发生在上部两排螺栓之间，纵向加劲肋引起模型起拱区由钢板受压区向中部及受拉区转移，横向加劲肋能有效抑制钢板中部区域的起拱，从而使起拱区向上部转移。

偏心受压使屈曲承载力大幅度降低，板厚为 2.0 mm、4.3 mm、5.7 mm 时屈曲承载力分别下降 34.1%、51.2%、42.2%。而增大板厚、螺栓加密、布置纵向加劲肋都能有效提高屈曲承载力，以布置纵向加劲肋作用最为明显，且纵向加劲肋尺寸越大提高效果越明显。以 4.3 mm 厚钢板、初始缺陷为 1.08 mm 的模型为例，在小、中、大号加劲肋作用下屈曲承载力分别提高 19.8%、232.2%、331.1%。而横向加劲肋虽能提高屈曲承载力，但效果有限（增幅在 10% 以内）。模型的屈曲承载力对初始缺陷并不敏感，不同的初始缺陷对其承载力的大小影响较小，幅度在 5% 以内。

对梁侧锚固钢板受压屈曲进行数值模拟，论证了该模型的有效性并做了如下参数分析：

①增大钢板厚度、受压区螺栓加密、配置纵向加劲肋均能有效提高受压钢板屈曲承载力。受压区螺栓加密和配置纵向加劲肋还能够有效约束侧向起拱，从而影响模型的破坏模式。

②配置横向加劲肋对受压钢板的屈曲承载力无明显提高效果，但对钢板中部区域起拱具有约束作用。

③钢板受压屈曲特性对初始几何缺陷并不敏感，不同初始缺陷工况下的屈曲承载力和侧向起拱发展大体一致。

（二）建筑结构改造新技术

1.既有建筑结构节能改造技术案例分析

从2014年在美国纽约举行的气候峰会到2015年在法国举办的气候变化巴黎大会，我们不难看出国际社会对环境保护和节能减排的重视程度。目前我国的大部分既有建筑属于高耗能建筑，大量的既有建筑在使用中不断地浪费越来越有限的能源，所以对既有建筑进行节能改造势在必行。

（1）工程概况

某办公楼修建于20世纪60年代，地处夏热冬冷地区的成都（北纬30.66°，东经104.01°），建筑朝向为北偏东16.80°，建筑面积约300 m²（单栋建筑面积大于300 m²），属于甲类公共建筑。该办公楼为六层的砌体结构，层高均为3.9 m；屋面为平屋面，无保温构造措施；外墙为实心砖墙，其厚度为490 mm，均无保温构造措施；内墙为实心砖墙，其厚度为370 mm；外窗为钢窗单层玻璃。由于本工程具有一定的历史意义，且地处特殊地段，拆除重建的难度较大，为提高使用舒适性，同时减少建筑能耗，建设方在对其进行重新装修改造时提出对该建筑外围护结构进行节能改造。

（2）改造前

该办公楼外围护结构节能设计指标运用中国建筑科学研究的软件PBECA（2015年版）对改造前的建筑进行节能计算，计算三维模型。结果表明，该建筑外围护的节能不满足《公共建筑节能设计标准》的相关要求。

通过和规范要求对比，该建筑属于夏热冬冷甲类公建，根据《公共建筑节能设计标准》的规定，当建筑平屋顶的热情性指标 $D \leq 2.50$ 时，其传热系数 $K \leq 0.40$ W/（m²·K），而原有建筑屋顶的传热系数为3.68 W/（m²·K），对比其中取值可以看出，原设计屋顶的传热系数超过规范限值要求近10倍，故改造前建筑屋顶传热系数不满足规范要求。该建筑原设计外墙采用490 mm厚的实心砖，根据《公共建筑节能设计标准》的规定，当建筑外墙的热惰性指标 $D>2.50$ 时，其传热系数 $K \leq 0.80$ W/（m²·K），而原有建筑外墙的加权平均传热系数为1.81 W/（m²·K），原设计外墙的传热系数超过规范限值要求近 2 倍，因此，改造前建筑外墙传热系数不满足规范要求。该建筑原设计外窗采用钢窗单层透明玻璃，其传热系数为 6.50 W/（m²·K），根据《公共建筑节能设计标准》中的规定，不同朝向的窗墙面积比不同，对应传热系数要求也不同，同规范在该办公楼最低要求外窗传热系数 K ≤ 3 W/（m²·K）相比较，其设计值都超过规范限值要求近 2 倍，因此，改造前建筑外窗传热系数不满足规范要求。从以上围护结构同现行规范对比得出，原建筑是一栋"高耗能"建筑。

（3）办公楼外围护结构节能改造方案对比

通过对该办公楼的节能改造进行评估，并结合建设方的投资预算，我们面临的主要难题是既要让节能改造满足现行设计规范，又要满足使用舒适性，还要把改造成本降到最低。经过对建筑物的布局、朝向、功能等的深度推敲，我们构想出了以下三种改造方案来对外围护结构（屋顶、外墙、外窗）进行节能改造。

①方案一：着重加强屋顶的改造投入，从而降低外墙和外窗的改造成本。众所周知，在一般的建筑中，屋顶面积比外墙面积小很多，如果在屋顶上着重加强保温改造的投入，减少在外墙和外窗的改造投入，且能满足现行规范要求，那将大大节省资金，对于控制成本的效果将是非常乐观的。此方案改造投入的资金预算约为 482 650 元。

②方案二：着重加强外窗的改造投入，从而降低屋顶和外墙的改造成本。建筑外窗作为外围护结构的一种重要的保温隔热节点，由于门窗的安装比保温的施工工序要少很多而且不受天气影响，故受制于外界因素较小，方便施工。如果能通过提高外门窗性能要求，以减少屋顶和外墙保温材料的使用，既能缩短工期，又能节约成本，可以达到"双赢"的效果。此方案改造投入的资金预算约为 509 200 元。

③方案三：着重加强外墙的改造投入，从而降低屋顶和外窗的改造成本。建筑外墙在绝大部分建筑中占有的外围护结构面积最大，因此，对应所需施工的保温面积占的比例也最大，所以外墙保温层的厚度对整个建筑节能设计结果可能会起到举足轻重的作用。在节能设计时，如果能合理控制好外墙保温设计的厚度，在满足规范要求的前提条件下，能够使屋顶的保温层设计厚度和外窗的性能都得到有效的降低，以达到降低投入成本的目的，

也是一种可行的方案。此方案改造投入的资金预算约为 535 400 元。

通过对以上三种节能设计方案的综合考评，三种方案均能满足相关规范要求，但是，本工程是既有建筑的节能改造，由于该建筑历史久远，重新装修时将对屋面防水层进行翻修，而且屋面面积在外围护结构面积中所占比例较小，施工较为方便，且改造投入的资金最少，性价比最高，因此，方案一为最佳方案。该方案对屋顶的保温厚度的合理增加，降低了外窗型材的设计厚度和外墙保温层的厚度，既满足了规范要求，又达到了舒适性、经济性的目的，同时有效地缩短了工期和减少了资金的投入。

从社会的角度来看，建筑节能是实施能源、环境、社会可持续发展战略的重要组成部分，也是建筑走可持续发展之路的基本取向。既有建筑节能改造又是建筑节能中必不可少的一部分。通过对本工程案例的分析可以得出，我们对既有建筑特别是历史久远的建筑进行建筑节能改造时，在满足现行规范条件下，为了最大限度地节约能源和资金，我们应该首先考虑加强对屋顶的改造，其次是外窗，最后是外墙，这将缩短工期和节省造价。从经济的角度来看，目前中国仍有数亿平方米的高耗能建筑，对既有建筑的节能改造意味着将在资金投入上节约上千亿元的支出，这将为推动我国现阶段对企业的转型升级打下坚实的经济基础，而带来良好的经济效益和社会效益。

2. 基于拐点的旁孔透射波法确定桩底深度方法研究

旁孔透射波法的提出主要针对既有工程桩的检测，通过在待测桩身附近钻孔、埋测管，先将检波器置于管底，用激振锤敲击桩顶或上部结构。每激振、检波一次提升检波器一定高度，重复这一过程直至检波器置于管口，以完成测孔不同深度信号的收集并组成时间－深度信号图，通过图形特征判断桩底深度。

旁孔透射波交点法、校正法确定桩底深度是以首至波走时沿深度方向确定两条拟合线为基础，通过该两拟合线的交点直接或对其修正后确定桩底深度。现有方法主要存在以下不足：

①当首至波位置不易识别以致难以有效确定两拟合线时，采用现有旁孔透射波交点法、校正法则无法确定桩底深度；

②层状地基下首至波走时不连续，两条拟合线确定不够准确，因此两

线交点确定桩底深度误差较大；

③由于桩侧至探孔中心距离的存在，用旁孔透射波交点法确定的桩底深度偏深，当旁孔距较大时用旁孔透射波交点法确定的桩底深度误差较大；

④桩底段拟合直线应由至桩底深度大于 5 倍旁孔距的测点首至波走时点确定，即探孔深度至少超过预计桩底深度大于 5 倍旁孔距，否则确定的桩底段拟合直线不准确，当孔深不足时通过目前的旁孔透射波校正法确定的桩底深度偏浅，若在测试完毕进行数据分析时发现测孔深不够，由此确定的桩底深度结果不可靠，此时再重新钻探孔测试无疑会增加人力、财力、时间成本。基于以上四点考虑，现有旁孔透射波交点法尚难以满足工程实际应用。

第一，旁孔透射波法检测。旁孔透射波法检测前，先在桩身附近钻孔，钻孔尽可能靠近桩侧。测试时先将检波器置于管底，并用激振锤敲击桩顶承台或梁、板等结构。每激振、检波一次提升检波器一定高度，并重复这一过程直至检波器置于管口，以接收旁孔内不同深度的信号。通过判读首至波走时并分桩侧段和桩底段分别直线拟合确定两条直线人、其斜率分别对应桩身 P 波波速与桩底地基土 P 波波速。桩底深度则通过进一步分析确定。

第二，旁孔透射波法现场试验。某匝道改建工程，墩下承台连接两根桩。桩侧土层以粉土、粉砂、粉质黏土为主，桩底为圆砾。待测桩桩长为 39 m、桩直径为 1.3 m，桩顶承台高为 0.2 m。承台顶与场地平齐。沿匝道顺桥向紧靠承台位置布置测孔，旁孔距为 0.5 m。在桩顶承台竖敲激振进行测试，沿测孔深度方向每 0.5 m 间距收集一条测试信号，根据出现波动的起始点判读首至波走时。对桩侧段首至波进行直线拟合确定上段拟合直线，将测点首至波走时整体逐渐右偏离上段拟合直线的起点确定为拐点。通过拐点判断桩底深度初值为 39.8 m。上段首至波拟合直线斜率代表桩身 P 波波速，为 3 829 m/s；由桩底 44~46 m 段首至波拟合，直线斜率 1 451 m/s 即桩底土的 P 波波速。

旁孔透射波法是一种基于钻孔进行测试的首至直达波法，对既有建筑桩基进行检测时不受桩基础和上部结构影响，传播路径比反射波法短，信号能量衰减小，能够反映缺陷以下的桩身完整性，是一种值得推广的技术。通过基于拐点的旁孔透射波简化理论模型分析，旁孔透射首至波走时沿深度方向呈上段线和双曲线，两线的交点确定为拐点，通过判断拐点并进行相应修正可确定桩底深度。通过选取典型场地对基于拐点的旁孔透射波法测试分析，表明该方法具有较好的精度和可靠性。

第五章 钢筋混凝土结构加固方法原理分析

随着我国持续多年的建设热潮的逐步放缓，从安全需求或改造需求角度，对既有建筑物加固项目越来越多，其中绝大部分是钢筋混凝土结构加固工程。加固项目的增多，符合"可持续发展"的理念，也是建筑行业发展到一定阶段的内在需要。本章主要分析钢筋混凝土结构加固方法原理。

第一节 增大截面加固法

增大截面加固法又被称为外包混凝土加固法，主要通过混凝土来增大原有混凝土结构的截面面积，并新增一定数量的钢筋来提高结构的承载力和刚度，使原有结构满足正常使用。增大截面加固法是一种有效、实用的传统加固方法。该加固方法主要有三种，即以增大截面为主的加固；以增加配筋为主的加固；增大截面和增加配筋两者兼备的加固。增大截面和增加配筋两种类型相辅相成，当采用以增大截面为主的加固时，为了保证新混凝土能够正常工作，也需要配置构造钢筋；当采用以增加配钢筋为主的加固时，为了保证配筋的正常工作，也需要按照构造要求适当增大截面尺寸。

一、增大截面加固法的特点及适用范围

（一）增大截面加固法的特点

增大截面加固法一般用于受弯和受压构件的加固，也可用于修复受损的混凝土，以增加其耐久性。该加固方法具有以下显著特点：

①工艺简单。该加固方法的工艺与浇筑钢筋混凝土结构工艺相同，施工工艺简便。

②受力可靠。通过一定的构造措施，可以保证原构件与新增部分的结合面能可靠传力、协同工作。

③适用面广。该加固方法广泛用于一般的梁、板、柱等混凝土结构的加固。

④加固布置方式灵活。根据构件的受力特点采用不同的加固方式。例如，对于混凝土梁，可在梁的底面进行加固；轴心受压混凝土柱常用四面外包加固；偏心受压混凝土柱常用单侧或者双侧加固。

⑤加固费用低廉，加固过程中不需要复杂的施工机具。增大截面加固法也有缺点，如湿作业工作量大、养护期长、占用建筑空间较多以此构件尺寸的增大可能影响使用功能，会改变原有构件的自振频率等，使其应用受到一定的限制。

（二）增大截面加固法的适用范围

采用增大截面加固法对混凝土构件进行加固时，应采取措施卸除或大部分卸除作用在结构上的活荷载。增加截面加固法的适用范围如下：

①增大截面加固法适用于一般钢筋混凝土受弯和受压构件的加固。当需要提高梁、板、柱的承载力和刚度时，采用增大截面加固法较为有效。

②原构件混凝土强度等级不低于 CI3（旧标号为 CI5）。当旧混凝土强度过低时，新旧混凝土界面的黏结强度很难得到保证。若采用植筋来改善结合面的黏结抗剪和抗拉能力，也会因基材强度过低而无法提供足够的锚固力。

③当混凝土密实性差，甚至还有蜂窝、孔洞等缺陷时，不应直接采用增大截面法进行加固；应先置换有局部缺陷或密实性差的混凝土，然后再进行加固。

④截面增大对结构外观以及房屋净空等都会有一定的影响。因此，增大截面加固法通常应用于对结构空间要求不太高的建筑结构加固。

二、受弯构件正截面加固设计

（一）概述

对于承载力和刚度不足的混凝土受弯构件，采用增大截面法对其进行加固是工程加固的一种常用方法。这种方法是通过增大原结构截面面积和受力钢筋面积来达到提高受弯构件承载力和刚度的目的。增大截面法加固受弯构件的正截面承载力计算和应用是本节的重点。作为预备知识，先介绍加固方式和构造要求，然后对正截面破坏形态和受力性能进行阐述，最后讨论受弯构件正截面承载力计算方法。

（二）加固方式

增大截面加固法主要有三种加固方法，即在截面受压区加固受弯构件、在截面受拉区加固受弯构件、在截面受压区和受拉区加固受弯构件。

1. 在截面受压区加固受弯构件

加固构件承载力、抗裂度、钢筋应力、裂缝宽度及挠度的计算和验算，按照叠合式受弯构件的规定进行。为减少新增混凝土面层由温度、收缩应力引起的裂缝，需按构造要求配置受压钢筋和分布钢筋。需要注意的是，该方法主要用于楼板的加固，对梁而言，仅在楼层或屋面允许梁顶面突出时才能使用。因此，该方法一般只用于屋面梁、边梁和独立梁的加固，上部砌有墙体的梁虽然也可采用这种方法，但应考虑拆墙是否方便。

2. 在截面受拉区加固受弯构件

这是一种常用的增大截面加固方法，主要针对受弯构件承载力不足的情况。由于受到二次受力的影响，其正截面受力性能与叠合式受弯构件和混凝土受弯构件正截面受力性能有所不同。

3. 在截面受压区和受拉区加固受弯构件

这种加固方法主要针对受弯构件的正负受弯承载力均不满足要求的情况。

（三）构造要求

①采用增大截面加固法时，原构件混凝土表面应经处理，设计应对所采用的截面处理方法和处理质量提出要求。一般情况下，除混凝土表面应予凿毛外，尚应采取涂刷结构界面胶、种植剪切销钉或增设剪力键等措施，以保证新旧混凝土共同工作。

②新增混凝土的最小厚度要求如下：对于板，最小厚度应大于 40 mm。对于梁，若采用普通混凝土、自密实混凝土或灌浆料施工时，最小厚度应大于 60 mm；若采用喷射混凝土施工时，最小厚不应大于 50 mm。

③加固用的受力钢筋应采用热轧钢筋。板的受力钢筋直径应大于 8 mm，梁的受力钢筋直径应大于 12 mm，分布钢筋直径应大于 6 mm。

④新增受力钢筋与原受力钢筋间的净距不应大于 25 mm，并采用短筋或箍筋与原钢筋焊接。当两者比较靠近时，采用焊接连接方式，短筋直径应大于 25 mm，长度应大于其直径的 5 倍，各短筋的中距应大于 500 mm；当两者距离较远时，采用箍筋与原受力钢筋进行焊接的连接方式。新增纵向受力钢筋的两端应可靠锚固。

当受构造条件限制而需采用植筋方式埋设 U 形箍时，应采用锚固型结构胶种植，不得采用未改性的环氧类胶黏剂和饱和聚酯类胶黏剂种植，也不得采用无机锚固剂（包括水泥基灌浆料）种植。这是由于自行配制的纯环氧树脂砂浆或其他纯水泥砂浆未经改性，很快便开始变脆，而且耐久性差，故不宜在承重结构中使用，应采用锚固专用的结构胶种植。

（四）正截面破坏形态

根据新增钢筋配筋率的不同，受拉区加固构件正截面破坏形态可分为三种：超筋破坏、准超筋破坏和适筋破坏。

①当原钢筋应力达到屈服（或未达到屈服）时，因新增钢筋应力滞后，钢筋应力很低，受压区混凝土先破坏，这种破坏形态相当于混凝土受弯构件的超筋破坏。

②当原钢筋应力达到屈服以后，应力保持不变，应变进入塑性流变状态，新增钢筋因应力滞后还处于弹性变形阶段，应力随着荷载的增加而继续增

加，新增钢筋应力达到较高状态（但还未达到屈服），受压区混凝土破坏，这种破坏称为准超筋破坏。

③如果截面上原钢筋应变保持流变状态，随着荷载的增加，新增钢筋应力虽滞后但也达到了屈服，此时整个截面上的受拉原钢筋和新增钢筋的应变都进入了塑性流动状态，截面开始塑性转动，中和轴急剧上升，受压区边缘混凝土达到极限应变而破坏，这种破坏形态与混凝土结构的破坏相似，称为适筋破坏。在新增钢筋达到屈服的同时，截面受压区混凝土被压碎破坏，这种临界状态为适用与准超筋破坏的临界破坏状态。对于超筋破坏和准超筋破坏，受压区混凝土受压破坏时，新增受力钢筋均未屈服，说明这在两种破坏形态下加固梁的新增受力钢筋配置多，这是加固设计不期望的截面配筋。

（五）正截面受力性能

对受拉区适用加固梁进行三等分加载试验。由零开始逐级施加荷载，直至加固梁正截面受弯破坏。

1.第Ⅰ阶段

新增混凝土开裂前的阶段刚开始加载时，由于弯矩较小，新增混凝土层底部各个点的应变较小，且沿梁截面高度近似直线变化。

2.第Ⅱ阶段

新增混凝土开裂后至原钢筋屈服阶段在新增混凝土层产生裂缝后，原先由它承受的那一部分拉力转给了新增钢筋，使得新增钢筋的应力突然增大，故裂缝出现时，梁的挠度和截面曲率突然增大。随着弯矩的不断加大，原梁产生的裂缝也在逐渐变宽。由于结构自重和部分不能卸除的荷载，原受拉钢筋已存在一定的应力，而新增钢筋只有在后加的荷载作用下才产生应力，因此，继续增加荷载时原梁受拉钢筋应力继续增长，新增钢筋由于力臂较大，应力增长速度较快，受压区不断缩小，混凝土的应力、应变也越来越大。当弯矩达到一定值时，原受拉钢筋由于应力超前而首先进入屈服。

3.第Ⅲ阶段

原钢筋屈服至新增钢筋屈服阶段当原钢筋进入屈服状态后,随着弯矩的增大,受拉区应力增量全部由新增钢筋承受。新增钢筋的应力增加,裂缝沿梁高延伸,中和轴继续上移,受压区高度减小,受压区混凝土边缘纤维应变迅速增长,塑性特征明显。当荷载增加到一定值时,新增钢筋屈服。

4. 第 IV 阶段

新增钢筋屈服至截面破坏阶段当新增钢筋屈服后,中和轴进一步上移,受压区的应力会持续增长,直到受压区混凝土被压碎甚至剥落,裂缝宽度较大,加固构件完全破坏。

(六)正截面承载力计算方法

1. 基本假定

试验表明,在正截面受弯破坏时,若原受拉钢筋的极限拉应变达到0.01,则新增受拉钢筋屈服,不卸载和完全卸载的情况均可近似地按一次受力计算。然而,由于新增受拉钢筋在连接构造上和受力状态上会受到各种因素的影响,从保证安全的角度出发,对新增受拉钢筋的强度进行折减,统一取0.9。若对构件新旧混凝土结合面采取适当措施,使加固后二者共同工作,结合面无滑移错动,则加大截面后的截面应变仍保持为平面。因此,对受拉区进行增大截面法加固,其正截面承载力按现行国家标准《混凝土结构设计规范》的基本假定进行计算。

2. 界限

受压区高度为了合理、经济和安全地设计增大截面加固梁,需要防止加固梁发生准超筋破坏和超筋破坏。当加固梁处于适用破坏和准超筋破坏的界限时,原受拉钢筋已经屈服,新增钢筋屈服时,受压区混凝土达到极限压应变。

受弯构件正截面承载力加固设计包括截面设计和截面复核两类。

(1)截面设计

一般加固后承载力已知,求新增钢筋截面面积,可按如下两个主要步骤进行。

步骤一:对原梁进行正截面承载力复核;

步骤二:加固设计可按正常步骤进行。

（2）截面复核

一般已知新增钢筋类型和截面面积，求加固梁弯矩，可按如下两个步骤进行。

步骤一：对原梁正截面承载力复核；

步骤二：加固梁正截面承载力计算可按下面步骤进行。

对翼缘位于受压区的T形截面受弯构件，其受拉区增设现浇配筋混凝土层的正截面承载力计算，应按现行国家标准《混凝土结构加固设计规范》和《混凝土结构设计规范》中的计算规定进行截面承载力计算。

三、受弯构件斜截面加固设计

（一）概述

混凝土受弯构件斜截面受剪加固主要有两类：一类是原结构的受剪承载力不足；另一类是混凝土受弯构件正截面加固后，在弯剪段可能会沿斜裂缝发生斜截面受剪破坏，其受剪承载力不足。因此，在保证加固构件正截面承载力的同时，还要保证斜截面受剪承载力。

（二）加固方式

混凝土受弯构件的受剪承载力与剪跨比、混凝土强度、配箍率、截面尺寸、纵向配筋率、钢筋和骨料啮合力等有关。对于有腹筋梁，骨料啮合力和纵向配筋的销栓力对抗剪具有一定的贡献。为了方便计算，受剪承载力计算公式未独立考虑两者的贡献。因此，在受弯构件斜截面受剪加固时，可以采用提高混凝土强度等级、增大截面尺寸和增大配箍率等方法来提高受弯构件的受剪承载力。一般情况下，受弯构件受剪加固有两类：一类是在受拉区增设配筋混凝土层，并采用U形箍与原箍筋逐个焊接，这种方法主要通过提高混凝土强度和增大截面尺寸来达到抗剪目的；另一类是采用围套加固法，即在梁的底部和侧面增设混凝土层，采用加锚式和胶锚式箍筋，这种方法能显著提高受弯构件的受剪承载力，取得更好的加固效果。

（三）构造要求

①加锚式箍筋直径应大于 8 mm；U 形箍直径应与原箍筋直径相同。

②当用混凝土围套加固法时，应设置胶锚式箍筋或加锚式箍筋。

③当对截面受拉区一侧加固时，新加部分箍筋应采用 U 形箍筋，将 U 形箍筋焊在原有箍筋上，其中单面焊的焊缝长度应为箍筋直径的 10 倍，双面焊的焊缝长度应为箍筋直径的 5 倍。

（四）斜截面受剪破坏形态

根据剪跨比和配箍率的不同，抗剪加固梁的破坏形态分为三种：斜压破坏、剪压破坏和斜拉破坏。

1. 斜压破坏

斜压破坏多数发生在剪力大而弯矩小的区段，以及加固后仍然是薄 T 形截面或 I 形截面的梁腹板上。其特点是先在腹部出现几条大致平行的斜裂缝，随着荷载的增加，将梁弯剪段分成若干斜向受压短柱，破坏由混凝土抗压强度不足引起。

2. 剪压破坏

剪压破坏通常发生在剪跨比适中的加固梁上。其特点是在剪弯区段的受拉区边缘先出现一些垂直裂缝，沿竖向延伸一小段长度后，斜向延伸形成一些斜裂缝，其中有一条宽度较大的临界裂缝，随荷载增加，该临界裂缝向受压区倾斜延伸，导致剪压区减小，正应力和剪应力增大，破坏由混凝土剪压复合强度不足引起。

3. 斜拉破坏

斜拉破坏通常发生在剪跨比较大的加固梁上。其特点是当受拉区的垂直裂缝一出现，迅速向受压区斜向延伸，斜截面承载力随之丧失。破坏荷载与出现斜裂缝时的荷载很接近，破坏过程迅速，破坏前梁变形较小，具有明显的脆性特征，破坏由混凝土抗拉强度控制。

（五）斜截面受剪承载力计算方法

1. 基本假定

混凝土梁的斜截面问题较复杂，要充分考虑每一个影响斜截面承载力的因素较为困难。因此，现行国家标准《混凝土结构设计规范》采用半理论半经验的实用计算公式。当用增大截面法对混凝土梁斜截面受剪加固时，试验表明，增大截面加固法不仅能提高其承载力，还有助于减缓斜裂缝宽度的发展。对于斜压破坏，仍引用《混凝土结构设计规范》的受剪截面限制条件来计算。对于斜拉破坏，仍引用最小配筋率条件和构造条件来计算。对于剪压破坏，在钢筋混凝土受弯构件受剪承载力计算公式的基础上，增加了新混凝土、新配筋的贡献，引入了新混凝土和钢筋的强度利用系数，将新、旧混凝土的斜截面受剪承载力分开计算，同时考虑了新、旧混凝土的抗拉强度设计值。

2. 计算公式的应用

混凝土梁加固设计包括正截面承载力设计和斜截面受剪承载力设计，并符合"强的弱弯"原则。因此，斜截面受剪加固设计可分为如下两种情况：

第一种是梁正截面承载力满足要求，斜截面受剪承载力不满足要求，仅进行斜截面受剪加固。

第二种是梁正截面承载力和斜截面受剪承载力均不满足要求，需要对两者进行加固设计。

四、受压构件加固设计

（一）概述

增大截面法加固混凝土受压构件是通过增加构件的截面面积及配筋量，从而提高构件的承载能力，还可降低构件的长细比，提高构件的整体刚度，减小构件变形。根据普通钢筋混凝土柱的受力特征，增大截面法加固混凝土柱主要包括四面围套、双面加厚等加固方式。

（二）加固方法

对于普通钢筋混凝土轴心受压柱，纵筋的作用是提高柱的承载力，减小构件的截面尺寸，防止偶尔偏心产生的破坏，改善柱的延性和减小混凝土的徐变变形。箍筋的作用是约束纵筋，防止纵筋受力后外凸，钢筋一般做成封闭式。当需要加固轴压受压柱时，需要四面围套加固，应采用封闭式箍筋，纵筋的配筋率满足现行国家标准《混凝土结构设计规范》的要求。对于钢筋混凝土偏心受压构件，通常采用与轴心受压柱加固相同的四面围套加固方式，以及双面加平方式。一般情况下，当柱正截面承载力不足时，宜采用增加配筋的方式；当柱的轴压比超过限制或混凝土强度偏低时，宜采用增大截面面积和提高混凝土强度等级等方式。

（三）构造要求

①对于增大截面法加固钢筋混凝土柱，采用现浇混凝土、自密实混凝土或掺有细石混凝土的水泥基灌浆料施工时，新增混凝土层的厚度应大于 60 mm；采用喷射混凝土施工时，新增混凝土层的厚度应大于 50 mm。

②加固柱应采用热轧钢筋，且受力钢筋直径应大于 14 mm。新增纵向受力钢筋的下端应伸入基础并应满足锚固要求，上端应穿过楼板与上层柱脚连接或在屋面板处封顶锚固。

③当采用四面围套混凝土加固时，应将原柱面凿毛、洗净。箍筋采用封闭箍，其间距应符合现行国家标准《混凝土结构设计规范》规定。

④当采用双面加厚混凝土加固时，应将原柱表面凿毛。当新浇混凝土较薄时，用短钢筋将加固钢筋焊接在原柱的受力钢筋上。短钢筋直径应大于 25 mm，长度应大于其直径的 5 倍，各短筋的中距不应大于 500 mm。当新浇混凝土较厚时，应采用 U 形箍筋固定纵向受力钢筋，U 形箍筋与原柱的连接可用焊接法或锚固法。当采用焊接法时，单面焊缝长度为 10 d，双面焊缝长度为 5 d（d 为 U 形箍筋直径）。采用锚固法时，应在距柱边不小于 3 d，且在不小于 40 mm 处的原柱上钻孔，孔洞深度不小于 10 d，孔径宜比 U 形箍筋直径大 4 mm，然后用结构胶将 U 形箍筋固定在原柱的钻孔内。

（四）轴心受压构件加固设计

1.受力特征与破坏形态

轴心受压柱的受力特征和破坏形态与原柱承受的荷载有关。试验表明，在柱加固前，如果柱完全卸载。加固柱的新增混凝土和钢筋与原柱能一同受力，在新旧混凝土界面黏结可靠的情况下，加固柱的受力特征、破坏形态与普通钢筋混凝土柱相似。然而，一般情况下，加固前柱已经承受荷载，并产生了一定的变形，原截面应力、应变水平一般都较高。采用增大截面法加固柱后，新增加部分不是立即分担荷载，而是在新增荷载下才开始受力。试验表明，当新增荷载较小时，增大截面加固柱的新增混凝土和纵向钢筋都处于弹性阶段；当新增荷载增加至一定值时，由于原柱纵向钢筋应变超前，原柱的纵向钢筋先屈服，加固柱的外侧出现较多微细裂缝；当达到加固柱极限荷载时，加固柱的混凝土保护层剥落，新增截面上纵向钢筋向外压曲，混凝土被压碎破坏。

对于长柱，经过增大截面法加固后，柱长细比有所降低，其侧向刚度也有所提高。试验表明，由各种偶然因素造成的初始偏心距的影响仍不可忽视。加载后，初始偏心距导致产生附加弯矩和相应的侧向挠度，而侧向挠度又增大了荷载的偏心距，使得加固柱在轴力和弯矩的共同作用下发生破坏。破坏时，首先在凹侧的围套混凝土上出现纵向裂缝，随后混凝土被压碎，纵筋被压屈；凸侧混凝土出现垂直于纵轴方向的横向裂缝，侧向挠度急剧增大，柱子破坏。

2.正截面承载力计算方法

由增大截面加固轴心受压柱的受力特征可知，由于原柱的混凝土和纵向钢筋应变超前或者新增截面的混凝土和钢筋应变滞后现象，新增混凝土和钢筋不能充分发挥其力学性能。加固柱的承载力与原柱的应力水平（原柱实际承受荷载与极限荷载的比值）有关。

由于目前研究还不充分，并且精确计算原柱应力水平很难做到，对实际荷载的估算结果往往因人而异。因此，可采用修正系数来综合考虑新增混凝土和钢筋强度利用程度。

（五）偏心受压构件加固设计

如果加固前柱子能完全卸载，偏心受压加固柱的受力性能和破坏特征与普通大偏心受压柱相似，那么此时加固柱设计方法可采用现行国家标准《混凝土结构设计规范》中钢筋混凝土偏心受压柱的设计方法。然而，在实际加固工程中，柱子完全卸载比较困难。因此，加固偏心受压柱也面临二次受力问题，新增部分的混凝土和钢筋应力滞后于原柱的混凝土和钢筋应力，偏心受压加固柱的受力性能与普通大偏心受压柱有较大差异。首先要阐述偏心受压加固柱的受力特征和破坏形态，然后再阐述偏心受压柱正截面承载力加固计算方法与应用。

1. 受力特性和破坏形态

（1）大偏心受压加固柱试验

大偏心受压加固柱试验表明，对于配筋合适的大偏心受压加固柱，当原柱的应力水平较小时（应力水平阈值大约为0.6），在二次受力加载初期，原柱中受拉钢筋应力大于新增受拉钢筋应力；受压区新增混凝土应变增量大于原柱混凝土应变增量，但一般小于原柱受压区混凝土应变总量，原柱受压钢筋应力要大于新增受压钢筋应力。

随着荷载增大，新增受拉钢筋应力增加较快，其应力逐渐接近甚至超过原柱中受拉钢筋应力；受压区新增混凝土应变逐渐接近甚至超过原柱混凝土应变，新增受压钢筋应力增加较快，其应力将逐渐接近甚至超过原柱中受压钢筋应力。当原柱的应力水平较大时，在二次受力作用下，尽管新增受拉钢筋的应力增长率比原柱受拉钢筋大，但由于原荷载作用使得原柱中受拉钢筋应力较大，不能消除原柱受拉钢筋的应力超前现象和受压区新增混凝土应变滞后现象。因此，加固柱破坏时，原柱及新增受拉钢筋依次达到屈服，受压区新增混凝土压碎破坏。

（2）小偏心受压加固柱

小偏心受压加固柱的破坏分为以下两种情况：

①轴向力的相对偏心距较大或应力水平较小。在二次受力加载初期，距轴向力近侧的受压新增混凝土应变增长率大于原柱同侧混凝土应变增长率，随着荷载的增加，近侧的受压区新增混凝土边缘压应变与原柱同侧混

凝土压应变依次达到极限，受压钢筋应力也达到屈服强度，而远侧钢筋受拉或受压不屈服。

②轴向力的相对偏心距较小或应力水平较大。在二次受力加载初期，由于新增混凝土压应变存在滞后现象，靠近轴向力一侧的新增混凝土压应变小于原柱混凝土压应变。随着荷载的增加，靠近轴向力侧的新增混凝土压应变增量逐渐增大，但始终滞后于原柱混凝土压应变。达到加固柱极限荷载时，破坏始于靠近轴向力一侧的原柱混凝土，原柱的纵向受压钢筋屈服，新增纵向受压钢筋不屈服。远侧钢筋可能受拉或受压，但均未达到屈服。只有当偏心距很小，而轴向力又很大时，较远侧的原柱纵向钢筋才可能受压屈服。在纵向弯曲影响下，偏心受压加固长柱也可能发生失稳破坏和材料破坏。因此，偏心受压加固长柱也需要考虑 P-8 效应。

2. 正截面承载力计算方法

（1）矩形截面大偏心受压加固柱正截面承载力计算

由前面的分析可知，对于大偏心受压加固柱，新增纵向受拉钢筋可以达到屈服，能充分发挥其力学性能。但是，考虑到纵向受拉钢筋的重要性，以及其工作条件不如原钢筋，应适当提高其安全储备，引入强度利用系数。另外，加固构件的混凝土受压区可能包含部分旧混凝土，这就需要考虑新旧混凝土组合截面的轴心抗压强度设计值，但其取值较为复杂，不仅需要考虑不同的组合情况，还需要通过试验确定其数值。为了简化计算，我国现行国家标准《混凝土结构加固设计规范》采用近似值。

（2）矩形截面小偏心受压加固柱正截面承载力计算

由小偏心受压加固柱的受力特征可知，靠近轴向力一侧的原柱纵向受压钢筋屈服。但是，由于二次受力的影响，新增纵向受压钢筋可能屈服或者不屈服，远侧钢筋可能受拉或受压，可能屈服或者不屈服。为了方便计算，采用引入钢筋利用系数来考虑靠近轴向力一侧新增受压钢筋的作用。

（3）偏心受压构件正截面承载力计算

偏心受压构件正截面承载力加固设计包括截面设计和截面复核。

①截面设计。

一般情况下，已知加固后柱的轴向力和弯矩设计值及新增截面尺寸，求新增钢筋截面面积，可按以下两个主要步骤进行。

步骤一：对原柱进行截面复核；

步骤二：加固设计，可按下面步骤进行。

a. 大偏心受压柱正截面承载力加固设计。

b. 小偏心受压柱正截面承载力加固设计。

②截面复核。

一般已知新增钢筋类型和截面面积，求加固后弯矩（M）或者轴力（N），可按两个主要步骤进行。

步骤一：对原柱进行截面复核；

步骤二：加固设计。

第二节　置换混凝土加固法

置换混凝土加固法是剔除原构件低强度或者有缺陷区段的混凝土至一定深度，重新浇筑同品种但强度等级较高的混凝土进行局部加固，以使原构件的承载力得到恢复的一种加固方法。

一、置换混凝土加固法的特点及适用范围

（一）置换混凝土加固法的特点

置换混凝土加固法是一种直接加固方法，其加固特点主要表现在如下几方面：

①置换混凝土加固法可以恢复构件原貌，且不改变使用空间，但剔除被置换的混凝土时易伤及原构件非置换部分的混凝土及钢筋，湿作业期较长。

②加固时必须采用性能良好的界面胶处理原构件混凝土界面，以保证新旧混凝土的协同工作。

③加固时应采用直接卸载或支顶卸载的方法对原构件进行卸载，当不能完全卸载时，应对其承载状态进行验算、观测和控制。

④当混凝土结构构件置换部分的界面处理及其施工质量符合要求时，其结合面可按整体受力计算。

（二）置换混凝土加固法的适用范围

置换混凝土加固法适用于承重构件受压区混凝土强度偏低或有严重缺陷的局部加固。采用置换混凝土加固法加固的关键在于新浇混凝土与原构件混凝土界面的处理效果能否保证二者协同工作。在置换新建工程的混凝土时，新浇混凝土的胶体能在微膨胀剂的预压应力促进下渗入其中，并在水泥水化过程中使新旧混凝土黏合成一体，以保证新旧混凝土的协同工作。在既有建筑的混凝土置换加固时，如果新旧混凝土界面采用渗透性和黏结能力良好的界面胶，也可以保证新旧混凝土的协同工作。因此，置换混凝土加固法不仅可以用于新建混凝土结构质量不合格的返工处理，还可以用于既有混凝土结构受火灾烧损、介质腐蚀，以及地震、强风和人为损伤后的修复。

二、受弯构件正截面加固设计

当采用置换混凝土加固法加固钢筋混凝土受弯构件时，置换部位应位于构件截面受压区内，其正截面承载力应按下列两种情况分别考虑。

①当受压区混凝土置换深度时，受压区只有新混凝土参与承载，因此可按新混凝土强度等级及原构件中配置的纵向钢筋，确定正截面承载力。

②当受压区混凝土置换深度时，受压区存在新旧混凝土共同参与承载的情况，因此应将受压区混凝土分成新旧混凝土两部分分别处理。

三、受压构件加固设计

（一）轴心受压构件加固设计

当采用置换法加固钢筋混凝土轴心受压构件时，采用置换法加固钢筋混凝土轴心受压构件时，其正截面承载力计算公式除了应分别计算出新旧两部分不同强度等级混凝土的承载力外，其他与正截面设计没有区别，计算公式参照现行国家标准《混凝土结构设计规范》给出，引入了置换部分新混凝土强度的利用系数，以考虑施工无支顶时新混凝土的抗压强度不能得到充分利用的情况。

（二）偏心受压构件加固设计

当采用置换法加固钢筋混凝土偏心受压构件时，其正截面承载力应按下列两种情况分别计算：

①受压区混凝土置换深度时，按新混凝土强度等级和现行国家标准《混凝土结构设计规范》的规定进行正截面承载力计算。

②受压区混凝土置换深度时，其正截面承载力应符合下列规定：当受压区混凝土置换深度不小于加固后混凝土受压区高度时，轴向荷载全部由新浇混凝土承受，此时可按照新混凝土强度等级计算加固后偏心受压构件的正截面承载力；当混凝土置换深度小于加固后混凝土受压区高度时，新旧混凝土均参与承载，因此在计算时将压区混凝土分成新旧混凝土两部分处理。

四、构造规定

①置换用混凝土的强度等级应比原构件混凝土提高一级，且不应低于 C25。

②对于混凝土的置换深度，板应大于 40 mm。梁、柱采用人工浇筑时，应大于 60 mm；采用喷射法施工时，应大于 50 mm。置换长度应按混凝土强度和缺陷的检测及验算结果确定，但对于非全长置换的情况，其两端应分别延伸不小于 100 mm 的长度。

③梁的置换部分应位于构件截面受压区内，沿整个宽度剔除，或沿部分宽度对称剔除，但不得仅剔除截面的一隅。柱的置换部分宜位于构件截面周边或对称的两侧，且剔除的深度应一致。

④对于置换混凝土范围内的混凝土表面处理，应符合现行国家标准《建筑结构加固工程施工质量验收规范》的规定。对于既有结构，旧混凝土表面应涂刷结构界面胶，以保证新旧混凝土的协同工作。

第三节 改变结构受力特征加固法

改变结构受力特征加固法是通过改变结构荷载分布状况、传力途径、边界条件等来改变结构计算简图的一种加固方法。一般由于建筑结构使用功能发生改变，或要求较大的使用空间，需改变结构受力体系并对原结构进行补强加固时，可通过增设支点、增设托梁（架）。考虑空间协同工作法、卸载法、替换结构法、拔去柱子（托梁拔柱）法等来实现。改变结构受力特征加固法包括增设支点加固法和托梁拔柱加固法两种。

一、改变结构受力特征加固法的种类及适用范围

（一）增设支点加固法

增设支点加固法是增加支撑点来减小结构计算跨度，达到减小结构内力和提高其承载力及刚度的加固方法。其优点是简单可靠，缺点是使用空间会受到一定影响，这种方法适用于梁、板、桁架、网架等水平结构的加固。通常，支承点可采用砖柱、钢筋混凝土柱、钢柱，托梁或托架采用钢筋混凝土梁或钢结构。该法按支承结构的变形性能，分为刚性支点和弹性支点两类；按支承时的受力情况，分为预应力支承和非预应力支承两类。刚性支点法是指通过支承结构的轴心受压或轴心受拉将荷载直接传递给基础或柱子的一种加固方法。

由于新增支柱或支撑的纵向抗压或抗拉刚度较大，在荷载作用下，其变形与原构件支点处挠曲变形相比很小，支承点的位移可以忽略不计，一般可简化为不动支承点，结构受力明确，内力计算大为简化。通常，刚性支点的支柱可采用砖柱、钢筋混凝土柱、格构式钢柱、钢管柱或钢管混凝土柱等。支撑一般采用钢结构构件或钢筋混凝土构件。弹性支点法是以支承结构的受弯或桁架作用间接传递荷载的一种加固方法。因为增设的支杆或托梁（架）的相对刚度不大，支承点的位移不能忽略，应按弹性支点来

考虑，内力分析较为复杂。弹性支点加固需要考虑支承体系的变位，即支承内力需通过原构件与支撑之间的变形协调条件求出。

（二）托梁拔柱法

托梁拔柱是托梁（屋）面拔柱、托梁拆墙、托屋架拔柱的总称。该方法是一种在不拆除或少拆除上部结构的情况下实施拆除、更换或接长柱子的加固改造技术，包括相关构件的加固技术、上部结构顶升技术、拆除柱（墙）技术、施工安全技术等，适用于因使用功能改变及生产工艺更新，要求改变平面布局、增加柱距和使用空间的既有房屋或厂房的改造。

托梁拔柱法具有对生产、工作及生活影响较小，改造周期短、综合经济效益高等优点，但也具有施工技术要求较高、安全措施要求严格周密等缺点。该方法按施工方法不同可分为有支撑托梁拔柱和无支撑托梁拔柱。我国的托梁拔柱技术应用以前多局限于单层工业厂房排架结构的改造，目前在民用建筑中也有较多应用，如办公楼、商店、酒店等的门厅加大空间，沿街老旧砌体房屋底层小房间改为大开间的门面或商店等。

1. 有支撑托梁拔柱

有支撑托梁拔柱是首先在待拔除柱（墙）边设置临时支柱，然后利用此柱顶升上部结构，制作安装托梁（托架）。再将上部结构支承关系转换于托梁（托架），最后拆除柱子或墙体。拆除柱子或墙体之后，若结构受力发生变化，必须做相应的加固处理，以保证整体结构安全可靠。该方法施工较安全，但增设临时支柱的结构费用较高。

2. 无支撑托梁拔柱

无支撑托梁拔柱是指不另设临时支柱来支托上部结构，直接施工浇筑永久性钢筋混凝土梁或安装永久性钢梁来支托上部结构，然后拆除下部柱或墙体。对于厂房排架结构，可采用双托梁反牛腿加固方法，也可采用凿孔高空焊制托架加固方法。双托梁反牛腿适用于钢柱情况，采用两根钢托梁对称设于两边支柱内外侧，并在被拔柱保留的上柱部分设置反向牛腿，上部结构的质量及支承关系是通过反牛腿来进行转换的。凿孔焊制托架方案一般适于工字柱或双肢柱情况。对于钢筋混凝土框架结构，一般采用三面围套加大原梁截面尺寸。

加高原梁，采用双梁来支托上部结构进行加固补强；对于砌体结构的墙体拆除，一般采用在砌体墙两边设置双梁与砌体形成组合构件来进行加固补强。当采用改变结构受力特征的加固方法时，要求设计人员对整个结构的受力特征有十分清晰的认识，设计人员应反复勘查现场，弄清情况。增设支点加固法和托梁拔柱法均会改变结构的传力途径，加固后整个结构的受力情况可能有较大的变化，从而可能引起一系列构件的受力情况变化，该方法是各种加固方法中设计计算、施工难度都较高的一种加固方法。

设计人员在选取加固方法时，除需考虑建筑功能要求和结构安全要求外，还应考虑施工操作的可行性和施工过程的安全性。设计人员直接提出加固改造的施工顺序要求。在采用增设支点加固法时需分清刚性支点与弹性支点的区别，计算时需明确采用的支点类型，在施工过程中使用的支点要能满足所取计算简图的要求。另外，构件之间节点的连接构造措施也是保证加固效果的一个重要因素。当采用预订力增设支点加固时，应直接卸去梁和板的外荷载。另外，预订力应采用测力计控制，若仅采用打入钢楔以变形控制，应先进行试验，在确定支鼎力与变形关系后，方可实施。当采用托梁拔柱技术时，需保证各部分工程之间的协调，保证被加固构件的养护时间。在条件允许时，尽量设置沉降观测点。

二、增设刚性支点加固设计

设计支承结构或构件时，宜采用有预订力的方案，预订力的大小应以支点处被支顶构件表面不出现裂缝和不增设附加钢筋为宜。预订力不仅可以保证支柱杆件能良好地参与工作，而且还可以调节被加固结构构件的内力。预加的顶升力越大，被加固结构构件的跨中弯矩减少越多，增设支点的卸载作用越大。但若顶升力过大，原梁可能出现反方向弯矩，使上表面出现裂缝或增加钢筋。

因此，对顶升力应加以控制。制作支承结构和构件的材料应根据被加固构件所处的环境及使用要求进行确定。当在高湿度或高温环境中使用钢构件及其连接时，应采用有效的防锈和隔热措施。对于采用刚性支点加固的梁（板）。结构计算应按下列步骤进行：

①计算并绘制加固时原梁的内力图；

②初步确定预加力（卸载值），并绘制在支点预加力作用下的内力图。

③按加固后的计算简图，计算并绘制在新增荷载作用下的内力图。

④将上述前三个步骤内力图叠加，绘出梁各截面内力包络图；

⑤计算梁各截面实际承载力（M），并绘制抵抗弯矩图；

⑥调整预加力值，使梁各截面最大内力值小于截面实际承载力；

⑦根据支点的最大支承力，设计支撑构件及其基础。支撑构件多为轴心受力构件，可按现行国家标准《混凝土结构设计规范》或《钢结构设计规范》规定设计。

三、增设弹性支点加固设计

1. 加固结构内力计算方法

采用弹性支点加固梁时，需先计算出所需弹性支点力的大小，然后根据此力确定弹性支承结构的刚度。弹性支点的内力计算不同于刚性支点，弹性支点要考虑支承结构的位移，即支承内力需通过原结构与支承结构之间的变形协调求出。通常，实际结构一般为超静定的，其内力根据构件刚度来分配，故新建结构在设计时，首先假定结构构件的截面尺寸，然后再进行内力分析和计算。但在加固工程中，往往是先确定加固效果，再据此推算出加固构件所需的截面面积和刚度。

由于加固构件的受力大小随其刚度变化而变化，因此，只有按此推算出的刚度值设计截面面积，才能达到预期的加固效果。其分析计算过程与新建结构设计有较大的不同。当采用力法求解超静定结构内力时，需先确定基本体系，然后根据位移条件列出基本方程并求解。通常，力法要求在去掉多余联系之后的基本体系是静定的，但由于加固结构常用的加固形式不多，在加固结构的计算中，仅需先算出弹性支点力（卸除力）即可，故加固结构的基本体系可以为超静定结构（当然也可以是静定结构），也就是仅把需要求解内力的杆（或支撑）视为多余联系，用未知力代替，形成基本体系。由于支承结构大多为单点支承或呈对称性支承，所以实际计算工作量相对简单。

2. 弹性支点力计算

在新增荷载作用下，被加固梁与支承梁间的弹性支点力，可根据支承点处的变形协调条件按式求解。

四、增设支点法构造设计

新增设的支柱、支撑上端与原被加固梁相连接，下端与基础或梁（或柱）相连接。连接方法有湿式连接和干式连接两种。湿式连接是指在支承点或固定点的相应部位用钢筋箍和后浇混凝土围套，将支承结构与被加固结构结为一体。干式连接指在支承点或固定点的梁或柱截面上用型钢箍或螺栓箍箍结，再将支承结构与型钢箍焊接，使之结为一体。

（一）支柱上端与原梁（柱）连接

湿式连接当支承结构为后浇钢筋混凝土时，支柱上端与原梁（柱）连接可采用湿式连接。

干式连接当采用型钢支柱、支撑作为支承结构时，可采用干式连接。

（二）支柱下端与基础或原梁（柱）连接

对于增设支点加固法新增的支柱、支撑的下端连接，若直接支承于基础，可按一般地基基础构造处理；若斜撑底部以梁、柱为支承时，可采用以下构造方式处理。

1. 湿式连接

对于受拉支撑，其受拉主筋应绕过上、下梁（柱），并采用焊接。

为了保证湿式连接梁（柱）的整体刚度，被连接部位原梁（柱）的混凝土保护层也应全部凿除，露出箍筋。其连接部位可采用钢筋箍，钢筋箍可做成封闭型，应外包整个柱截面；其连接部位也可采用以短角钢用螺栓锚固于梁根部，再将受压斜撑的外伸受力钢筋与短角钢焊接，最后浇筑混凝土使之结为一体。箍筋的直径应由计算确定，但不应少于两根直径为 12 mm 的钢筋，节点处后浇混凝土的强度等级不应低于 C25。在节点处及支柱与混凝土的接触面应进行凿毛，清除浮渣，洒水湿润，一般以膨胀混凝土为宜，以加强新旧混凝土之间的黏结，形成整体协同工作。

2. 干式连接

当采用型钢支柱、支撑为支承结构时，可采用型钢套箍的干式连接。当采用型钢套箍干式连接时，型钢套箍与梁接触面间应用水泥砂浆坐浆，待型钢套箍与支柱焊牢后，再用较干硬的砂浆将全部接触缝隙塞紧填实。对于楔顶块顶升法，顶升完毕后，应将所有楔块焊接，再用环氧砂浆封闭。

五、托梁拔柱法加固设计

（一）设计计算内容和程序

托梁拔柱在一定范围内完全改变了结构的传力路径和计算简图，实际是增大了结构构件的内力，其影响程度与结构性质有关。对于高次超静定结构（如框架结构），影响范围较大；对于静定结构或排架结构，影响范围较小。托梁拔柱结构的设计原则是：对于排架结构，被拔柱所受外力应全部由新增设的托架及侧向支撑承受；对于超静定结构，除由新增设的托梁（架）来承受外，也可考虑内力重分布来转移部分荷载，但需进行较大范围的结构加固处理。托梁拔柱设计应包括荷载传递转移路径的确定、托梁及支撑设计计算、相关柱子和地基基础的加固设计计算，还应包括施工阶段的承载力和稳定验算等。这些计算相互影响，需通过反复计算比较才能确定较优方案。

托梁拔柱设计计算的一般程序如下：

①计算拔柱前原结构的内力；

②根据实际受力情况和新的使用要求确定新的荷载传递路径；

③确定按被拔柱所受轴向力全部转由托梁（架）承受，并据此进行托梁（架）设计，承受的水平力全部转由侧向支撑承受，并设计侧向支撑；

④按托梁拔柱后新的荷载传递路径计算结构内力；

⑤按计算所得内力对相关柱子及地基基础进行加固设计；

⑥根据具体施工方案和实际受力情况，对结构在施工阶段的强度和稳定性进行验算。

（二）构造要求

托梁拔柱设计构造要求如下：对于设置托架方案，托架两端在旁柱上的支承固定一般采用现制牛腿来实现，若旁柱上端为薄壁工字形截面时，也可直接开凿孔洞支承。牛腿在钢筋混凝土柱上的生根一般采用外包封闭式钢板套箍，为增强套箍的抗剪能力，套箍应与柱主筋焊接，或者附加应力螺栓或打孔穿入方钢销等。当为钢柱时，牛腿与柱可直接焊接。对于不设托架的墙梁，一般采用双面钢筋网混凝土夹板墙对原梁与原（砖）墙加固，使之组合为一根墙梁。墙梁底部配筋应结合旁柱的加固一道处理。

第六章 既有建筑物地基基础的加固

随着建筑领域的不断创新及发展，建筑物地基基础技术也得到了全面的普及和应用，其中既有建筑物地基基础加固更是得到了广泛运用，在桩基技术及对地基进行处理的技术中实现了历史性的突破，基于此，本章主要阐述既有建筑物地基基础的加固。

第一节 概述

一、既有建筑物地基基础加固的现状

目前，国内的建筑物地基基础加固水平虽然已经追赶上了世界水平，但还存在一些不足之处。例如，在工艺的手段上存在落后的情况、环境污染严重、管理检查低效等等。随着国内对于建筑物地基基础加固技术的不断深入及创新，一些加固公司已经在不断地对新的技术领域进行伸展创新。

二、既有建筑物地基加固的重要意义及加固的原因

1. 既有建筑物地基加固的意义

在建筑领域中，建造一个建筑物是需要耗费非常多的人力、物力、财力的，建筑过程中所用到的材料大部分都是不可再生能源。所以为了能够更好地维护社会及人民群众的财产安全，让人们和社会的财产得到有效的保证，通过地基基础加固的形式能够有效地提高建筑物的使用寿命，与国家所提倡的可持续发展趋势也刚好吻合。

此外，通过对建筑物地基基础进行加固，能够大范围减少城市建筑垃圾的数量，让建筑物能够得到长期的使用，为环境保护起到一定的作用。

需要进行加固的建筑物一般都是有一定年限的建筑物，对一些具有一定历史年限的建筑物进行加固，能够保留历史遗留下的历史性建筑物，让我们古老的文化能够得到很好的传承，另外可以通过这些历史性遗留的建筑物开发旅游产业，为国内的经济发展做出贡献。

2. 既有建筑物地基加固的原因

当前，国内存在的既有建筑物普遍都存在耐久性较差的情况，造成这一情况的原因有很多，比如说管理不恰当造成的结构遭到破坏，给建筑物的正常使用带来了影响。对建筑物的维护不到位，也会对建筑的耐久性带来负面影响。通过调查国内一些有年限的建筑物发现，国内建筑物与20世纪七八十年代的建筑物有大部分都需要进行加固及维修。我国与其他国家相比较，国内人均所占有的土地量是偏少的，存在用地紧张的情况，农业用地和建筑用地存在比较大的冲突，所以通过对建筑物进行加固，能够做到节省资源的目的。

另外，自然灾害会对建筑物产生一定的破坏性作用，造成不可挽回的损失。所以对其进行加固，能够为人民群众及国家的财产安全起到一定的保护作用。

进行既有建筑物地基基础加固的另外一个原因为，随着地质环境的不断变化，这些也会对既有建筑物带来一定的影响，例如，进行地下建筑施工或者是深基坑的挖掘工作都会对既有建筑物的地基基础带来不好的影响。所以，对于既有建筑物的地基基础进行加固还是非常有必要性的。

当已有建筑地基基础遭受损害，影响了建筑的使用功能或寿命，或设计或施工中的缺陷引起了地基基础事故，或者是因上部结构的荷载增加，原有地基与基础已满足不了新的要求等情况下，需要对已有地基基础进行加固。例如已有基础受到酸、碱腐蚀；软土或不均匀地基的不均匀沉降导致墙体与基础开裂；湿陷性黄土引起的不均匀沉降与基础裂缝；地震引起的基础竖向与水平位移；相邻基础或堆载引起基础或墙柱下沉与倾斜。上部结构改建与增层引起基础荷载的增加等等。特别是近年由于地皮价格上涨，全国各城市都有大量房屋需加层扩建，以挖掘原有房屋的潜力，加固已有建筑地基基础的工程任务便日益增加。

三、已有建筑地基基础加固的特点及依据

加固已有建筑地基基础的最大特点是需要对已有建筑的上部结构与地下情况（包括地基基础与地下埋设物）有充分的了解与判断，确定已有地基的承载力；加固中要对已有建筑物的状态进行严密监控。该项加固工作应依据行业标准《既有建筑地基基础加固技术规范》进行。

对既有建筑物地基基础的加固，是为了能够更好地满足当前建筑设计结构的具体要求，同时还为了满足抗震的设计要求，在对建筑物地基基础进行加固的过程中一般都是增加底面基础的荷载，保证建筑物的地基在加固以后能巩固后续的使用，预防出现变形或者损坏情况。对此，本书将主要针对建筑物地基基础加固的处理做出相应的讨论和研究，并结合具体的工程应用展开进一步的叙述。

四、对既有建筑可靠性鉴定程序的研究

随着社会的不断发展，在自然环境和使用环境双重作用下，既有建筑的规模和功能越来越满足不了新的社会需求，而且既有建筑的原设计、施工等标准要求均较低、房屋老龄化和结构功能的减弱等导致的结构安全问题逐渐引起了人们的关注，对此，可采用拆除重建或进行房屋的可靠性鉴定和加固改造。由于对既有建筑的检测、鉴定和加固改造具有工期短、投资少、见效快、对各方面影响均较小的特点，使得各方面对既有建筑的检测、鉴定和加固改造的研究越来越多，使用也越来越频繁。国家对此也相继发布了各种鉴定标准，其中对一般工业与民用建筑而言，较为常用的标准有：《建筑抗震鉴定标准》《建筑抗震加固技术规程》《既有建筑地基基础加固技术规范》《民用建筑可靠性鉴定标准》《工业厂房可靠性鉴定标准》、《危险房屋鉴定标准》等。对既有建筑进行加固改造，必须对该建筑进行一定的检测、鉴定。

1.查阅核实资料

查阅核实资料是对既有建筑的初步调查，在这一阶段需要填写《民用

建筑可靠性鉴定标准》附录 A "民用建筑初步调查表"，或《工业厂房可靠性鉴定标准》附录一 "工业厂房初步调查表"，最终完成详细可行的房屋检测、鉴定方案的制定。

（1）图纸设计资料收集整理

相关的图纸设计资料主要包括原设计施工图纸、图纸审查意见及相关答复和变更、设计变更记录、岩土勘察报告、维修记录、历次加固改造图纸、房屋原有检测鉴定报告等。

（2）施工资料收集整理

相关的施工资料主要包括开工报告、各材料进场使用报验单、各材料性能检测报告、各部位工序质量报验单、各分部分项工程验收记录（报告）、单位工程竣工验收记录、竣工图、沉降观测记录等。

（3）对现场进行初勘

对现场进行初勘的任务主要是核对资料与实物的对应关系，调查了解房屋的历史、实际使用工况和现有房屋破损程度，切实了解建设单位进行房屋检测、鉴定和加固改造的目的。

（4）房屋检测、鉴定方案制定

详细可行的房屋检测、鉴定方案主要包括工程概况、检测鉴定的目的、内容、仪器和依据以及检测鉴定的具体位置、数量比例；与建设单位进行沟通，提出需要由建设单位配合完成的准备工作，如基础的开挖、混凝土粉刷层或保护层的凿除、场地内现有杂物的清理等。

2. 现场检测

根据查阅核实资料最终完成的房屋检测、鉴定方案，对房屋进行有针对性的现场检测，具体包括如下几方面内容。

（1）地基基础的检测

根据上部结构的一些裂缝和变形，判断基础是否产生较大不均匀沉降；然后集合建筑物的建成使用年限再决定是否需要进行基础的开挖；基础开挖以后，检查基础有无开裂、腐蚀及其他损坏情况，对基础混凝土进行钻孔取芯测定其强度指标；如有必要则进行原位测试测定地基承载能力；检查有无其他不利因素（如抽取地下水、地下水腐蚀、地下存在渗流路径等）的影响。

（2）上部结构检测

用卷尺、测距仪进行轴线间距测量复核；用全站仪、经纬仪、水准仪进行房屋整体倾斜变形、柱侧向变形和梁板挠度的检测；用钢卷尺、游标卡尺、金属测厚仪进行钢结构截面尺寸的测量；用焊缝探伤仪对钢结构焊缝进行随机探伤；用干漆膜测厚仪对涂层厚度进行检测；用钢卷尺进行钢筋混凝土梁柱截面尺寸的测量；用钢卷尺、混凝土厚度测量仪进行钢筋混凝土墙板截面尺寸的测量；用裂缝观测仪进行钢筋混凝土裂缝的观测；用回弹仪进行混凝土强度的无损检测，用混凝土钻孔取芯机进行混凝土强度的有损检测；用回弹仪进行砌体、砂浆强度的检测。

对建筑的结构形式与构件选型、传力路径、损伤、连接节点有无损坏进行检查；检查建筑有无渗漏、裂缝，检查墙体门窗是否完好；检查钢结构的结构布置和支承体系是否完整、有无张紧；钢结构构件有无锈蚀、腐蚀现场，防腐、防火涂料的涂刷是否满足现行国家规范要求；检查螺栓的安装及连接板的叠合情况；检查砌体结构墙体有无裂缝；检查砌体结构的构造措施是否到位等。

3.结构计算

结构受力计算主要是根据现场的工程检查、检测结果，选取中国建筑科学研究院编制的PKPM系列结构计算分析软件对建筑进行结构计算复核。其中，构件截面尺寸、材料强度按现场实测结果取值，荷载及抗震设计取值应根据《建筑抗震鉴定标准》关于后续使用年限的规定做适当调整。《建筑抗震鉴定标准》关于后续使用年限的规定如下：

20世纪70年代及以前建造经耐久性鉴定可继续使用的现有建筑，其后续使用年限不应少于30年；20世纪80年代建造的现有建筑，宜采用40年或更长，且不得少于30年。20世纪90年代（按当时施行的抗震设计规范系列设计）建造的现有建筑，后续使用年限不宜少于40年，条件许可时应采用50年。2001年以后（按当时施行的抗震设计规范系列设计）建造的现有建筑，后续使用年限宜采用50年。

不同后续使用年限的现有建筑，其抗震鉴定方法均应符合下列要求：后续使用年限30年的建筑（简称A类建筑），应采用本标准各章规定的A类建筑抗震鉴定方法；后续使用年限40年的建筑（简称B类建筑），应采用本标准各章规定的 B 类建筑抗震鉴定方法；后续使用年限 50 年的建筑（简称 C 类建筑），应按现行国家标准《建筑抗震设计规范》（GB 50011）的要求进行抗震鉴定。

4. 分析研究及加固改造

分析研究是根据现场的工程检查、检测的结果，集合结构计算的受力分析，利用现行规范对建筑进行可靠性鉴定。

民用建筑的可靠性鉴定依据《民用建筑可靠性鉴定标准》进行，主要通过地基基础分析、上部承重结构分析、围护结构系统分析三个方面来对建筑进行综合评级，最终评定单元分为Ⅰ级、Ⅱ级、Ⅲ级、Ⅳ级四个等级。

工业建筑的可靠性鉴定依据《工业厂房可靠性鉴定标准》进行，主要通过承重结构系统分析、结构布置及支撑系统布置、围护结构系统分析三个方面来对建筑进行综合评级，最终评定单元分为一级、二级、三级、四级四个等级。

针对民用建筑的可靠性鉴定结果为Ⅱ级、Ⅲ级、Ⅳ级和工业建筑的可靠性鉴定结果为二级、三级、四级的建筑须利用一些加固改造方法对可靠性不符合国家现行标准规范要求的项目采取加固改造措施，使其满足国家现行标准规范的要求。

现行的加固改造方法较多，不同的结构材料有不同的加固改造方法，不同的加固改造方法又具有其不同的特点。

对于钢筋混凝土结构建筑常见的加固改造方法有加大截面加固法、置换混凝土加固法、外包钢加固法、粘钢加固法、粘贴纤维增强塑料加固法、绕丝法、预应力加固法、增加支承加固法和其他加固法等多种。

对于钢结构建筑常见的加固改造方法有：减轻荷载法、增大截面法和改变结构传力路径法三种方法。

对于砌体结构建筑常见的加固改造方法有钢筋混凝土面层加固法、钢筋网水泥砂浆面层加固法、增设扶壁柱加固法、外包钢加固法、预应力撑杆加固法、增设构造柱、圈梁、梁垫等构造措施加固、砌体局部拆除重砌加固和灌浆法修补砌体裂缝等多种。

以上多种加固方法，在具体选用时，首先应考虑技术与现场施工的可行性，其次需要考虑工程经济的合理性，从而进行综合选择最优加固方法。

第二节　建筑物地基基础的加固

一、地基加固技术

1.地基加固技术的发展历程

①新建阶段：第二次世界大战结束后，百废待兴，多数国家需要重新建造建筑，由于时间紧迫，出现了设计标准低的现象，导致建筑物的使用寿命不能满足现在的实际需要。

②新建、加固过渡阶段：由于建筑结构性能随着环境的变化，发生结构需要加固，或者由于建筑功能发生变化，需要适当地对建筑进行加固升级改造。

③加固阶段：对现有建筑进行结构安全性改造，保证建筑可以满足实际的需要，延长建筑寿命。保证了建筑的正常使用。

2.地基加固技术的优点

①提高建筑的使用面积的利用率，解决住房紧缺的现象。同时可以使得建筑内外的建筑风格发生巨大的变化，达到美观的效果。

②由于在原有结构的基础上进行加固，可大大降低施工成本。据估计，既有建筑的增层加固改造所需要的投资，比新建方案节省约50%。

③对于既有建筑物地基加固，可以提高既有建筑的抗压能力，保证其能够抵抗一定地震的影响，从而达到延长建筑寿命的目的。

④对既有建筑加固，一般是在原有的建筑上进行相应的改造和升级，这样就不会增加对新土地的占用，保护了原有环境，提升了土地整体的利用率。在建筑改造的过程中，可以节约拆迁费和整体降低建筑工程费用。

⑤随着对建筑加固要求和标准的提高，大量的新型材料技术应用于地基基础加固中，这样就促进了许多技术的快速发展。大量的轻量化的材料的使用，可以满足工程的实际需要。

二、地基加固原则

在对既有建筑地基加固的过程中，要因地制宜地根据建筑的自身条件的不同来进行加固。一般来说，对于新建的项目，要利用地质条件中的天然地基。若地基是承载较好的土层，就可利用此土层作为承载层。

三、建筑物地基基础的加固方法

1.托换加固

已有建筑地基基础的方法托换的原意比较窄，意思是将有问题或因需要而将原有基础托起，换成所需要的基础（基础加深加宽）的意思。但目前托换一词的含义已有改变，泛指对已有建筑物地基与基础的加固工程，把对地基的加固也包含在内。

2.基础补强注浆法

当已有建筑物的基础由于不均匀沉降或由于施工质量、材料不合格，或因使用中地下水及生产用水的腐蚀等原因，出现裂缝、空洞等破损，可采用注浆法加固。注浆法是在基础的破损部位两侧钻孔，注入水泥浆或环氧等浆液。注浆管管径为 25 mm，与水平方向的倾角不小于 30°。钻孔直径比注浆管直径大 2~3 mm，孔距 0.5~1.0 m，注浆压力 0.1~0.3 MPa，如不够可加大至 0.6 MPa，在 10~15 min 内浆液不下沉时可停止注浆。每个注浆孔注浆的有效范围直径为 0.6~1.2 m，条形基础裂缝多时可纵向分段施工，每段长度可取 1.5~2.0 m。

3.加大基础底面法

当地基承载力或基础面积不足时，可以放大已有基础底面，也就是在原有基础上接出一块或加套。在施工和设计时应注意以下几点。

①基础荷载偏心时。可以不对称加宽。

②接合面要凿毛清净，涂高强水泥浆或界面剂以增强新老部分混凝土的结合，也可以插入钢筋以加强连接。

③加宽部分的主筋应与原基础内主筋焊接。

④对条形基础应分段间隔施工，每段长度 1.5~2.0 m，因为在全长开挖

基础两侧，对基础的安全有影响。

⑤加宽部分下的基础垫层材料和厚度应与原有部分相同。

⑥加宽后基础的抗剪、抗弯及承载力均应经过计算，必要时应进行沉降计算。

⑦此法一般用于地下水位以上，否则要迫降水位以后再施工。

4. 已有基础的加深法

加深基础的方法是在原条形基础上分段开挖，挖到较好的土层处，分段浇注墩式基础或将各个墩连在一起，成为新的条形基础的加固方法。它也可以用在柱基下，但因柱基不像条基可以将开挖部分的荷载卸到两侧未挖的部分去，因此，在柱基下开挖首先应对柱子卸载，以保证结构的安全。加深基础法适用于地下水位以上，且原基底下不太深处有较好土层可以做持力层的情况下。如果有地下水或基础太深，使施工难度与造价增加，不宜采用。施工步骤如下：

①在欲加固的基础一侧分批、分段、间隔开挖长约 1.2 m、宽 0.9 m 的导坑，如土不好则加支护防塌，坑底较基底深 1.7 m，以便工人立于坑中操作。

②由导坑中向基础下开挖与原基础同宽，深度达到预定持力层的基坑。

③用混凝土浇筑基坑成墩，墩顶距原基底 80 mm，一天后再用掺入膨胀剂与速凝剂的干水泥砂浆填满空隙并振实。

④如果墩子连成一片，则形成条形基础。

5. 桩式托换法

桩式托换法是用桩将原基础荷载传到较深处的好土上去，使原基础得到加固的方法。常用的桩类型有锚杆静压桩、坑式静压桩、灌注桩、树根桩等，这类桩没有太大振动与噪声，对周围环境和地基土的破坏与干扰小，因而常被采用。打入的预制桩不能采用，因为振动与挤土作用会对已有基础的地基产生有害影响。

6. 铺杆静压桩加固法

此法适用于淤泥、淤泥质土、黏性土、粉土和人工填土上的基础。对过于坚实的土而言压桩有困难。此法一般是在原基础上凿出桩孔和锚杆孔，埋设锚杆与安装反力架，用千斤顶将预制好的桩段逐段通过桩孔压入原基础下的地基中。压桩的力不能超过加固部分的结构荷载。否则压桩的力没有力来平衡。桩材料宜用钢或钢筋混凝土，截面边长为 200~300 mm，桩段长度由施工净空和机具确定，一般为 1.0~2.5 m，配筋量由计算确定，但不宜少于 4φ10（截面边长为 200 mm 时）或 4φ12（截面边长为 250 mm）或 4φ16（截面边长为 300 mm 时）。桩段间用硫黄胶泥连接，但桩身受拉时改用焊接。单桩承载力可通过单桩静载试验确定。当无试验资料时也可按有关规定确定。原基础的强度应能抵抗桩的冲剪与桩荷载在基础上产生的弯矩，则应加固或采用挑梁。

桩孔截面应比桩截面大 50~100 m，且为上小下大的形状。桩孔凿开后应将孔壁凿毛、清洗。原基础钢筋需制备，待压桩后再焊接。整桩需一次压到设计标高。当必须中途停顿时，桩端应停在软弱土中且停留时间不超过 24 h，压桩施工应对称进行，不虚数台压柱机在同一个独立基础上同时加压。桩尖应达到设计深度且压桩力达到单桩承载力的 1.5 倍，维持时间不应少于 5 min，此后即可使千斤顶卸载，拆除桩架，焊接钢筋，清除孔内杂物，涂混凝土界面剂，用 C30 微膨胀早强混凝土填实桩孔。

7.坑式静压桩加固法

坑式静压桩加固法是在原基础底面以下进行的，它不需锚杆和压桩架，而是利用基础本身作为千斤顶的支承，将桩段一一压入土中，逐段接成桩身。它的适用范围与锚杆静压桩类似，适用于淤泥、淤泥质土、黏性土、粉土和人工填土等，但地下水位要低于原基底和基底下的开挖深度，否则施工要排水或降水。坑式静压桩的施工要点如下：

①先在基础一侧挖长 1.2 m、宽 0.9 m、深于基底 1.5 m 的竖坑，以利工人操作，坑壁松软时应加支护：再向基础下挖出一长 0.8 m、宽 0.5 m 的基坑以便投放测力计、千斤顶和压桩。每压入一节后再压下一节。

②桩身可用 150~300 mm 的开口钢管或截面边长为 150~250 mm 的混凝土方桩。桩长由基坑深度和千斤顶行程决定。

③桩的平面位置应设在坚固的墙、柱下，避开门窗等墙体与基础的薄弱部位。

④钢桩用满焊接头，钢筋混凝土桩用硫黄胶泥接头。桩尖遇到硬物时

可用钢板靴保护。

⑤桩尖应达到设计深度且压桩力达到设计单桩承载力的 1.5 倍并维持 5 min 以上，即可卸去千斤顶，用 C30 微膨胀早强混凝土将原基础与桩浇成整体。

8. 树根桩加固法

树根桩是一种小直径灌注桩（150~300 mm），长度不超过 30 m，可以是竖直桩也可以是网状结构或斜桩。可用于淤泥、淤泥质土、黏性土、粉土、砂土、碎石土及人工填土等地基上的已有建筑、古建筑，地下道穿越等加固工程。由于其适用性广泛，结构形式灵活，造价不高，因而常被采用。

树根桩的单桩承载力可通过单桩静载试验确定或由公式估算。在静载试验中可由荷载沉降曲线取对应于该建筑所能承受的最大沉降的荷载值为单桩竖向承载力，桩身混凝土不低于 C20，钢筋笼直径小于设计桩径 40~60 mm。主筋不宜少于 3 根。钢筋长度不宜少于 1/2 桩长，斜桩以及在桩承受水平荷载时应全长配筋。

树根桩采用钻机成孔，可穿过原基础进入土层。在土中钻进时宜用清水或泥浆护壁或用套管。成孔后放入钢筋笼，填入碎石或细石，用 1 MPa 的起始压力将水泥浆从孔底压入孔中，直至从孔口泛出。根据经验大约有 50% 以上的水泥浆压入周围土层，使桩的侧面摩阻力增大。对某些土层如若希望提高该层的摩阻力。可在该层范围内采用二次注浆，可使该层的摩阻力提高 30%~50%。二次压浆时需在第一次压浆初凝时进行（45~60 min）。注浆压力提高至 2~4 MPa，浆液宜用水泥浆，在高压下浆液劈裂已注的水泥浆和周围土体形成树根状的固体。可采用静载试验、动测法。留试块等方法检测桩身质量，强度与承载力。由于树根桩将既有房屋的荷载传至深层，减小了兴建地铁引起已有建筑沉降和开裂的危险。

9. 石灰桩加固法

石灰桩是生石灰和粉煤灰（火山灰亦可）组成的柔性桩，有时为提高桩身强度可掺入一些水泥、砂或石屑。它的加固作用是桩与桩间土组成复合地基，变形减小，承载力提高。

（1）土性改善的原因

①成孔时的挤密作用，可提高土的密实度。

②生石灰熟化时的吸水作用，有利于软土排水固结。1 kg 的纯氧化钙可吸水 0.32 kg，一般采用的生石灰其含量不低于 70%。由此可估出软土含水量的降低值。

③膨胀作用。生石灰吸水后体积膨胀 20%~30%。

④发热脱水。生石灰吸水后发热可使桩身温度为 200~300℃，土中水汽化。含水量下降。

⑤生石灰中的钙离子可在石灰桩表面形成一硬壳并可进入桩间土中，改善了土的性质。

⑥桩身强度比软土高，由于这些原因使复合地基的承载力较加固前提高 0.7~1.5 倍。确定复合地基的承载力可通过标贯静载试验、静探等常规手段获得。

（2）石灰桩的设计施工要点

①生石灰含量不得低于 70%，含粉量不大于 10%。含水量不大于 5%，最大灰块不得大于 50 mm，粉煤灰应为 I、Ⅱ 级灰。

②常用的石灰与粉煤灰的配合比为 1∶1.5 或 1∶2（体积比）。为提高桩身强度亦可掺入一定量的水泥、砂、石屑。

③桩径为 200~300 mm（洛阳铲成孔）或 325~425 mm（抗管成孔）。桩距一般为 2.5~3.5 倍桩径。平面布置为三角形或正方形。处理范围应比基础宽出 1~2 排桩且不小于加固深度的一半。加固深度由地质条件决定。石灰桩顶部已有 200~300 mm 厚的碎石垫层。

④石灰桩的成孔方法。

a. 振动沉管法。为防生石灰膨胀堵塞，在采用管内填料成桩法时要加压缩空气；在采用管外填料成桩时要控制每次填料数量及沉管深度。注意振动不宜过大，以免影响已有基础。

b. 锤击成桩法。要注意锤击次数要少，振动要小。

c. 螺旋钻成桩法。钻至设计深度后提钻，清除钻杆上泥土，将整根桩的填料堆在钻杆周围，再将钻杆沉底，钻杆反转，将填料边搅拌边压入孔中，钻杆被压密的填料逐渐顶起，至预定标高后停止，用 307 灰土封顶。

d. 洛阳铲成桩法。用于不产生塌孔的土中，孔成后分层加填料，每次磨度不大于 300 mm，用杆状锤夯实。

e. 静压成孔法。先成孔后灌料。石灰桩成孔的关键问题是生石灰吸水膨胀时要有一定的约束力，否则吸水后变成软物，不硬结。试验表明，当桩填筑的干重度达到 11.6 kN/m³ 时，只要胀发时竖向压力大于 50 kPa，桩体就不会变软。桩体的夯实很重要。一般尽可能不穿透原基础，以降低施工难度和保持原基础强度。

10. 注浆加固法

①注浆加固法适用于砂、粉土、填土、裂缝岩石等岩土加固或防渗。注浆是采用液压气压或电渗方法，将浆液注入基础上或地基中凝固成为"结合体"，从而使其具有防渗、防水和高强度等功能。

②用注浆法加固已有建筑基础是常用的方法，价格不高且可以使加固体形成任意所需要的形式，此外又可防渗，所需材料与设备也不难满足。因此，在有条件进行此种加固方法的场合常被选用。

③注浆量和加固直径应通过现场试验确定。一般孔距为 1~2 m，且加固后能连成一个整体，对以防渗为目的的工程更要注意其防渗性。

④如果是多排、单排布置则应跳点进行。对于加固已有建筑地基，防止在相邻的深基坑开挖时，已有建筑的地基失稳。加固体既承担原基础的重力又起支挡结构作用，还可防渗。设计时可按重力挡土墙考虑。原有基础压力作为墙上荷载。

实例：苏州虎丘塔的地基加固。著名古迹苏州虎丘塔建于宋朝建隆二年（公元 961 年），至今已 1 042 年，全塔 7 层高 47.5 m，呈八角形，1980 年时已严重倾斜，塔顶偏离中线 2.31 m，地基为倾斜的岩石和厚度不等的覆盖层构成，塔基础平面范围内厚度由 2.8 m 变为 5.8 m，相差 3 m。塔基础埋深 0.5 m（8 皮砖），砌于块石填土人工地基上。塔重约 63 000 kN，单位面积压力达 435 kPa，估计已超出地基承载力。

塔身倾斜由来已久，塔的中线是一条折线，在建造第一层塔身时已发生倾斜，在建造第二层时校正成铅直，塔身继续倾斜后，在建造第三层时又加校正成铅直，最后形成折线形抛物线。

倾斜原因：

①基底压力太高；

②覆盖层厚度不均是倾斜的根本原因，塔身倾斜方向与覆盖层厚度大的方向一致说明了此点；

③南方暴雨冲走块石填土间的细粒土，形成许多空洞，也是倾斜的重要原因；

下沉大的一侧塔身应力偏大，超出砌体抗压强度，出现底层塔身的竖向裂缝，相反方向出现水平裂缝。

事故处理方法：为保护千年古塔，1978 年 6 月在国家文物管理局和苏州市人民政府领导下，召开多次专家会议，决定加固虎丘塔，首先加固地基。第一期加固工程是在塔四周建造一圈桩排式地下连续墙，其目的为减少塔基土流失和减小地基土的侧向变形。在离塔外墙约 3 m 处，用人工挖直径 1.4 m 的桩孔，深入基岩 50 cm，浇筑钢筋混凝土。人工挖孔灌注桩可以避免机械钻孔的振动。地基加固先从塔东北方向开始，逆时针排列，一共 44 根灌注桩。施工中，每挖深 80 cm 即浇 15 cm 厚井圈护壁，当完成 6~7 根桩后，在桩顶浇筑高 450 mm 圈梁，连成整体。第二期加固工程是进行钻孔注浆和树根桩加固塔基。钻孔注水泥浆位于第一期工程桩排式圆环形地下连续墙与塔基之间，孔径 90 mm，由外及里分三排圆环形注浆共 113 孔，注入浆液达 2 6637 m³，树根桩位于塔身内顺回廊中心和八个壶门内，共做 32 根垂直向树根桩。此外，在壶门之间的 8 个塔身，各做 2 根斜向树根桩。总计 48 根树根桩，桩直径 90 mm，布置 306 钢筋，采用压力注浆成桩。

四、既有建筑物地基基础加固的工程与应用

此项加固工程中主要是针对 1964 年洛阳投入生产的棉纺织厂厂房为进行地基基础的加固。在当时进行该项工程的建筑过程中，没有对湿陷性黄土做出技术性的处理，并且车间需要的用水量又比较大，所以怀疑该处基础上的土壤可能存在含水量过高的情况，引起地基基础不匀称的下降。对此，通过测试发现确实存在含水量过高的情况，通过对现场周边的实际情况进行考察，在不影响生产的情况下对地基进行加固，以防止柱基出现进一步的下沉情况。

1.加固的具体方案

通过在地基基础的柱下进行独立基础的四周钻直孔以及斜孔，桩孔的直径约为 70 mm、深度为 9 m 左右，直孔作为垂直的钻孔，斜孔的角度一般在 10° ~ 20° 之间。通过对孔内进行注入水泥的形式，来实现对地基基础的加固。

2.加固的基本原理

通过在基底的周围进行打孔的形式来注入水泥通过挤密的方式来排挤出土层内部孔内的水和空气，通过位置的占据，再将原本就比较松动的土粒黏结成一体，让土壤的结构能够更加稳定，提高地基的抗压以及抗震的能力，进而有效地对建筑物地基下沉的情况进行掌控，通过此方法来对既有建筑物的地基基础进行加固，具有造价低、效益快、不影响建筑物正常使用的优点。

3.具体的施工模式

工艺的具体流程：测量定位→打孔→对孔做出检查→插入注浆管→投入加固的材料→注浆→完成二次补浆。

测量定位：重点是通过参照设计图中具体的桩孔位置，做好放线和测量并且进行记录。

打孔：打孔重点所采用的技术为铲车孔，注入材料的一般直径为 70 mm 左右，一般被分为斜孔或者是直孔，其孔的角度一般在 10° ~ 20° 之间，深度在 8 ~ 9 m。

对孔做出检查：在打孔完成以后，需要及时对注浆的孔质量是否符合标准做出检查，特别是斜孔的角度是否满足具体的施工要求。

插入注浆管：一般注浆管所采用的基本都是无缝钢管，柱基底下部分制作成孔距为 150 mm，孔径为 6 mm 的注浆管，通过中间的接头部分来进行加管的衔接。管头过丝需要安装一些铜球阀，避免注浆完成后得不到压力。

插入注浆管：通常都需要深入到孔底部分的 200 mm 的位置。进行投入的加固材料基本也都是 10 mm 左右的小石头，投料过程中还需要用一根小口径的钢管进行搅拌，以此来降低注浆过程中附加的沉降，在完成投入加固材料以后应及时放置引气管。

注浆：通常情况下注浆的顺序一般为先对直孔进行施工，然后再对斜孔进行施工，按照跳孔之间的间隔注浆的形式来完成施工。通常进行注浆的材料都为水泥，对于直孔进行注浆过程中一般的压力应该在 0.7 MPa，对于单孔的水泥注入量不应该少于 1.5 t。在进行注浆的过程中，施工一定要按照比例来对水泥储浆来进行水的添加，在水玻璃、水泥搅拌以后，通过筛子进行过滤，过滤以后将其吸入到注浆泵之中，在注浆泵启动以后，就可以的按照注浆泵的速度来进行注浆，对其压力进行观察，如果说注浆过程中出现异常的情况，应该及时解决，对于注入浆的压力及量都需要做好相应的备份和记录。

完成二次补浆：在注入的浆液初步开始凝聚之前应该进行二次的补浆，防止浆液流失的情况出现，提高注浆加固的整体结果。

五、既有建筑物地基基础检测技术

既有建筑是长期处于使用状态的一种建筑，拥有长期承受高负荷的特点。随着时间的流逝，建筑物的地基出现地基变形等问题，对建筑物及其周边环境产生不利影响，严重降低建筑物地基的承载能力，使既有建筑物在施工过程中存在安全隐患，危及建筑物及其使用人员和周边人员的安全。

因此，要对既有建筑物地基基础检测技术进行研究。一是分析地基基础检测技术应用的意义和具体的工作内容；二是研究既有建筑物地基常见的地基基础检测技术；三是根据上述内容的分析结果，制定相应的措施。通过这样的方式，既可以提高地基基础检测技术的应用效果，又可以清晰地掌握既有建筑物的地基磨损情况，制定相应的措施，避免地基受损，出现建筑物结构不稳的问题，进而提高既有建筑物的稳定性，使既有建筑物可以更好发挥其作用。

（一）地基基础检测技术的相关论述

1.地基基础检测技术应用的意义

既有建筑物是城市持续发展的重要产物，对于城市经济建设起到推动作用，为国民生活质量显著提高提供助力。既有建筑在城市发展的过程中，需要进行长时间的使用，这时既有建筑物会受到多种因素的影响，导致既有建筑物的建设效果受到影响，难以发挥自身建设和使用的意义。在对既有建筑物出现的问题进行研究的过程中发现，其中对于既有建筑影响最为广泛的一种的问题就是地基方面的问题。因为对于建筑物而言，地基不但要发挥自身维持建筑物整体稳定的作用，还要对建筑物整体的重量进行承载。在长期的高负荷影响下，也就使得建筑物的地基出现脆弱问题的概率显著提高。

在这种情况下，为了保障既有建筑物的使用效果，就要重视既有建筑地基的建设。目前我国针对既有建筑物的地基建设投入很多支持，如资金和技术以及人才等多个方面。但是在这个过程中，既有建筑物的建设效果依然难以得到保障。因此，开始重视检测技术的应用，为相关人员提供真实准确的检测结果，可以充分发现既有建筑物地基存在的问题，并且对问题进行分析，以此保障采取解决措施的合理性和规范性。通过这样的方式，不但可以促使既有建筑物的安全性显著提高，而且还可以促使既有建筑物的使用者和城市发展等多个方面的经济效益得到保障。

2. 建筑地基基础检测管理工作的具体内容

地基对于任何建筑物而言都是重中之重，尤其是地基的承载能力直接影响建筑物建设的使用效果。因此，为了保障建筑物的建设效果得到保障，在建设工作完成之后，要对地基基础开展综合性的检测工作。在这个过程中，主要对地基基础做以下几方面检测：

首先，检测天然地基基坑。因为在建筑物建设的过程中，会使用天然地基，在这种情况下，进行的地基基础检测工作也会处于简单的状态。因为只需要检测土质层中岩土相关数据，之后对土层勘察的数据进行整理与分析，使用相应的测算软件，以此保障地质条件可以满足建筑物的建设施工的要求。

其次，检测人工挖桩地基。在建筑物实际的建设过程中，会使用人工挖桩施工的方式，在这种情况下，就要对岩层和覆盖层的持力层和下多土层等内容进行检测。一旦发现基层之中有沉积岩的存在，还要对其中的砂岩和泥岩等多个方面的数据进行相应的测量，保障泥岩遇水情况分析的准确性。通常情况下，人工挖桩地基基础检测桩的深度要在泥岩层 3 m 左右，以此保障检测工作开展的合理性和准确性。

最后，检测复合形式的地基基础。在建筑工程施工的过程中，面对复合地基要开展综合性的加固处理，简单来说，复合式地基包括固体和土共同承担综合性负载的一种复合形式的地基。因此，在对复合形式地基的检测过程中，如果地基的复合程度不同，需要采用不同的检测方法。一般情况下，在面对这种地基基础的时候，会采用深层次的搅拌和柱状以及碎石和沙桩等一系列的方法对复合形式的地基基础进行控制，进而对地基荷载承受能力进行检测，以此保障地基基础压板面积的合理性，最终促使既有建筑物结构的稳定性得到保障。

（二）地基基础检测技术的常见技术

1. 原位取样技术

技术人员在使用这项技术时，可以对既有建筑物进行土工实验，以此达到深入剖析建筑物地基基础的物理性质，并且制定相应的试验结果，比如黏聚力和含水率等。在进行这项技术的地基基础检测过程中，要求技术人员从既有建筑物的周边和中间等部位进行取样，对两者的检测结果进行比较，主要对地基物理性质的实际变化进行观察，同时技术人员以试验检测结果为依据，判断既有建筑物的基础性能。通过这样的方式，促使技术人员可以对地基土层的变化情况和地基性质等多个方面的内容进行掌握。

2. 剪切波速实验技术

这项地基技术检测技术在应用的过程中，主要是判定地基土的力学性质指标，这时技术人员使用这种检测的方式，常见的有阻尼比和地基土泊松比以及剪切模量，还有弹性模量等内容。借助这样的方式，对地基饱和土层的容量和呈现的孔隙率等多个方面的内容进行研究，根据研究的结果对建筑物周边的土壤类别进行推算。同时在这种情况下，技术人员要以检测结果为依据，对既有建筑物的地基进行相应的加固测试，使用灌入检测的方法，对建筑物地基承载能力进行判断。

3. 低应变动力测试技术

在对既有建筑物地基进行检测的过程中，需要使用基础反射波的方式，对基桩整体结构进行掌握。在使用这种检测方式进行检测工作的时候，技术人员要在既有建筑物的基桩桩顶上，设置相应的激振信号，以此保障应力波的出现，之后技术人员根据引力波对桩身的反应对桩底的截面和连续性等进行观察，主要是根据应力波的波形和幅值以及传播时间等内容进行观察，并对基装桩身的完整性进行判断。

4. 探地雷达测试技术

这种技术主要是检测既有建筑物的建筑桩基础，技术人员可以借助其中的检测参数对基桩的位置信息和埋深情况等进行判断。在实际的建筑物施工的过程中，为了促使检测数据的准确性得到保障，可以借助雷达对基桩的埋深情况进行探测，对天线进行科学的选择。通常情况下，在面对低于 2.5 m 的雷达埋深时，技术人员会选择 405 MHz 类别的天线；在雷达埋深在 2.5～5.5 m 之间的时候，技术人员要选择 275 MHz 类别的天线。在这个过程中，需要注意地下水对于探地雷达的影响。在既有建筑物的地基下存在地下水的情况时，技术人员要根据地下水的实际情况对地基基础检测的方法进行合理且及时的调整，以此保障地基基础检测的合理性、有效性以及快速性。

5. 沉降观测技术

技术人员经常把这项检测技术应用在既有建筑物的形状变化过程中，可以对既有建筑物的地基基础性能和建筑物高度等多个方面的信息进行掌握。通常情况下，会把这项检测技术应用在既有建筑物叠加层数的过程中，以此施工人员可以对建筑物存在的潜在风险内容进行掌握，为解决问题措施的制定提供相应的依据。通过这样的反馈，促使既有建筑物地基基础的安全性显著提高，保障既有建筑物的正常使用效果。

6. 荷载测试技术

在对既有建筑物地基基础情况进行检测的过程中，其中最为常见的荷载测试技术的应用，这种技术在应用的过程中，不但可以对地基基础的变化情况进行有效的评定，而且还可以对地基的基础性能进行判断。但是在使用这项检测技术的过程中，技术人员需要注意的是既有建筑物要具备独立的基础，并且呈现条形的建筑。在检测既有建筑物地基设计的规范性和相关设计要求的过程中，要对地基承载力测试的位置进行合理选择，以此保障地基基础检测结果的准确性以及真实性，可以更好地保障既有建筑物的使用效果。

（三）加强建筑施工地基基础施工技术应用的措施

1.构建健全的地基基础检测方案

要想保障既有建筑物地基基础检测技术的应用效果，就要构建健全的地基基础检测方案。在这个过程中，需要发挥相关部门的职能，对既有建筑物的各个方面进行检测。为了保障相关部门的职能得以发挥，并且保障检测工作的规范性，需要制定相应的地基基础检测方案。在这种情况下，就要做到以下几方面：

①相关部门要开展与之有密切联系的业务，并且对业务的需求进行确定，同时以此为依据，开展相应的检测工作。

②相关部门做好检测准备工作，在面对既有建筑物的各项调查工作的时候，要安排相应的人员深入既有建筑物的现场，收集相应的资料，以此保障建筑物施工和设计以及规范等多个方面资料的真实有效性，并且对既有建筑物的实际情况进行初步的了解与掌握。

③开展针对性信息收集工作，相关部门要对地基基础检测的计划进行具体规划，并且不断地进行优化，以提高检测方案的可行性。

④以建筑物的实际情况，对检测技术和仪器设备等进行合理选择，其中比较常见的设备有激振力捶结合加速度传感器、动测仪及激振力棒等。

⑤组织相关人员进行现场试验工作。

⑥以既有建筑物的实际情况为依据，合理采用室内检测的环节，对检测的结果和数据进行整理与分析，编制检测报告。

⑦相关部门根据检测的结果，采取相应的处理措施。通过这样的方式，保障既有建筑物地基的稳定性，进而保障既有建筑物的使用效果。

2.加强对地基基础检测技术应用的管理

为了促使既有建筑物的地基基础检测效果得到保障，就要加强对地基基础检测技术应用的管理，注意三个方面的事情。

①重视检测技术应用的前期准备工作。在对既有建筑物的地基基础进行实际检测的过程中，相关部门要以检测工作的实际要求为依据，对检测过程中使用的设备型号和检测仪器的参数进行合理设置。同时要对检测仪器设备的相关证件进行检测，防止受到检测设备不合格问题的影响，使得

地基基础检测工作的正常开展受到影响。另外，相关部门还要对既有建筑物地基基础检测工作的开展，提供相应的检测人员，要求工作人员要具备丰富的检测能力，可以熟练地使用检测设备，并对技术人员的检测进行交底工作。相关部门要对检测工作内容进行确定，做好风险防范的工作，以防止安全事故出现。

②技术人员要熟悉检测流程，促使地基基础检测质量的提升，在实际的工作过程中，要求技术人员要以相关的技术流程操作为参考，并且结合既有建筑物的实际检测方案要求，进行检测工作，以此提高地基基础检测的规范性。在这个过程中，要想促使检测结果的准确性和真实性等得到提升，要求技术人员要对检测技术的特点进行熟悉地掌握，明确检测技术的优缺点，以此保障检测技术选择的合理性，进而避免因为检测技术选用不合理而导致的安全质量事故出现。

③对地基基础检测结果进行分析，技术人员要对既有建筑物地基基础进行多频次、多种方法检测，之后通过对比检测结果的方法，对检测的数据进行系统的且全面的分析，以此降低数据之间的误差，并且以数据为依据进行多次判断，以此保障检测结果的准确性和真实性，以此为既有建筑地基基础性能的提升提供制定方案的依据，保障既有建筑物的使用效果。

要想保障既有建筑物的稳定性，就要重视既有建筑物地基磨损程度的检测。因为建筑物地基的稳定程度直接影响建筑物结构的稳定性，所以在既有建筑物使用的过程中，要想保障自身的建筑效果和使用效果，就要掌握既有建筑物的地基实际情况，这时就要使用地基基础检测技术。但是在实际应用过程中，受多种因素影响，地基基础检测技术的应用效果受到限制。因此，要分析既有建筑物地基基础检测技术的相关内容，研究这项技术的意义和工作内容以及常见的具体技术，促使施工人员提高对于地基基础检测技术的重视程度，进而为地基基础检测技术的合理应用奠定基础。通过这样的方式，可以更好地检测既有建筑地基的实际情况，及时发现和解决既有建筑物地基存在的问题，保障既有建筑物的正常使用，满足国民的发展需求。

第七章 钢结构检测评估修复技术

钢材也存在一些破坏性的性质，如：极易出现平稳性破坏、温度低时极脆易断，而且震颤问题也比普通的建筑材料严重。因此，对钢材料安全性的检验是非常重要的。本章主要研究钢结构检测评估修复技术。

第一节 工业建筑钢结构疲劳损伤检测评估及加固修复研究

一、项目研究背景

我国早期建设的工业建筑安全度水平低，加之产能的进一步提高导致较多工业建筑结构处于超负荷使用状态。工业建筑钢结构使用 20 年以上的数量较大且长期处于动载、重载、腐蚀等各种不利环境下，安全性问题非常突出。随着钢结构应用增多和大批老龄，甚至超龄钢结构性能退化，承受动荷载的钢结构吊车梁疲劳问题显得越来越突出。调查发现，无论是腹式、桁架式，还是简支梁及连续梁均有不同程度的疲劳破坏。

伴随着改革开放的深入和国外先进技术的引进，按照国外的标准规范，在我国也设计建造了相当数量的工业建筑，经过 20 余年使用也逐渐暴露出一些新问题，例如按日本设计制造的，在炼钢与轧钢中广泛应用的吊车梁低端头，已普遍发现了严重的疲劳裂缝。因而急需对在役钢结构进行疲劳检测及评估。本项目开展以前钢结构设计规范疲劳设计和评估方法仍停留在疲劳容许应力（应力幅）计算阶段，在理论上已落后于结构工程学科的整体发展水平，在实践上也很难保证结构的可靠性和评估的准确性。而且我国乃至国际上都缺少工业建筑中有关吊车梁的疲劳荷载和抗力的统计数据。所以对在役钢结构吊车梁进行检测、评估、加固与修复，在保证安全的情况下尽可能地延长使用期，对工程技术人员来说极为紧迫。本书对工业建筑钢结构检测与鉴定技术进行了试验研究和理论分析，编制了相关的标准规范，并进行了工程试点和工程应用。

二、项目研究过程及内容

自 2000 年开始，历时 10 多年，项目组先后承担并完成了数项国家及部委重大科研项目，完成了 300 余项工业建筑钢结构的现场调查与检测、50 余项吊车梁动态测试，90 余根构（试）件上亿次反复荷载的疲劳试验研究；在国内率先开展了工业建筑钢结构的疲劳荷载和抗力概率统计分析，建立疲劳动态可靠性分析模型；深入研究了我国工业建筑钢结构疲劳损伤检测鉴定、剩余疲劳寿命评估和加固修复的关键技术。完善了工业建筑钢结构可靠性鉴定及安全控制技术体系，主持完成了国家标准《工业建筑可靠性鉴定标准》（GB 50144）。

1. 工业建筑钢结构疲劳损伤检测评估技术和试验研究

①工业建筑钢结构安全状况调查及检测；

②焊接工字钢吊车梁上部区域疲劳开裂测试分析；

③吊车梁桁架铆接节点板应力测试及疲劳强度分析；

④吊车梁圆弧端疲劳性能测试与分析；

⑤吊车梁圆弧端模型疲劳试验测试分析；

⑥吊车梁圆弧端疲劳剩余寿命评估分析；

⑦吊车梁群体疲劳寿命影响因素分析。

2. 工业建筑钢结构疲劳可靠度评估研究

①在役钢结构吊车梁疲劳荷载效应与疲劳抗力的统计分析；

②钢结构吊车梁疲劳动态可靠性分析模型；

③在役的吊车梁疲劳剩余寿命评估；

④在役钢结构吊车梁上部区域破损原因分析及其疲劳可靠度研究。

3. 疲劳损伤钢结构加固修复关键技术研究

①吊车梁圆弧端加固技术试验研究；

②吊车梁圆弧端加固技术优化与应用研究；

③基于疲劳动态可靠性的在役钢结构吊车梁维修加固策略；

④钢结构加固修复工程应用。

4.工业建筑钢结构安全控制体系研究

①工业建筑钢结构诊治问题的宏观分析；

②工业建筑结构全寿命管理体系研究；

③在役工业建筑钢结构疲劳安全控制评定体系研究。

三、项目主要研究成果

基于 Miner 累积损伤原理提出了钢结构剩余疲劳寿命评估技术，建立并发展了工业建筑钢结构疲劳损伤检测评定方法体系。

①提出了我国不同工业建筑钢结构疲劳损伤类型、影响因素及破坏特征，建立并发展了钢结构疲劳损伤检测评定方法体系，为工业建筑钢结构寿命评估提供了可靠的技术支撑。在对 300 余项工业建筑进行全面调研检测和大量试验研究的基础上，率先给出了我国工业建筑钢结构不同部位直接承受动力荷载与间接承受动力荷载的疲劳损伤类型、影响因素及典型疲劳破坏特征，明确了钢结构疲劳损伤检测指标及技术要求，建立了构件的疲劳损伤评定方法，解决了工业建筑钢结构疲劳损伤现状评估的技术难题。

②基于 Miner 累积损伤原理，提出了钢结构剩余疲劳寿命评估技术。基于 Miner 累计损伤原理，对现场测试荷载谱进行统计分析，考虑吊车荷载的不确定性，推导出等效应力幅以及欠载效应系数，建立了钢结构剩余疲劳寿命评估公式，为工业建筑钢结构维修加固提供了技术依据。

③通过对吊车梁疲劳寿命影响因素进行分析，首次提出吊车梁群体疲劳寿命评估方法。通过大量的工程实践、试验结果表明：钢吊车梁疲劳强度除与重复荷载引起的应力种类。应力循环形式、应力循环次数、应力集中程度和残余应力等因素有关外，还与吊车梁支承连接方式。跨度大小。运行频率有关。通过对吊车梁疲劳寿命影响因素进行分析，首次提出吊车梁群体疲劳寿命评估方法，解决了工业建筑中大量吊车梁群体进行剩余疲劳寿命评估的难题。上述研究成果中的钢结构疲劳检测。评估技术已纳入

《工业建筑可靠性鉴定标准》中，全面指导我国工业建筑钢结构疲劳检测、评估工作。

对在役钢结构吊车梁承受的疲劳荷载效应与等效等幅应力进行了概率统计分析，视吊车荷载与疲劳强度为随机过程，建立基于极限应力模式及基于累积损伤模型的疲劳动态可靠性分析模型。

①在大量调查的基础上，利用现场测量的应力 - 时间历程来推断应力幅分布应力谐，对吊车梁所承受的疲劳荷载效应与等效等幅应力进行了概率统计分析，同时根据国内外有关各构造细节的疲劳资料对疲劳抗力进行了概率统计分析，为建立疲劳可靠性分析模式奠定基础。

②视吊车荷载与疲劳强度为随机过程，建立了基于极限应力模式及基于累积损伤模型的疲劳动态可靠性分析模型。

③对钢结构规范中规定的 8 类连接和构造形式的疲劳可靠度进行了校准，解决了工业建筑中在役的吊车梁疲劳可靠度校准研究的难题，为结构的疲劳设计从允许应力设计法向极限状态设计法过渡奠定了理论基础。

给出了圆弧端吊车梁的疲劳强度和疲劳性能（S-N 曲线），提出了圆弧端最大主应力计算公式。

①通过工业建筑圆弧端吊车梁的疲劳试验以及有限元计算分析，首次给出了圆弧端头的疲劳强度和疲劳性能（S-N 曲线）。项目组通过对 13 个圆弧端头 1 ：5 的模型试验进行共计 3000 余万次应力循环疲劳试验以及有限元计算分析，首次确定吊车梁圆弧端头的疲劳强度和疲劳性能（S-N 曲线）。

②通过对多种形式吊车梁圆弧端进行的有限元分析，首次提出圆弧端最大主应力计算公式，对圆弧端头吊车梁剩余疲劳寿命进行评估，解决了工业建筑钢结构圆弧跟头吊车梁疲劳损伤检测评估及剩余疲劳寿命评估的技术难题。根据计算分析和实际测量，吊车梁端头圆弧处存在有较大应力集中，这是造成此处疲劳裂缝的重要原因。圆弧处应力属于多向应力，并且不能用一般材料力学方法进行计算。在统计确定 S-N 曲线时，采用由有限单元法计算得到的圆弧处最大主应力作为计算应力。

根据试验与计算分析，圆弧处腹板上的最大主应力控制疲劳强度。鉴于吊车梁圆弧端设计多样，全部采用有限元计算很复杂，项目组通过对模型试验及有限元计算分析，用最小二乘法回归得到主厂房吊车梁圆弧端最大主应力计算公式及应力集中系数的表达式。与有限元计算结果的对比，两者相差不超过 4%。项目组研发的圆弧钢吊车梁疲劳损伤检测鉴定及剩余疲劳寿命评估方法，已在宝钢 - 炼钢，武钢三炼钢、太钢二炼钢等工程中成功应用。

开发了重熔技术修复圆弧端吊车梁疲劳损伤的关键技术，提出了碳纤维加固疲劳损伤钢结构的理论机理和提高剩余疲劳寿命方法，提出了钢结构疲劳损伤修复加固优化技术。

①研究开发了 TIC 重熔技术修复圆弧端吊车梁疲劳损伤的关键技术，解决了对既有焊接试件（即使已有一定累积损伤）的焊缝疲劳损伤进行修复的技术难题。通过 60 个试件和 3 个模型构件 TIC 重熔疲劳试验研究，验证了 TIC 重熔技术能够改善焊接试件疲劳性能，二百万次的疲劳强度可以提高 20% 以上。采用 TIC 重熔修补梁圆弧处焊缝不必刨掉重焊，直接 TIC 重熔就可提高疲劳强度。避免了大量原有焊缝的创始重焊，最大限度地减少了对生产的影响，解决了对既有焊接试件（即使已有一定累积损伤）的焊缝疲劳损伤进行修复的技术难题。

②基于断裂力学理论，首次提出碳纤维加固疲劳损伤钢结构提高剩余疲劳寿命的理论机理，并成功验证碳纤维加固损伤钢结构效果评价。通过 6 个试件及 2 个模型构件的疲劳试验，试验结果验证了碳纤维加固后圆弧端模型构件的疲劳寿命明显高于加固前的疲劳寿命，这与小试件的试验结果基本类似，说明碳纤维加固方案确实可以改善和提高圆弧端疲劳寿命。

③提出钢结构疲劳损伤加固优化技术，通过对圆弧端吊车梁多种加固技术方案的分析和优化，最终形成效果最佳加固方案，建立了钢结构疲劳损伤加固优化技术。基于降低吊车梁圆弧端最大主应力幅、提高疲劳寿命的出发点，提出了对吊车梁圆弧端进行焊接加固、拴接加固和黏结碳纤维加固共三类加固方案：对各方案分别建立了有限元计算模型、共进行了 16 次不同加固方法模型的有限元分析，通过对比分析每类加固方案最终选择了一种以进行吊车梁圆弧端模型试件加固设计制作，对已开裂试件加固前先进行了裂缝修补处理，共计完成了 9 个模型加固试件的疲劳试验，通过对各方案加固补强效果进行优化分析，提出了吊车梁圆弧端加固处理建议，

解决了既有工业建筑钢结构疲劳损伤修复与加固的技术难题。加固效果评价技术等构建了我国较完善的工业建筑钢结构疲劳损伤修复技术体系，上述创新成果已在宝钢 - 炼钢、武钢三炼钢、太钢二炼钢等工程中成功应用，有效延长了工业建筑钢结构使用寿命 10~15 年。

四、项目应用推广情况

本项目成果已广泛应用于冶金（武钢、包钢、宝钢、吉林铁合金、太钢等）、石化（齐鲁石化、北京化工二厂、燕山石化等）、机械（一汽、二汽、东方汽轮机、陕鼓等）、电力（国电集团、华能集团、华电集团等）等行业的工业建筑钢结构检测鉴定和加固修复工程中，成功解决了上千项处于潮湿、锈蚀、重载、动载、高温等环境下及事故、增产改造、管理维修等情况下钢结构诊治问题。本项目是根据工业建筑钢结构特点，针对实际工程中大量存在的钢结构疲劳问题而进行立项的，通过本项目的研究，研发了工业建筑钢结构检测鉴定及加固中的一系列关键技术，编制了相应的国家及行业规范标准，带动了该行业的技术进步，在大量既有工业建筑诊治工作中得到广泛应用。同时，培养了一大批高层次技术人才，创造了很好的经济效益和社会效益。目前，既有土木结构量大面广，在使用过程中也出现了许多不同程度的问题，如何对其进行诊治显得尤为重要，因而，结合本课题研究成果，对土木结构诊治关键技术进行深入研究，并将其广泛应用到民用建筑、桥梁、隧道等其他土木结构的诊治中，是本项目下一步的研究发展目标。

第二节　钢结构的检测鉴定现状与发展

钢结构材料具有轻质高强、良好的焊接性能，同时还有抗震性能及优异的塑性变形能力，且易于工业化生产，缩短工期，增加建筑使用面积等。由于钢结构材料的良好材性及经济性使其在土木工程中的应用非常具有优势，另外，钢材可以回收重复利用，符合节能减排、低碳经济、绿色环保及可持续发展的新理念。新中国成立以来，钢材的使用经历了"节约 - 合理使用 - 大力推广"的过程，特别是改革开放后，钢结构的应用更为广泛，从大跨度的公用建筑到普通厂房，从高层建筑到民用住宅等，钢结构建筑进入了一个飞速发展的时期。2012 年我国钢产量已超过 7 亿吨，钢结构产业规模、装备、制造及安装技术基本达到了国际先进水平，钢结构支撑着现代工业化国家的冶金、机械、建筑、制造（船舶、车辆、装备）等重要工业产业，钢结构的发展对国民经济建设具有重要的历史和现实意义。钢结构的工程应用，在未来一段时间仍将保持快速发展的态势，发展空间巨大，但随之而来的钢结构的质量问题和工程事故也时有发生，如何更高效准确地对钢结构进行检测鉴定，也就变得更为重要，也对钢结构的检测技术和管理提出了更高的要求。

一、钢结构的检测机构

检测行业目前正成为我国发展前景最好、增长速度最快的服务业之，据初步统计到 2012 年整个检测行业年产值达到了 1 000 亿元，工程检测每年的产值达到几十亿元，而钢结构检测则是工程检测中重要组成部分，大部分检测机构都包含钢结构的检测业务员。如今全国各种建筑工程检测机构 5 000 多家，其中企业实验室数量大约占 40%，监督检测机构占 30%，科研院校检测力量占 30%。各类检测机构特点如下：

①数量众多的企业实验室属于第一方实验室，机构灵活，但检测门类不够齐全，检测能力、规模和技术力量稍弱；

②各级监督机构设立的检测室社会认知度高，在规模和检测能力上占据优势，成为目前检测市场中主流检测力量；

③科学研究院校随着事业单位机构改革，不断加大检测业务投入，使其变成主业发展，并相继将其转型为第三方独立法人检测企业。它们依靠原来国家科研投入的优势，在技术力量、硬件设备和办公场地方面有着不可比拟的优势。

二、需进行钢结构检测的条件

需进行钢结构检测的情形分为对既有和在建的钢结构的检测，钢结构检测通常包括以下几种情况：

①在钢结构施工质量的验收过程中需了解施工质量时；

②对工程质量、施工质量有怀疑或争议时，需要通过检测进一步分析结构的可靠性；

③发生工程事故，需要通过检测分析事故的原因及对结构可靠性的影响；

④钢结构安全鉴定、抗震鉴定；

⑤钢结构建筑大修改变用途、改造、加层或扩建前的鉴定；

⑥受到灾害、环境侵蚀等影响的钢结构的鉴定。

就钢结构的检测内容来说，由于钢结构中所用的构件一般是在工厂里批量生产，因此材料的强度及化学成分是有良好保证的。这样一般工程检测的重点在于安装、拼接过程中产生的质量问题，即构件的变形损伤、尺寸偏差以及构造和涂装还有构建材料的连接和性能测定等项目。

三、钢结构的检测分类

检测技术内容可分为见证取样检测和现场检测两大部分，广义的钢结构检测还包括钢结构的可靠性鉴定、危房鉴定，以及专门的司法鉴定。

1. 见证取样

钢结构见证取样检测是在监理单位或建设单位技术负责人的见证下，针对在加工厂或运输到工程现场的材料及零部件，抽取样品，并送至第三方检测机构进行的检测。

2. 现场检测

钢结构现场检测是第三方检测机构派出检测人员到工程现场根据标准规范及设计要求对钢结构工程中有关连接、变形、构件厚度、涂装厚度等方面质量的检测。钢结构现场检测主要内容有：

①构件尺寸及平整度的检测；

②构件表面缺陷的检测：钢结构表面缺陷的检测是采用无损探伤的检测方法，主要检测技术有超声波检测、射线检测，渗透检测、磁粉检测以及涡流检测等，结合这些先进的检测技术，整个钢结构内部的缺陷情况能够比较精准地检测出来；

③连接（焊接、螺栓连接）的检测；

④钢材锈蚀检测；

⑤防火涂层厚度检测。

3. 可靠性鉴定

钢结构的可靠性鉴定，依据《民用建筑可靠性鉴定标准》（CB 50292）和《工业建筑可靠性鉴定标准》（CB 50144）进行，包括安全性、正常使用性、可靠性以及适修性的鉴定。由于钢结构形式多样，复杂大跨结构的不断出现，常规鉴定评级方法往往难以满足要求，当有必要时，也可以通过实荷检验的方法对其进行辅助评定。

可靠性鉴定评级：

（1）钢构件的安全性鉴定评级

钢结构构件的安全性鉴定一般按承载能力、构造以及不适于继续承载的位移（或变形）等三个检查项目来评定：但对冷弯薄壁型钢结构。轻钢结构、钢桩以及地处有腐蚀性介质的工业区，或高湿、临海地区的钢结构，应以不适于继续承载的锈蚀作为检查项目来评定。该构件的安全性鉴定等级取上述检查项目中的最低等级。

（2）钢构件的正常使用性鉴定评级

钢结构构件的正常使用性鉴定一般按位移和锈蚀（腐蚀）两个检查项目来评定，但对钢结构受拉构件，应以长细比作为检查项目来评定。评定时一般根据检测结果进行评级。但当遇到下列情况之一时，应按正常使用极限状态的要求进行计算分析和验算：检测结果需与计算值进行比较；检测只能取得部分数据，需通过计算分析进行鉴定；为改变建筑物用途，使用条件或使用要求而进行的鉴定。

4. 钢结构危险性鉴定评级

危险房屋（简称危房）为结构已严重破坏，或承重构件已属危险构件，随时可能丧失稳定和承载能力，不能保证居住和使用安全的房屋。为了有效利用已有房屋，了解房屋结构的危险程度，也为及时治理危险房屋提供依据，确保居住证生民。财产的安全，需要对房屋的危险性做出鉴定。《危险房屋鉴定标准》（JGJ 125）将房屋系统划分为房屋、组成部分和构件等三个层次，即构件危险性鉴定、房屋危险性鉴定、房屋及危险点处理。

5. 钢结构司法鉴定

钢结构屋面大量应用于工业和民用建筑，但随着时间的推移，钢结构在使用中出现事故的现象日益突出。在法院委托的司法鉴定中，经常遇到钢结构事故鉴定的问题。在大面积的工程实践中，如何在较短的时间内迅速找到钢结构事故中问题所在并查明原因是关键。关于钢结构事故发生后司法鉴定的主要步骤：

①准备阶段。在法院协调下，召集当事人双方开协调会，通过双方的争论，弄清争议的焦点所在。同时对会议内容作笔录，要求原被告双方签字确认，为下一步做鉴定检测方案做准备。

②制定方案阶段。根据协调会的焦点内容，对工程进行实地踏勘调查，并有针对性地制定鉴定检测方案，并征求当事人双方意见。如有疑问，答疑或修改。最后要求当事人双方签字确认，然后全额预收鉴定费。

③实地检测阶段。首先通过对鉴定对象进行检查，找到所有疑似有问题的位置，特别是有争议的部位，全部用专业相机事先拍摄；其次为细部检查阶段，对于不同的事故现场，采用不同的专业仪器查找出问题发生的确切原因。通过第一、第二步进行对比，找到曾经存在问题的位置和目前仍存在问题的位置；最后为对照图纸检查阶段。就是根据具体结构的屋面设计做法和相关图集，找到施工中和使用过程中是否存在不符合设计要求或施工不规范的地方。在司法实践中，这三个阶段都很重要，缺一不可。当事人双方代表应同时到场，这样既直观，也令人信服。通过这个流程找到的发生问题的位置很少争议，也更能体现出司法鉴定中"公开、公平、公正"的原则。

四、钢结构检测依据的相关标准规范

总体来说，我国与钢结构检测相关的标准规范大体可分为产品标准，设计及施工标准。验收标准、检测方法标准等。国家对钢结构检测颁布的强制性条文主要依据是《建筑工程施工质量验收统一标准》和《钢结构现场检测技术标准》。其中《钢结构工程施工质量验收规范》规定了钢结构各分项工程的检测内容、抽样方法及合格评定标准,《钢结构现场检测技术标准》是最新的钢结构现场检测技术标准,是钢结构现场检测技术最主要的依据标准。对于特定的结构形式和检测项目,检测和评定标准也可以是产品标准和设计施工标准,如《钢网架检验及验收标准》。

很多特定的检测项目都有相应的检测方法标准,例如钢材化学成分分析标准、金属力学性能试验标准和无损检测标准。另外,国外在钢结构检测方面也有很多研究,部分标准规定的项目可以和国内的标准相互补充,填补国内的一些空白。

五、钢结构检测新技术的发展

随着钢结构在土木工程中的应用越来越广泛,钢结构的检测技术也在不断进步。有一些检测技术在国内的发展中还不够成熟,今后还有待进一步完善和改进。有一些技术已经开始显现出巨大的应用前景和良好的经济效益,下面介绍几种新的检测技术。

1. 金属磁记忆检测技术

金属磁记忆检测技术是一种利用金属磁记忆效应来检测部件应力集中部位的快速无损检测方法。钢结构由于材料组织缺陷、加工制作残余应力、结构不连续性,焊接残余应力等原因,不可避免地存在应力集中,这些应力集中部位在环境和外力的共同作用下容易诱发裂纹、疲劳损伤、应力腐蚀,进而导致构件发生脆性断裂。传统无损检测方法(超声、射线、磁粉、渗透检测等)只能检测构件中已发展成形的缺陷,而对于构件的早期损伤,特别是尚未成形的隐性不连续性变化,难以实施有效的评价。金属磁记忆检测技术克服了传统无损检测的缺点,能够对铁磁性金属构件内部的应力集中区。即微观缺陷和早期失效和损伤等进行诊断,防止突发性的疲劳损伤,是无损检测领域一种新的检测手段。

2. 检测机器人

目前的检测机器人具有性能可靠、精确度高、操作面积广、机动灵活等优点,在越来越多的工作中得到了认可,也把我们的双手从危险的工作中解脱出来。检测机器人采用直线导轨作为主体定位单元，设备由安装架及显示器工作台，机器人定位系统，伺服驱动系统、末端检测设备、控制系统等组成，既保证了检测机器人的工作效率，同时也保证了工作质量。检测机器人作为一项新兴的科技产品，已经在以很快的速度不但改变我们的生活，并且在未来依然会给我们带来劳动力的革新。末端检测系统选用射线检测、超声波检测、磁粉检测、渗透检测、涡流检测等，也可按检测需要设置。

3.应力及应变监测技术

为了进步了解大型钢结构在风荷载、地震荷载。温度等因素影响下结构应力、应变实际情况以及对突发事件监控，应进行必要的现场监测工作。大型钢结构由于其安装工程现场环境恶劣，要求监测点多，监测系统既要能实时可靠地完成多点监测任务，还要保证监测系统不受现场环境影响等诸多困难。近年来，光纤光栅传感器由于具有抗电磁干扰能力强，灵敏度高，环境适应能力强、大规模集成使用方便、使用寿命长等优点，所以逐渐成为大型钢结构监测的最佳选择。

4.三维影像技术

三维影像技术是利用激光技术首先得到构件的距离，水平角、竖直角三项参数，通过变换从而得出几何结构的详细三维图像。

激光扫描仪以高清晰度和精确度对周围的各种目标进行扫描，扫描后自动拍照，配合标靶和软件自动拼接，自动上色。从采集数据到获得全景彩色点云，可输出通用点云数据格式，主流软件都可对扫描数据进行分析处理，包括与AUTOCAD和MICROSTATION等常用点云处理软件，通过后期处理软件对钢结构进行测量。这不仅利于人员对不易到达部位的尺寸量测，且大大减轻了复杂钢结构尺寸量测的工作量。

六、钢结构检测存在的问题

1.责任意识和法律意识

有待加强检测方作为工程上一个重要的主体，在为工程建设提供一个重要的科学依据的同时，应当承担起它所应承担的重大责任，一些工程质量的出现，人们一般只知追究建设方、施工方的责任，检测方则往往"游离"

于问题之外。建设工程设计责任险是一个是专为建筑勘察单位和设计单位开设的比较典型的职业责任险种，同样检测也有相应的法律责任和对应保险。

2.需要更加有序的市场化检测

行业发展迅速，自检测行业首家民营上市公司"华测检测"上市以来，工程检测类陆续也有公司上市，如何平衡做大和做强的关系，也是检测单位需要考虑的问题。另外，检测行业带有很强的地域性，检测本身需要大型的检测设备，样品的检测具有明确的实效性，因此从交通成本、运作方便性考虑，检测工作以各行政区域内市场为主，但最为开放的市场——地方行业主管部门设立的资质审查注册制度，外地检测机构打入本地市场受到严格限制，也限制了行业的发展。

3.服务观念淡漠，品牌意识不强

检测的定位就是服务，是一项特殊的技术服务，既然是服务就必须讲究信用、态度和服务质量，这种服务不是指牺牲检测公正性去迎合某些客户的需要，而是在确保检测公正性的前提下提高检测服务的满意度。只有提供满意服务的检测单位才能在公平的检测市场环境下生存发展。检测机构必须建立起现代企业管理观念，借鉴和利用一切企业管理的先进手段和方法来帮助检测机构健康发展，借助品牌推广手段来提高检测机构的信誉度等等。一旦检测行业真正引入现代企业管理先进经验，检测行业才可能真正地做强做大。检测机构不仅能检测客户样品和出具测试报告，而且还可提供定制增值服务，为客户找出问题并提供全方位解决方案。所以检测机构应不断提高技术服务能力，满足高端用户需求。

4.检测人才水平的有待提高

要做好检测工作，检测人员就要熟悉设计规范和施工工艺，还要熟悉检测技术和质量管理体系要求。而目前很多检测人员知识结构单一，水平不高，也很难做出高质量的检测报告。检测单位必须一方面提高检测行业从业人员的门槛，一方面建立检测人员内部培训机制和人才培养机制，提前做好人才的储备工作。

5.检测设备投入不足

对新材料、新技术、新工艺相关的检测技术更新不及时，没有相应的技术手段和设备，检测标准缺乏市场预见性。从而阻碍了新技术的发展。

6. 检测机构和人员未区分层次

目前钢结构检测机构没有像设计和施工一样，根据检测能力进行细化分级，造成恶性竞争，收费标准不统一。不利于用户的选择。检测人员虽有分级，但管理部门不统一，缺少检测人员信用档案。

目前我国的钢结构检测技术还处于一个不断发展的阶段，检测技术还远不够熟和完善，所以还有很大提升空间。检测工作应该贯穿于建筑结构的始终，如工厂加工、现场安装及后期的力变形监测等。但因为过程中的检测缺失，出现工程事故后事后补救的检测却成为目前检测工作的一个主要的组成部分。这种事后补救无论对建设方、施工方或使用方来说，都是不利的。目前，已有很多建设方开始实施对过程中的检测，效果很好。因此，在建筑结构的整个过程中的检测是一个很重要的发展方向。工欲善其事，必先利其器，在检测技术、市场管理、服务意识等方面还有很大发展空间。我们有理由相信，随着钢结构产业的不断发展，我国的钢结构工程检测也将提高到一个新的水平。

第三节　钢结构灾损破坏特征及评定方法

一、灾害后检测鉴定特点

建筑物灾害后需要进行检测鉴定，分析其破坏原因及破坏程度，为灾后处理提供依据。与其他结构体系相比，钢结构具有材料强度高，塑性、韧性好等很多优点，同时也有一些致命的缺点，如耐火性差、耐锈蚀性差、易出现失稳破坏等。国内外的钢结构工程在冰雪、火灾和地震等灾害中经常有破坏甚至倒塌的现象。建筑物灾害后检测与一般工程质量检测的最大区别在于抽样数量，一般工程质量检测随机抽取一定比例的样本，代表该批的质量情况，灾害后检测需要全数抽样，每个受到灾害影响的构件及部位等都必须进行检测，通常按破坏程度从轻到重划分为四个等级，分别评定不同等级损坏对安全性的影响，采取相应的处理措施。

结构遭遇灾害后的评定可分为应急评定和详细评定，应急评定又称为初步评定，根据构件损伤、变形及破坏的严重程度确定等级，破坏严重的四级构件及部位可不再进行详细评估，必须立即采取安全措施或马上拆除更换，其余情况应进行详细评估；对于评定为二级、三级破坏程度的构件，根据实测结果验算其承载力，承载力验算时应考虑截面永久性损伤、变形，以及修补后结构二次受力、新旧材料组合截面等影响，可以进行加固补强，破坏程度较轻的构件可以采用维修等措施处理，必要时未受到灾害影响的部位也需要检测评定，目的是与受到灾害影响的部位进行对比，有助于分析判断灾害的损伤程度，特别是没有图纸资料的建筑物灾害后评定。

二、钢结构建筑灾后的破坏特征

1. 地震作用下破坏

钢结构建筑物在地震作用下能充分发挥钢材强度高、延性好、塑性变形能力强等优点，地震中的表现普遍优于砖混结构和钢筋混凝土结构，但是在强烈地震作用下，也会出现结构破坏甚至倒塌现象，钢结构震害特征可归纳为如下四种：

（1）节点连接破坏

支撑连接及梁柱节点连接处发生明显变形，裂缝。节点处发生明显滑移、拉脱、剪坏、裂缝或焊缝开裂；节点处螺栓、铆钉被剪坏脱落；支撑连接处理件被拔出等。

（2）构件破坏

钢结构构件震后出现裂缝，构件受拉断裂、受压失稳和弯曲破坏现象；网架结构常发生屋架构件屈服，产生过大变形或屋面整体失稳坍塌。

（3）结构倒塌

钢结构抗震性能虽好，但在大地震中也存在倒塌现象。

（4）非结构构件破坏

非结构构件破坏主要发生在围护结构上，如汶川地震中绵阳九洲体育馆和江油体育馆，其主体结构和支座均无明显破坏，仅在围护结构与主体结构的结合处发生轻微碰撞破坏。

2. 火灾破坏

钢材虽然是高温热轧形成的非燃烧材料，但是由于截面尺寸较小、热传导快，并不耐火。火灾发生后，钢结构在高温条件下出现，防火涂层脱落，构件和结构变形，屈曲等现象。钢结构火灾破坏特征可分为以下三类：

①构件变形涂装破坏轻者防火涂料脱落，重者构件变形，甚至构件丧失承载能力。

②节点连接破坏节点受温度影响，错位变形，发生明显变形、滑移、拉脱及开裂。

③结构倒塌火灾严重的局部倒塌，甚至结构整体倒塌，如纽约世贸大楼在2001年9月11日遭到飞机撞击，着火后很快倒塌。

3. 雪灾损坏

雪荷载常会引起钢结构屋面破坏。冰、雪荷载作用下钢结构屋面，尤其是大跨度钢结构常因构件受力较大而屈服，破坏，结构构件与构件连接节点变形过大，节点连接件，螺栓、螺钉被剪断或构件被剪坏，螺栓孔受挤压屈服，焊缝及附近钢材开裂或拉断，甚至发生局部失稳倒塌或整体倾斜，倒塌。屋面破坏造成屋盖塌落的事故较多，主要原因有：

①由于缺乏完善的屋盖支撑系统，在大雪等作用破坏下失稳倒塌，有的影剧院、礼堂采用钢木屋架，在这种空旷建筑中，容易发生很多因支撑系统不完善而倒塌情况。

②钢屋架施工焊接质量低劣、焊接方法错误或选材不当造成倒塌，如个别双铰拱屋架，因下弦接头采用单面绑条焊接，产生应力集中，绑条钢筋被拉断而倒塌。

③钢屋架因失稳倒塌事故很多，由于钢屋架的特点是强度高、杆件截面小，最容易发生屋架的整体失稳或屋架内上弦、端杆、腹杆的受压失稳破坏。

④屋面严重超载造成倒塌，主要发生在简易钢屋架结构中，很多简易轻钢屋架，项目采用重屋面，加上雪荷载较大作用，轻钢结构对超载很敏感，轻型钢结构屋面竖向刚度差，超载引起压型钢板和檩条大变形，产生很大的拉力，若一侧檩条失效，另一侧檩条将使钢梁平面外受力加大，梁将产生侧向弯曲和扭转，进而产生整体失稳。

4. 风灾损坏

风灾损坏经常发生在屋面，尤其是轻钢屋面最容易损坏，沿海的一些国家和地区，砖混结构及混凝土结构的建筑经常采用钢屋架和压型钢板屋面，当大的台风过后，大部分屋面被风吹落，有时钢网架或屋架结构未坏，原因是屋面板被风吹掉，卸掉一部分荷载，减轻了屋架或网架的应力。如首都机场 T3 航站楼屋面 2013 年春天大风时局部破坏。一般屋面破坏首先从角部开始，美国规范要求角部风荷载体型系数大于中间。风荷载作用下，高层、超高层钢结构的围护结构及各种幕墙、外窗和悬挑结构等易损坏。

三、高层建筑火灾后检测工程实例

1. 工程概况

某高层建筑由主楼和裙楼组成，总建筑面积 105 868 m²，主楼为带有巨型交叉钢支撑的框架—剪力墙体系，屋面标高 137.9 m，为形成裙楼屋面以上的公共室内空间，封闭主楼西立面的开口达到将主楼和各裙楼单元连为一体的体形效果，设置了覆盖所有结构单元的复杂体形的空间钢网架结构，网架结构顶点高度为 159.0 m。在即将竣工交付使用前，因燃放烟花引起火灾，火灾从最高处到低处，从室外到室内，着火时间约 4 h，造成外壳钢结构网架杆件破坏严重。网架结构覆盖于主楼东、西立面，屋盖上空及房屋面，内外设金属板装饰层及防水、保温层。网架总面积为 2 000 m²，总用钢量约 3 100 吨，共分为 A、B、C、D、E、F、G 区，其中 A、B、C 区网架位于塔楼西侧，D 区网架位于标高 138 m 的主体结构顶部，F、G 区位于塔楼东侧，E 区位于塔楼四角。A、B、C、D、F 和 G 区为正放双层四角锥网架，网格厚度 2.2 m；C 区和 E 区为空间桁架式网架。网格厚度分别为 3.525 m 和 1.907 m，网架结构单元上下弦规则网格的边长为 3.0~3.5 m。

2. 检测评定

灾后检测的主要内容为网架支座、节点及杆件的损伤、变形情况，经全数外观质量检查，该网架结构的破坏类型有：

①杆件变形或爆裂；

②杆件在节点处断裂；

③网架支座开裂、位移变形；

④防火涂层脱落。

具体表现为：A区。网架损伤轻微，未见防火涂层剥落现象。B区。杆件、节点及支座损伤范围大，大部分杆件防火涂层碳化、失效，部分杆件弯曲、爆裂或断开，南侧铸钢支座存在断裂情况，网架整体已经发生变形，存在严重的安全隐患。C区。大部分支座、杆件及节点过火，防火涂层开裂、剥落，部分杆件已出现明显弯曲，支座未见明显损伤，存在安全隐患。D区。支座未见明显损伤，个别杆件存在弯曲、节点焊缝断开的情况，存在安全隐患。E区。制作基本完好，大部分杆件过火，存在杆件弯曲。焊缝开裂现象，存在安全隐患。F区。网架受火灾影响范围大，在火灾高温作用下，产生整体变形，导致上部12个滑动支座与墙体脱开，网架受力状态变化明显，部分杆件弯曲，存在严重的安全隐患，应尽早采取相应措施进行处理。G区。网架受火灾影响较轻微。根据外观检查结果划分损坏等级，再进行现场材料强度、变形、位移、涂装质量等检测，以及取样和模拟火灾后构件及支座性能试验，进行了灾后鉴定，经过技术、经济及适修性等分析，结果是全部拆除承建。

归纳了钢结构建筑物的结构形式和结构特点，总结了钢结构各类灾害的破坏规律。分析了灾损破坏的特征和原因，包括钢结构地震作用下破坏、火灾损坏、雪灾损坏和风灾损坏，并结合某实际工程，分析并探讨了钢结构工程火灾灾后的损伤及破坏情况，得出相应的检测鉴定结论。

第四节　某单面敞开式屋盖钢网架检测及安全性评估

一、概述

某屋盖钢网架三边支承于三面包围的下部墙体之上，第四边仅两端和近跨中处有支撑点，因此，屋盖下为单面完全敞开的大空间，层高达12 m。屋盖形式近似三边支承式雨棚，在风吸力作用下结构响应明显，为典型的风载敏感型屋盖结构。该屋盖钢网架平面投影尺寸35.2 m×28.3 m，最大跨度 22.1 m，跨中支承钢柱间距 14.975 m。屋盖结构形式为正放四角锥平板网架，其中 10~11 轴向网架倾斜放置，倾斜角度约为 45°。网架平均网格尺寸 2 619 m × 2.573 m，网架厚度为 1.5 m，倾斜区域网厚度 1.495 m。网架杆件钢管直径 48 × 3.5~475.5 × 3.75，材质为 Q235B。杆件连接采用螺栓球节点，近跨中处支承柱采用钢管柱，网架支承点设于柱顶及周围混凝土屋面梁上。屋面檩条采用冷弯薄壁卷边槽钢，网架上弦节点焊接小立柱用于屋面找坡。

该屋董钢网架结构建成未满两年，在使用过程中发现，在大风情况下屋面变形明显，且出现轻型夹芯屋面板局部隆起现象。为保证屋盖结构的使用及安全性，对整体钢网架结构进行了检测和安全性评定。为整个屋盖结构的维护和加固提供依据和数据。

二、网架结构变形与损伤检测及分析

1. 网架变形损伤

采用全站仪抽样检测网架多个节点的标高位置，根据测量数据描绘网架结构的整体挠曲变形，其中坐标横轴表示测点号，纵轴表示测点标高实测值（单位：m）。

现场检测结果表明，该网架结构部分区域挠曲变形偏大，不满足设计规范要求。对网络杆件检测结果表明，主要结构杆件无明显变形及损伤，工作状态良好。但现场检测发现，部分屋面檩条局部变形明显。实测结果表明，截面严重变形的棉条数量不超过檩条总数的 5%。

2. 网架支座状况

采用全站仪检测网架支座节点的标高位置，并对支座标高实测值进行校核。检测结果表明，该网架结构部分支座高差不满足施工规范要求。

3. 网架杆件截面

为了对网络杆件截面尺寸进行校核，将主要受力杆件按截面规格分为 3 个检测批，各检测批的抽样比例不小于 10%。杆件外径用卡尺测量，杆件壁厚用超声波测厚仪测量。对杆件截面检测结果进行统计分析，假定网架截面直径与厚度均满足正态分布 $N(\mu, o2)$，采用正态总体显著水平检验。

检验结果显示，该网架按原设计要求规格布置的杆件截面尺寸基本合格，但检测过程中发现较多杆件的截面型号未按原设计规格布置，存在以小换大现象，这将严重影响该网架结构承载能力，属于明显的结构缺陷。

4. 连接焊缝状况

该屋盖钢网架连接焊缝主要包括支座节点焊缝，屋面檩条焊缝。檩条与网架节点连接焊缝，主要通过外观质量检查和尺寸测量进行焊缝状况检测。

该屋盖结构的屋面围护体系由主，次檩和屋面板构成，主檩条平均间距约 1.9 m，次檩条平均间距约 1.8 m。其中网架上弦节点设钢管小立柱支承屋面主檩条，小立柱下端通过螺栓连接上弦节点，上端通过端板和侧面角焊缝连接主檩条，次檩条同样采用侧面角焊缝与主檩条相连。因此，角焊缝的焊接质量直接影响屋面围护系统在风荷载作用下的安全性。经现场焊缝检测发现，主棉条与小立柱端板连接质量较差，外观质量不满足三级焊缝要求，且 25% 以上焊缝未满焊；主檩条与次檩条连接质量较差，外观质量不满足三级焊缝要求，且 25% 以上焊缝未满焊。

三、网架结构整体性能分析

现场检测结果显示，该屋盖钢网架已存在较明显的损伤与缺陷，应根据现场测量数据建立结构的整体计算模型，重新评估当前状态的网架结构在设计荷载特别是风载组合作用下的安全性。基于原设计图，根据现场测量的关键节点空间位置，采用 Midus Gen 软件建立屋流钢网架结构的整体计算模型。在计算模型中，约束网架结构支座节点平动自由度，且考虑支座状况对约束刚度的影响，杆件材料牌号为 0Q235B 级钢。

1. 荷载取值

根据原设计和当前使用状况，网架结构的荷载和作用具体为恒荷载、活荷载、风荷载和地震作用。

①恒荷载主要由网架及围护系统自重组成，其中杆件自重由程序自动计算，螺栓球重量根据设计取值以节点集中荷载形式施加 w，屋面围护系统自重以均布面荷载作用于上，下弦节点从属面积的等效集中荷载形式考虑，施加于网架节点上。

②活荷载考虑不上人屋面临时荷载和检修荷载，按节点从属面积等效为集中荷载施加于钢架上弦节点。

③该网架结构覆盖空间为单面敞开式，为典型的风载敏感型结构，因此，风荷载的取值需与实际状态一致。依据《建筑结构荷载规范》，该网架位于 B 类地貌，风压高度变化系数 μ 取 1.23，风振系数 β 取 1.0，基本风压取 0.75 kN/m。风载体形系数应按照网架不同分区取值。

④地震作用根据《建筑抗震设计规范》规定，抗震设防烈度为 8 度，设计基本地震加速度值 0.20 g，设计地震分组为第二组，计算振型数取 100 阶，结构阻尼比取 0.02，特征周期值为 0.45 s，场地类别为Ⅳ类，采用振型叠加法计算结构地震响应。结构验算时，按照抗震设防 8 度确定结构上的地震作用，按 9 度抗震设防类别的要求检测其抗震构造措施。

2. 结构整体分析结果

（1）结构自身特性

考虑前 100 阶振型参与结构地震作用的变形和内力反应组合计算。结构的前 4 阶振型均为网架整体振型，第 I 阶振型以 Z 向变形为主，第 3 阶以 X 向变形为主，第 4 阶以 Y 向变形为主。振型分布表明，当网架支座约束工作性能完好时，网架结构整体性良好，局部振型较少。

（2）结构杆件验算

计算比较各类荷载组合作用下网架杆件的内力反应，结果在恒、活载标准组合下的变形，应力比大于 1.0 的杆件。

最不利荷载组合下部分网架杆件应力比不满足设计规范要求，少量杆件应力甚至超过钢材屈服强度。因此，网架结构主体虽然未发生明显可见的损伤，但局部区域的损伤，特别是支座节点的偏心和屋面檩条的连接焊缝缺陷，已引起网架杆件的受力不均；除此之外，网架杆件规格以小换大，也导致部分杆件在风载作用下应力很大，影响当前结构的承载安全性。

检测鉴定的屋盖网架结构具有以下两个特点：一是屋盖下覆盖空间为单面敞开式，层高较高，风载作用复杂，因此，恒载、活载和风荷载组合作用对结构安全性影响最大；二是网架支座节点偏心明显，在验算网架杆件安全性时，应考虑这一缺陷。根据现场检测及网架整体模型计算结果，可得出如下结论：

①网架结构部分区域挠度略偏大，跨中支承钢柱柱顶侧移植较大，不满足相关规范规定；

②网架支座状况较差。存在表面锈蚀和涂层剥落，主要问题为安装偏差较大，包括支座标高高差，支座与柱顶之间偏心等偏差，均明显超过规范限值；

③网架杆件截面统计检验表明。与原设计规格相符的杆件尺寸合格，但较多杆件截面偏小；

④屋面檩条焊缝以及檩条与网架节点连接裂缝的外观质量较差，焊缝长度不足，未达到三级焊缝要求，使得屋面围护系统在风载作用下存在安全隐患；

⑤屋盖钢网架结构验算结果表明，在网架支座性能完好前提下。网架结构振型分布合理，整体性良好；网架结构在恒与风载共同作用下的变形满足规范要求，但部分杆件应力比不满足设计规范要求，少量杆件应力甚至超过屈服强度，整个结构在风载作用时存在安全隐患。综合造成该屋盖钢网架损伤的因素及安全性评估结果，应对屋面檩条支承连接焊缝进行加固，并根据检测结果制定加固方案，对网架结构进行加固。

第五节　炼钢厂钢吊车梁的开裂原因分析与处理

吊车梁是工业厂房一种非常重要的结构构件，吊车梁能否正常工作直接影响着生产的正常进行，尤其炼钢厂房运行重级，特重级工作制吊车的吊车梁，通常吊车吨位大、运行频繁。再加上近年来炼钢产业的蓬勃发展，炼钢厂不断增产扩容，进一步加重了吊车梁的工作负荷。使得吊车梁破损开裂现象时有发生。钢吊车梁的破损开裂以疲劳失效为主，疲劳失效是工程结构在反复荷载作用下的主要失效模式之一。根据有关文献，工业厂房钢结构吊车梁系统的破坏 80%~90% 都是由于疲劳引起的。而在工业生产中，受生产条件与环境的限制，在目前的管理和检测技术条件下，钢吊车梁出现裂纹时很难被发现或监测到。所以需要从根源上分析裂缝产生的原因，并及时补救，避免事故的发生。

一、吊车梁常见疲劳裂纹

吊车梁的常见疲劳裂缝有两类，一类是腹板与上翼缘之间开裂；另一类是吊车梁支座部位开裂。

1. 腹板与上翼缘之间开裂

20世纪80年代后期，我国许多大型钢厂的重级工作制焊接钢吊车梁的上翼缘与腹板连接焊缝处出现纵向水平疲劳裂缝（简称腹板上部裂缝）。世界上其他一些国家也出现过类似的情况，产生这种裂缝的主要原因是轨道和吊车梁的制造误差、安装偏差及吊车的运行偏差等因素造成了吊车的垂直轮压对腹板中心的偏心，当吊车运行时，这种偏心轮压使得加劲助于上翼缘的连接焊缝内侧端产生垂直向的不断变化的集中应力，在焊接残余应力和交变的集中应力长期作用下，该焊缝内侧端点首先开裂，随后裂缝逐渐向外发展，直至焊缝全部开裂。当加劲肋上连有垂直支撑时，因吊车梁下挠而使垂直支撑产生的附加剪力将会加剧上述裂缝的形成。目前，此类裂缝已经被大家广泛认识，并且加强了构造处理和生产控制，在保证偏心满足要求的情况下，可以避免此种裂缝的产生。

2. 支座部位开裂

炼钢厂房受工艺限制，通常会由于柱距不同面采用变截面结构形式。日本设计的吊车梁构件采用圆弧式突变支座，圆弧式突变支座，构造形式美观。加工制作简单。很快开始在国内吊车梁设计中流行，然而，宝钢一期采用圆弧式突变支座的吊车梁，用了十多年就在其支座的圆弧端部普遍出现疲劳裂纹，由此而不得不大规模更换、加固，严重影响正常生产。据了解，日本钢铁厂采用圆弧式突变支座的变截面吊车梁也作了更换，圆弧式变截面由于其疲劳性能的缺陷，目前已经不再使用，现在广泛采用直角式变截面，有限元分析结果表明，直角式变低面的疲劳性能要优于圆弧变截面，而且，可以满足工厂自动焊接的工艺要求。采用直角式变截面的结构形式以后，吊车梁支座处的疲劳特性有了一定的改善，支座处的疲劳开裂的情况有所减少。

二、支座开裂的新实例

吊车梁通常有两种支座连接形式：平板式支座和突缘式支座，吊车梁为了保证纵向水平力的传递，通常需要在端部设置纵向连接螺栓。平板式支座的纵向连接螺栓可直接连接端部腹板，也可借助端板来连接。

某炼钢厂 20 m 跨钢吊车梁，其间运行两台 1201 A7 级重级工作制吊车，纵向连接螺栓采用设置端板的方式。厂房于 1997 年投入使用，2009 年检修过程中发现一处端板与腹板连接部位存在开裂现象，后对所有吊车梁进行检查，发现该现象普遍存在。从使用频次和负荷程度看，吊车梁远未达到设计使用年限而发生开裂现象，经现场对开裂部位进行全面的检查后，判定造成开裂的原因主要有以下几个方面：

①吊车梁为典型的简支梁结构，在使用过程中，端部会产生转角，端板限制了这种转动，从而会产生附加弯矩，而平板支座形式会加剧这种影响。对于大跨度，运行重级、特重级工作制吊车的吊车梁，由于截面高度较大，此转角位移的影响也较明显。

②端板高度较矮，端板顶部和腹板连接部位的附加拉应力仍然较大。

③为了防止安装偏差，端板采用现场焊接的方式，焊接质量难以保证，端板顶部和腹板连接部位存在应力集中现象，而且焊接造成了连接部位的弧坑、咬肉等初始缺陷，加剧了应力集中的程度。在上述原因的综合影响下，支座端板和限板连接部位在重复荷载作用下发生疲劳开裂。从根源上来说，导致开裂的主要原因在于吊车梁的构造细部处理，对于普通的轻、中级工作制吊车梁，由于其负载较小，运行频次较低，因而影响较小；但是对于大跨，且运行重级和特重级工作制吊车的吊车梁，其影响则不容忽视。

三、裂缝加固处理

此裂缝虽然为疲劳裂缝，但所处部位非主受力部位，且可通过加固处理遏制裂缝的发生，可认为不会对吊车梁整体承载及疲劳寿命造成明显不良影响。裂缝加固主要通过增高端板的高度来进行，新增端板需要与原有端板坡口对接焊，并与腹板焊接成整体。端板总高度需大于端部截面高度的 2/3，但考虑到已经发生了开裂，加固时端板总高度同原端部截面。经上述加固处理后，该吊车梁已经正常运行近两年，现场尚未发现二次开裂和裂缝扩展情况。

吊车梁是炼钢厂房最主要的结构构件，也是最容易发生破坏的结构构件，其虽然是一种常规的简支结构构件，但在连接构造上，必须充分考虑其受力特点，尤其对于大跨度、运行重级、特重级工作制吊车的吊车梁，必须充分考虑其端部转角位移，采取合理的连接构造形式，才能保证吊车梁的安全正常使用。

第八章　提高钢筋混凝土结构构件耐久性措施

影响混凝土结构耐久性的主要因素有两个方面：一是因裂缝过宽，有害气体空隙而入与钢筋相接触，引起钢筋锈蚀，降低结构耐久性；二是因混凝土碳化，或氯盐等有害物质的侵蚀，使钢筋在混凝土未开裂的情况下就发生钢筋锈蚀，降低结构的安全度，基于此，本章主要研究提高钢筋混凝土结构构件耐久性措施。

第一节　裂缝、锈蚀及耐久性

一、裂缝与钢筋锈蚀

1. 横向裂缝与钢筋锈蚀耐久性研究

协作组（管对广州、海南、贵州、济南、青岛等地进行网查，并用制刑法观测了 37 条处于干燥室内的裂缝（缝宽在 0.27~0.90 mm，使用年限为 18~72 年），45 条处于室外或室内有水源的裂缝（缝宽在 0.12~0.50 mm，使用年限为 6~64 年），结果表明：干燥室内的构件。不论其横向裂缝宽度大小。使用时间长短、地区温度差异，基本上未发现有明显的锈蚀现象。室外潮湿条件下的裂缝，当缝宽在 0.8 m 以下时，有 80% 裂缝处的钢筋有锈蚀的现象，当缝宽在 0.45 mm 以上时，裂缝处的钢筋全部发生锈蚀。但未发现因横向裂缝处钢筋锈蚀而使构件失效的情况。国内外进行了许多暴露试验。使其受荷而处于开裂状态，长期暴露于室外。

由上可见，钢筋锈蚀长度和面积随缝宽而增大。然而。目前因对试验方法及锈蚀程度的评价没有统一的标准，因而结论也不尽相同，但有几点却是共同的。

①一般讲，有横向裂缝的地方。钢筋有局部锈蚀。但锈蚀面积不大，裂缝两侧锈蚀的扩展长度通常在 2~5 cm 以下。

②当横向裂缝宽度控制在 0.2~0.3 mm 范围内时，钢筋锈蚀深度虽与环境条件有关。但一般只在千分之一毫米以下，并且锈蚀有随时间减慢的趋势，对构件的承载力影响不大。

③锈蚀程度与横向裂缝宽度之间不存在必然关系，锈蚀的成因还与其他因素有关。

2. 纵向裂缝与钢筋锈蚀

纵向裂缝与钢筋锈蚀的关系比较复杂,分为"先裂不锈"和"先锈后裂"两种情况。由于混凝土收缩。壁性下沉及篙工质量等原因引起的沿钢筋的纵向裂缝和梁中滑验筋的裂墙。以及板中沿另一方向钢筋发展的裂处。常常成为空气、水分及其他侵蚀性介质的通道，使钢筋产生锈蚀。即所谓先裂不锈，由于混凝土的碳化或氯盐的作用使钢筋发生锈蚀钢蚀产物体积增大了 3~5 倍。使钢筋周围的混凝土产生相当大的拉应力，引起沿钢筋长度的飘向身裂标注。一旦保护层混凝土劈裂。钢筋易与外界接触，速度加快而钢筋锈蚀的发展又促使外围混凝土纵向裂缝的扩大。如此恶性循环。最终使保护层剥落，钢筋裸露。影响横向劈裂的因素有锈蚀的深度、锈蚀的长度和钢筋的直径等。锈蚀深度（即保护层的厚度）越大，外围混凝土对抗胀囊的能力就越大；钢筋直径越粗，锈蚀后产生的压力越大；钢筋锈蚀长度越大，越易脱裂。因此，产生有纵向裂缝时。钢筋的锈蚀长度几乎等于裂缝长度。可是，对于横向裂缝，即当裂缝与钢筋垂直时，钢筋的锈蚀长度一般不大，只有几倍钢筋直径。因此可见，纵向裂缝对钢筋锈蚀的影响比横向裂缝大得多。

3. 墙处钢筋的锈蚀机理

腐蚀是一种电化学过程，这一过程是在没有外电源情况下进行的。一个为阳极反应（生成电子），另一个为阴极反应（消耗电子），电子的生成与消耗必须相等。根据这一原理，可得出锈蚀须具备下列四个条件。

①用筋表面有电仪差，即一部分钢筋长面造电化学氧化反应的阳极区，另一部分表面是电化学反应的阴极区；

②在阳极，金属表面要处于活性状态，使铁能化成金属离子。

③在阴极，表面要有足够数量的氧和本分，使还原反应得以进行。

④在阴板与阳极之间须有电解耦联系，构成光整的"电路"对于室内干燥环境，由于缺少必要的程度，不具备条件③和④，钢筋不易锈蚀长期处于水中（包括海水）的构件，由于换少氧，不具备条件③，也不易锈蚀。对于处在一般大气条件下的构件，条件①和④是具备的。因为裂缝处钢筋表面的钝化膜先遭测破坏。成为阳极区，碳化深度米达钢筋表面的区域成为阴极区。条件②也是具备的。因为装缝处钢筋暴露在空气中，钢筋失去混凝土的铺化保护而处于活性状态。关键就在于条件③，即阴极氧的供度了。由于阴极部位的混凝土未裂。混凝土保护层的覆盖作用使氧的供应受到限制。或者说这时阴极的电阻效应相当大。不可能形成强的腐蚀电阻。因此，即使在潮湿环境下，横向裂缝处的钢筋虽有锈蚀现象，但也不严重。横向裂缝处钢筋锈蚀不像早先人们预料的那么严重。这可以从裂缝的形状加以解释。提议土开裂后，由于表面混凝土回缩较自由。而钢筋四周混凝土的回端受到了钢筋的约束。这种现象随着保护层厚度的加大而增大。相比之下，横向裂缝处钢筋与大气相接触的面积就大得多，自然，纵向裂缝处钢筋的锈蚀也较严重。

二、钢筋锈蚀及耐久性

1.钢筋锈蚀破坏的发展过程

由于混凝土的初始碱度 pH>12，钢筋表面会形成钝化膜。它可以有效地抑制电化学反应而阻止钢筋锈蚀。一旦钝化膜遭到破坏，钢筋就会发生锈蚀。钢筋锈蚀破坏的发展过程可以分为三个阶段。第一阶段常称为"韧始期"或"潜抗战"，这期间，二氧化碳或其他蚀性介质浸入未裂的混凝土及使混凝土的 pH 值下降。当 pH 值降至 g 左右时，钢筋表面的钝化膜遭到完全破坏。裂缝处钢筋表面钝化膜破坏较早，未裂部分保护层的碳化深度亦在不断加深。经一段时间后。亦达到了钢筋表面。第二阶段习称为"扩展期"或"蔓延期"钝化膜破坏后，钢筋开始锈蚀。锈蚀速度随混凝土保护层尚存的护法性和环境条件而变化。锈蚀面积随时间而不断扩大，锈蚀现象不断加重。由于收锈的体积增大 2~3 倍，最终它的服力会超过混凝土的抗拉强度，迫使混凝土保护层联防。一般讲，刚出现裂缝时，钢筋因锈蚀面损耗的面积还很小，强度低。目前对第二阶段还没有统一的规定。第三阶段称为"遭敷期"或"破坏期"，这一阶段，由于纵向裂缝的存在。使侵蚀性介质有了渗入的通道，锈蚀速度成倍增加，钢筋截面积削减速度加快，直至保护层剥落。这时钢筋与混凝土之间的黏结力遭到破坏，结构的承载力急剧下降。据有关资料介绍，对受弯构件来说。因钢筋与混凝土之间黏结破坏，可使其承载力降低 10%~50%。由此可见，当构件进入溃败期后，构件的承载力受到较大影响，危及结构的安全，应及时修复加固。

2. 锈蚀对钢筋强度的影响

混凝土中钢筋的锈蚀有均匀锈蚀和不均匀锈蚀两种情况。前者使断面的削弱较为均匀，后者包括局部锈蚀和坑锈。横向裂缝处钢筋的锈蚀属于局部锈蚀。坑锈多因氯盐引起，由于氯盐在混凝土中的分布或氚离子的渗选的不均匀性，可能在钢筋表面产生局部铁锈胀裂钝，造成坑锈。坑锈或局部锈蚀引起的破坏较具有突然性，因为坑锈不仅会产生应力集中，而且不易从构件的外观上观察到。下面分别叙述锈蚀对不同钢种性能的影响。

（1）低碳钢筋

均匀锈蚀对混凝土中的低碳钢筋的性能没有什么大的影响。苏联学者对腐烂锈蚀深度达 0.5 mm 的钢筋（原直径为 9 mm）进行了研究。该钢筋是埋在 60 年前浇捣的混凝土模板中的。钢筋力学性能的检测结果为：拉断应力为 340 MPa，伸长率 27.7%，与当年同种钢筋的标准相当。坑锈会使钢筋的强度降低，据有关资料介绍：从厂房中选取了 3 块纵筋发生坑锈的大型屋面板进行试验。结果表明（用实际截面积），板内钢筋强度随锈坑深度的增加而降低。该资料建议：对于中度锈蚀的钢筋，考虑其强度降低 6% 对于严重锈蚀的钢筋，考虑其强度降低 12%。此外，坑锈还会降低钢筋的伸长率。文献给出实测：莫斯科某车库的钢筋混凝土楼板。因渗进氯化物面锈蚀。经检验，$\phi 25$ 变形钢筋的伸长率平均为 7.1%，$\phi 20$ 圆钢筋的伸长率平均为 11.4%。（按规定，此种 A-I 级钢筋的伸长率不应低于 19%。）

（2）高强度钢筋（钢丝）

对预应力混凝土中的高强度钢筋或钢丝，锈蚀会使弹性变形能力急剧下降，并出现裂缝锈蚀。这种锈蚀非常危险，因为钢筋会在没有任何预兆的情况下突然断裂。裂缝锈蚀是指在钢筋表面的机械缺用部位或腐蚀坑区域形成应力集中。在这些应力集中区的底部，其曲率半径约为几个分子大小应力可能很高。由于高强度钢材的低应变性能，应力集中区底部的应力峰不可能为钢材的塑性所消除，结果在微强度较低的部位形成了初始微裂缝。之后，在电化学腐蚀过程中，微裂缝继续发展、扩大，直至钢筋被拉断。此外，这些微裂缝的方向垂直于主拉应力，也往往垂直于钢筋。有学者认为，预应力钢筋腐蚀断裂的可能性取决于以下基本因素的综合：钢筋中相当高的拉应力、表面具有局部腐蚀区以及高强度钢材的低变形性能。

3. 锈蚀破坏的严重性

锈蚀是影响耐久性的主要因素，由于锈蚀而引起结构损坏的事例也时有发生。耐久性协作组在全国各地的调查中发现，横向裂缝与钢筋混凝土构件耐久性的关系不大，而纵向裂缝对钢筋锈蚀的影响较为严重。河海大学等单位在浙东沿海调查了 22 个水工建筑物的 967 根构件，发现有 538 根构件（占总数的 56%）因受钢筋锈蚀导致顺筋开裂破坏，情况甚为严重，1981 年南京水利科学研究院对我国华南地区的 18 座码头进行了调查，发现这些码头尽管使用期仅 7~15 年，但大量码头面板及横梁都发生混凝土钢筋纵向裂缝，其中基本完好的仅 2 座。在工业与民用建筑中，有些卫生间或工业厂房的顶板，因保护层过薄或密实性差，导致混凝土中的钢筋发生全面锈蚀（不是横向裂缝引起的），并引起体积膨胀，致使混凝土保护层顺筋胀裂。顺筋裂缝发生后，钢筋的锈蚀更进一步加剧，最终导致混凝土的大片剥落，钢筋直径大幅度的变细直至断裂。这种锈蚀破坏现象在某些环境下是极为严重的。例如，日本曾因较多采用海砂为细骨料，使钢筋锈蚀破坏成为严重问题。

冲绳地区 177 座桥梁和 672 栋房屋的调查表明，桥面板和梁的损坏率在 90% 以上，校舍等一类民用建筑损坏率也在 40% 以上。后张法结构中，因预应力钢筋（钢丝）锈蚀，突然断裂而导致结构倒塌和破坏的事故也有发生。例如，南斯拉夫某桥梁梁体孔道中的预应力钢丝采用了奥地利光面高强钢丝，在梁中的 100 束钢丝束张拉后，因寒冷而没有灌浆，在张拉后的 5~6 个月，发生了 40 起因钢丝腐蚀裂缝而自行断裂的事故，且断裂发生在靠近支座处距出气孔 1 m 的孔道中。

第二节　裂缝的形态及判定

本节主要介绍各种裂缝的形态和产生的原因，以及裂缝状态的判定方法，以确定哪些裂缝是危险的，应进行处理，哪些裂缝可不处理。

一、裂缝的形态及产生原因

混凝土的抗拉强度比抗压强度低得多，在不大的拉应力作用下，就会出现裂缝。因此，要求混凝土结构不开裂是不现实的。但是，如上所述，裂缝会在不同程度上降低结构的耐久性，所以研究裂缝形态，分析其对结构功能的影响，并加以控制是十分重要的。混凝土结构上的裂缝多种多样，除荷载裂缝外，还有收缩裂缝、沉缩及沉降裂缝、温度裂缝、张拉裂缝及施工裂缝等。下面分别叙述各种裂缝的特征及产生的原因，以便在修补时可以对症下药，收到良好效果。

1. 荷载裂缝

荷载裂缝是工程中最常见的裂缝。

（1）拉、弯构件裂缝

钢筋混凝土轴心受拉构件的裂缝分布情况，其中贯穿整个截面宽度的为"主裂缝"。在主裂缝出现后，随着荷载的增加，对采用变形钢筋的构件，在主裂缝之间的钢筋处还会出现短的"次裂缝"。当钢筋应力接近屈服点时，还可能沿钢筋出现纵向裂缝。主裂缝多从受拉边开始向中和轴发展。同样，在主裂缝之间可以看到短的次裂缝。纵向主筋水平附近处短的次裂缝常比梁腹中的主裂缝多得多（一倍以上），但宽度小得多。当腹板较薄或腹板配筋较少时，裂缝常始自梁腹，然后向上及向下边缘延伸。主裂缝在腹板中的宽度常大于纵向钢筋处的宽度，多为"枣核形裂缝"。这种现象是由于腹板中的混凝土受钢筋的约束较小，回缩较大所致。在感度较大的单向板或墙中，会产生类似于主筋处的"枝状裂缝"。

（2）受压柱中裂缝

轴压柱的裂缝表现为多组大致平行的整向裂缝。小偏压柱的裂缝形态与轴压柱相似，只是受力较小边的裂缝少些。大偏压柱的受拉边出现类似受弯构件的横向裂缝，接近破坏时，受压边出现平行的竖向裂缝。

（3）剪、扭斜裂缝

斜裂缝是由于剪力或扭矩的作用而产生的。在梁的剪力和弯矩共同作用区段内的斜裂缝，一般在最后阶段都有一条主斜裂缝，称为"临界斜裂缝"。在主斜裂缝的近旁还会有一些次斜裂缝，当配箍较少时，次斜裂缝的根数较少。在接近破坏时，还会出现黏结裂缝以及沿纵筋的撕裂裂缝。当剪跨比较小（1<1）时，或腹筋配置较多时，容易在梁端产生若干根大致平行的斜裂缝，在腹板较薄的梁或预应力梁中，斜裂缝会首先在梁腹部中和轴附近出现，随后向上下延伸。这种裂缝常称为腹剪斜裂缝。扭转斜裂缝是呈 45° 的螺旋状裂缝。当配箍过少或箍筋间距过大时，裂缝的根数较少，宽度较大。当纵筋和箍筋配置较多时，螺旋裂缝较多、较密。

（4）荷载裂缝工程实例

对框架来说，边柱承受的弯矩比内柱大，故边柱易出现裂缝。矩形水箱的四壁均为偏心受拉构件，裂缝出现在弯矩最大的地方，可能只有一条，也可能会有 2~3 条。一般在屋架受力最大节的下弦和腹杆中。因它们承受拉力，裂缝多是贯通的。当出现这些裂缝时，则说明排架柱的抗裂性不好。

2.沉降裂缝

由于地基的不均匀下沉，在结构构件上引起的沉降裂缝是工程中常遇到的一种裂缝。地基的不均匀沉降，改变了结构的支承及受力体系，由于计算简图的改变，有时会使计算跨度成倍增长，弯矩增长得更快。在承受沉降引起的较大弯矩的部位，如果原结构的配筋较小，易导致构件产生较大的裂缝。

当中柱下沉比两侧柱多时，结构的不均匀沉降法引起裂缝分布情况。这是较易出现的沉降裂缝。其原因主要有：一是在计算各基础荷载时，习惯上按负背面积摊派，而中柱的实际受力要高出按面积摊派的荷载，从而造成中柱基础的地基净反力较边柱大，二是中柱基础的沉降因受两边柱的影响，会产生附加变形：三是在房屋的中央部位常有电梯间、水箱等结构，它们的恒载所占的比重较大。当局部地基有鼓荡、废井、暗浜等情况时，均有可能导致基础局部沉陷过大，引起框架梁、柱开裂。

3. 收缩裂缝

我们常说的收缩裂缝包含凝缩裂缝和冷缩裂缝。所谓收缩裂缝，是指混凝土在结硬过程中因体积收缩而引起的裂缝。通常，它在浇筑混凝土2~3个月后出现，且与构件内的配筋情况有关。当钢筋的间距较大时，钢筋周围混凝土的收缩因较多地受钢筋约束，收缩较小，而远离钢筋的混凝土的收缩较自由，收缩较大，从而产生了裂缝。在实际工程中，常会遇到凝缩裂缝。例如，某梁高 >650 mm，在梁腹产生横向的凝缩裂缝，裂缝间距约为 2 500 mm。再如，某现浇走道板，由于分布筋的间距较大，引起横向凝缩裂缝。

冷缩裂缝是指构件因受气温降低而收缩，且在构件两端受到强有力约束而引起的裂缝。一般只有在气温低于 0 ℃时才会出现。

4. 干缩裂缝

干缩裂缝（又称龟裂）发生在混凝土结硬前最初几小时。裂缝呈无规则状，纵横交错，裂缝的宽度较小，为 0.05~0.15 mm，干缩裂缝是因混凝土浇捣时，多余水分的蒸发使混凝土体积缩小所致。影响干缩裂缝的主要原因是混凝土表面的干燥速度。当水分蒸发速度超过泌水速度时，就会产生这种裂缝。

与收缩裂缝不同的是，它与混凝土内的配筋情况以及构件两端的约束条件无关。干缩裂缝常出现在大体积混凝土的表面和板类构件以及较薄的梁中。

5. 沉缩裂缝

沉缩裂缝是混凝土结硬的没有沉实或沉实能力不足而产生的裂缝。新浇混凝土由于重力作用，较重的固体颗粒下沉，迫使较轻的水分上移，即所谓"泌水"，由于固体颗粒受到钢筋的支撑，使钢筋两侧的混凝土下沉变形相对于其他变形为小，形成了沿钢筋长度方向的纵向裂缝。裂缝深度一般至钢筋顶面。例如，北京某工程的箱形基础底部，在浇筑后一天内出现了宽度为 0.5~1.5 mm 的沿纵向长度方向的沉缩裂缝。另外，当混凝土浇捣厚度相差较大时，也会出现这种裂缝。例如，某工程的现浇梁板结构，梁的尺寸为 300×600 mm，板厚为 150 mm。由于梁板混凝土几乎同时浇捣，梁的沉缩大于板的沉缩，在梁板交接处产生了纵向水平裂缝，宽度为 0.1~0.3 mm。

6. 温度裂缝

温度裂缝分为表面温度裂缝和贯穿温度裂缝两种。

①表面温度裂缝是因水泥的水化热产生的，多发生在大体积混凝土中。在浇捣混凝土后，水泥的水化热使混凝土内部的温度不断升高，而混凝土表面的温度易散发，于是混凝土内部和表面之间产生了较大温差。内部的膨胀约束了外部的收缩，因而在表面产生了拉应力中心部位产生了压应力。当表面的拉应力超过混凝土的抗拉强度时，就产生了裂缝。一般来说，裂缝仅在结构表面较浅的范围内出现，且裂缝的走向无一定规律，纵横交错，裂缝宽度约为 0.05~0.30 mm。例如，某工程板厚 2.5 m，平面尺寸为 27.2×34.5 m，施工时将板分成 6 块，间歇施工。后发现大部分板面都出现不同程度的表面裂缝，裂缝宽度为 0.10~0.25 mm，短的裂缝长度仅几厘米，长的裂缝长度达 160 cm。6 小块间的施工缝全部裂开。经测试发现，当混凝土内部温度较环境温度高 30 ℃时，混凝土的表面都有裂缝。凡温差小于或等于 20 ℃的板，都没有出现表面裂缝。

②大多数贯穿温度裂缝是由于结构降温较大，受到外界的约束而引起的，例如，对于框架梁、基础梁、墙板等，在与刚度较大的柱或基础连接时，或预制构件支承并浇结在伸缩缝处时，一旦受寒潮袭击或湿度降低时，就产生收缩。但由于两端的固定约束或梁内配筋较多阻止了它们的收缩，因此在这些结构构件中产生了收缩拉应力，以致产生了收缩裂缝。

7. 张拉裂缝

张拉裂缝是指在预应力张拉过程中，由于反拱过大，端部的局部荷载力不足等原因引起的裂缝。例如，预应力屋面板等板类构件常在上表面或端头出现裂缝。板面裂缝多为横向。主办端部有纵向裂缝。板角有呈 45° 角的裂缝。预应力混凝土吊车梁、屋架等结构构件，因预应力大而集中，多在端头锁园区出现沿现权力筋方向的纵向裂缝，并继续延伸一定长度。

8.施工裂缝

在施工过程中。常会引起裂缝。例如，浇捣混凝土，当模板较干时，模板吸收混凝土中的水分膨胀，使初凝的混凝土拉裂。又如，在构件的翻身、起吊、运输、堆放过程中，会引起施工裂缝。此外，混凝土拌制时加水过多，或养护不当，也会引起裂缝。施工过程中，还有因化学作用而引起的膨胀裂缝。在混凝土中使用活性石料（如蛋白石、鳞石英、方石英等）、安定性不良的水泥或含碱量过高的水泥后，水泥中的活性成分会和这些骨料引起化学反应，生成硅酸钠。而硅酸钠遇水膨胀，致使混凝土中产生拉应力引起裂缝，严重时可导致重大工程事故。

二、裂缝状态的判定

构件上出现裂缝以后，首先应判定裂缝是否稳定，裂缝是否有害，然后根据裂缝特征判定裂缝原因及考虑修补措施。裂缝是否稳定可根据下列观测和计算判定。

1. 观测

定期对裂缝宽度、长度进行观测、记录。观测的方法：可在裂缝的个别区段及裂缝顶端涂覆石膏，用读数放大镜读出裂缝宽度。如果在相当长时间内石膏没有开裂，则说明裂缝已经稳定。但这里应注意，有些裂缝是随时间和环境变化的。比如，贯穿温度裂缝在冬天宽度增大，夏天宽度缩小又如，收缩裂缝初期发展快，在1~2年后基本稳定。这些裂缝的变化都是正常现象。所谓不稳定裂缝，主要指随时间持续不断增大的荷载裂缝、沉降裂缝等。

2. 计算

对适筋梁，钢筋应力是影响裂缝宽度的主要因素。因此，可以通过对钢筋应力的计算来判定裂缝是否稳定。如果钢筋应力小 $0.8f_y$（f_y 为钢筋的标准强度），裂缝处于稳定状态。对于超筋梁中的垂直裂缝，应特别注意受压区混凝土的应变状态以及裂缝的发展高度。如果裂缝发展超过中和轴。则应特别注意。判别裂缝是否有害，应根据裂缝的危害程度和后果确定。

一般认为以下裂缝是有害的：

①损害建筑物使用功能的裂缝，如水池、水塔开裂而渗漏水，进而影响使用。

②宽度超过规范限值的裂缝，这类裂缝会引起钢筋锈蚀。

③沿钢筋的纵向裂缝，它易导致钢筋锈蚀、体积膨胀、混凝土保护层崩落。

④严重降低结构刚度或影响建筑物整体性的裂缝。

⑤严重损害建筑结构美观的裂缝。

对有害裂缝应及时修补，以免引起钢筋锈蚀。特别是顺筋的纵向裂缝危害较大。不仅削弱钢筋与混凝土之间的黏结力，产生裂－锈恶性循环，而且降低构件的承载力。因此，当发现纵向裂缝时应及时修补。纵向裂缝产生的原因较多，诸如混凝土的收缩、浇捣时混凝土的塑性下沉、施工质量不良、荷载引起的沿纵筋开裂（如板中沿另一方向钢筋发展的裂缝、梁中沿箍筋的裂缝），以及因钢筋遭受氯盐的侵害等。在实际工程中，因没有及时修补裂缝，导致钢筋锈蚀，进而使混凝土保护层脱落的例子有很多。例如，西安某地下工程顶板，在纵向裂缝出现后，由于未及时修补，导致钢筋严重锈蚀，混凝土保护层崩脱。

第三节　化学灌浆法修补裂缝

一、概述

当钢筋混凝土构件的裂缝宽度超过规范限值时，不仅影响建筑外期，而且还会降低结构的耐久性，甚至危及结构的承就安全。因此，及时进行修补，十分必要。裂缝修补，通常采用化学灌浆法。所谓化学灌浆，就是将化学材料配制的浆液，用压送设备将其灌入混凝土构件的裂缝内，使其扩散、固化。固化后的化学浆液具有较高的粘接强度，与混凝土能较好地黏结，从而增强了构件的整体性，使构件恢复使用功能，提高耐久性。达到防锈补强的目的。

用于结构修补的化学浆液主要有两类：一类是以环氧树脂为主体，加入适量的增塑剂、增韧剂、固化剂等形成的环氧树脂浆液；另一类是以甲基丙烯酸甲酯（简称甲凝）为主体，加入适量的引发剂、促进剂和除氧剂等构成的甲凝液。

用于防渗堵漏的化学浆液主要有水玻璃、丙烯酰胺等。这些不溶物可充填好意，使之不透水并增加强度，我国研究使用化学灌浆对结构进行补强始于 20 世纪 50 年代末，绝大部分工程都取得良好的补强效果。例如，安装 40 届车的树坝电站厂房。在施工中由于模板变形，引起附墙柱牛腿处 2~8 cm 宽的裂缝。后用环氧树脂灌浆法进行补强。灌浆两个半月后。用 4 个 2×10^6 kN 的千斤顶进行超负荷试验（超出吊车最大荷载 1.3 倍），蹲得牛腿垂直变形仅 0.1 mm。当卸载时，变形恢复。这试验结果，说明使用环氧树脂补强达到了原设计要求。又如，青铜峡水电站的混凝土重力坝产生了干缩裂缝。后采用甲凝液灌浆补强处理。灌浆 15 天后。人工取样品进行效果检查。在抗控试验中，拉断面大都分布在黏结面上。这一结果说明。甲凝液灌浆可使有裂缝的混凝土（原设计为 C14）恢复整体性。

二、化学浆液性能

①甲凝液可进性较好，黏度比水还低。能灌入 0.05 mm 的细微裂缝中。在 0.2~0.3 MPa 压力下，可涉入混凝土 4~6 cm，拥有关工程调查，在灌注甲凝液后。15 年情况仍然良好，这说明其耐久性好，但是，甲凝液的收缩较大，在聚合过程中，体积收缩达 20% 左右。

②环氧树脂强度高黏结力强，收缩小（收缩率小于 2%）。化学稳定性好，但其黏度比甲凝液大。目前，一般用来修补宽度大于 0.1 m 的裂缝。由于其购买比较容易。目前在工程中使用得较为普遍。裂缝中的浆液固化物主要承受拉力和剪力作用。试验表明，破坏均不发生在黏结面上，这说明浆液固化物自身的抗拉。剪切强韧是足够的。专门的剪切试件动力试验（的）表明，经修补的试件与用于对比的整体试件具有相同的吸收冲击能量的能力。而且试件的剪坏也并不发生在接缝修补处。这说明动力性也是可靠的。

三、修补方法的选择

裂缝修补是对已经稳定的裂缝而言的。对于继续开展的裂缝，应设法限制结构的变形，控制裂缝的开展。只有等裂缝的发展已经稳定，才能采用灌浆法进行修补。裂缝修补方法的选择，根据裂缝宽度、深度及密度的不同采取以下方法。

①对浅而细，且条数较多的裂缝，宜采用水泥浆液或环氧树脂胶泥进行表面修补。

②对于宽度小于 0.2 mm 的而深的裂缝，宜采用可灌性较好的甲基紫或低黏度的环氧树脂浆液灌注补强。

③当裂缝宽度大于 0.5 mm 时，宜用水泥砂浆液修补。

④对宽度为 0.2~0.5 m 的裂缝，宜采用收缩较小的环氧树脂浆液灌生补强。

⑤对于蜂窝、孔隙、大面积破损等，宜采用 1+2 水泥砂浆成 C20 级细石混凝土进行修补。为保证新老混凝土的结合，宜先将缺陷周围凿毛、清洁，并涂刷一层水泥浆或环氧树脂浆液黏结剂。

四、浆液配方及其物理指标

浆液配方由紫液的用途及使用条件而定。下面分别介绍几种常用的环氧树脂浆液，甲凝浆液的配方及其物理指标。

1. 环氧树脂浆液

单一的环氧树脂为棕黄色的不会固化的透明粘液。当在环氧树脂中加入固化剂后，能几小时即由液体变为固体。单纯的环氧树脂固化物较脆。为此宜加入增塑剂。以提高抗冲击性和耐寒性能。环氧树脂浆液的配方，它具有精度低，固化过程中放热效应小和配制简单等优点，常被用于处理混凝土结构构件的裂缝。

当在环氧树脂浆液中渗入煤油时，不仅可使环氧浆液在有水的情况下很好地固化。而且还能提高它与含水裂缝的黏接强度。在低温情况下，普通环氧浆液黏度较低，不易灌注。当稀释剂采用丙醇等黏度较小的有机溶剂时，可以降低环氧树脂浆液的黏度，提高可靠性以及与含水裂缝的粘接强度。如果在环氧浆液中加入活性较高的 703* 固化剂和 DMP-30 促进剂。则可提高低温下的固化速度。

2. 甲基丙烯酸酯浆液

甲基丙烯酸酯浆液是无色透明、易挥发的液体。它具有粘堵强度大，稳定性好。粘变低（表面张力约为水的三分之一），扩散能力强。能浸入细微裂缝的优点。甲基丙烯酸酯浆液在加入促进剂、改性测和引发剂后即可配成甲凝液。凝固后的来合体具有良好的耐久性。在室内将聚合体分别在 70~80 ℃ 的蒸馏水及氢氧化钙溶液中浸泡几个小时后，经检验其物理力学性能无显著变化。由于甲凝液体积收缩达 20%，为避免造成聚合体与裂缝国的脱开。一般用它来灌 0.1 mm 以下的裂缝。对于 0.1~0.2 mm 的裂缝，可采用甲凝液灌注，也可采用低黏度环氧树脂浆灌注。

五、施工要求

1. 裂缝处理

在灌浆前应对裂处进行处理。处理的方法视裂缝情况不同而异。

（1）表面处理法

当构件的裂缝较细小时（小于 0.2 mm），可采用表面处理法。即用钢丝刷等工具清除裂缝表面的灰尘、白灰、浮尘等污物，然后用毛刷蘸甲苯、酒精等有机溶剂，将裂缝两侧 20~30 mm 范围擦洗干净，并保持干燥。

（2）凿槽法

当混凝土构件上的裂缝较宽（大于 0.2 mm）、较深时。采用凿槽法。在灌浆过程中。浆液对封缝层不断产生的推力将增大。为了避免封缝的环氧层在灌浆时崩脱，应沿裂缝用钢钎或风镐断成 V 形槽。槽宽 50~100 m、深 30~50 mm。凿槽时先沿裂缝打开，再向两侧加宽，凿完后用钢丝刷及堵空气将混凝土碎屑、粉尘清除干净。

（3）钻孔法

对于大体积混凝土或大配构筑物上的深裂缝。采用钻孔法。钻孔法能使浆液尽快地流到裂缝的深处并加大浆液的扩散面。对于走向不规则的裂缝，除裂缝钻孔外，需加钻斜孔，以扩大灌浆通路。钻孔的大小风钻一般为 6 mm。机钻孔宜选 50 mm，裂缝宽度大于 0.5 mm 时，孔距可取 2~3 m，裂缝小于 0.5 mm 时，适当减小孔距。钻孔后。清除孔内的碎屑和粉尘。并用适当粒径（一般取 10~20 mm）的干净卵石填入孔内。这样既不缩小钻孔与裂缝相交的"涵路"，又可节约浆液。

2. 埋设灌浆嘴（盒）

灌浆嘴（盒）是裂缝与灌浆管之间的一种连换器。

目前市场上很少有产品销售，多为用户自制。灌浆嘴内外径的大小随灌浆量及输管的直径改变。材料可用金属或工程塑料。灌浆嘴（盒）的理论间距，应根据浆液黏度和裂缝宽度及分布情况选定。一般来说，当缝宽小于 1 mm 时，其间距宜取 350~500 mm；当缝宽大于 1 mm 时，宜取 500~100 m，并注意在裂缝的交叉处、较究处、缝端以及钻孔处布嘴。在一条裂缝上必须有进浆嘴，排气嘴及出浆嘴。埋设时，先在灌浆嘴的底盘上抹一层厚约 1 mm 的环氧胶泥，并将其骑缝粘在预定的位置上。对于钻孔灌浆也可用环氧胶泥将一小股直径相当的铜管涂在孔口上，以替代灌浆封缝及试漏封缝的方法有以下几种。

对于不凿槽的裂缝：当裂缝细小时。可用环氧树脂胶泥直接封缝。其做法是：先在裂缝两侧（宽 20~30 mm）涂一层环氧基液。然后抹一层厚约 1 mm、宽 20~30 mm 的环氧树脂。抹胶混泥，应防止产生小孔和气泡。要刹平盘，保证封闭可靠。当裂缝较宽时，可粘贴玻璃丝布封缝。

3. 配浆及灌浆浆液配制

可根据不同裂缝及环境条件选用任一配方进行配制。每次配制量不宜过多，以免浆液变影响治缝质量。目前。常用的灌浆方法分手物和机械两类。近年来国外已有自动灌浆法。

（1）手动灌浆施工法

手动灌浆工具是抽的枪。枪筒容量一般为 300 mL，可装 200 mL 以下的浆液。操作时将配制好的浆液装入枪筒，枪头与灌浆嘴（盒）相接，扳动操纵杠杆即可把浆液压入缝中。施工时可任意调节灌注压力。当用强力板压杠杆时，枪增最大压力达 20 MPa。这样大的压应力，即使膏糊也可伸入。但过大的压力，会有使封缝层崩破之处。手动法所用的工具少，机动灵活。当裂缝不多，灌浆量不大时。采用此法尤为适宜。

（2）机动灌浆施工法

机动灌浆是一种靠泵连续压浆的机械施工方法。它所需要的机具包括灌浆系、管路、灌浆嘴。目前市场上的化学流浆泵主要有以下几个方面。

① HG 型，其排浆流量调节范围为 0~6.4L/min，22MJ-8/40 型隔膜计量系，其精度高，既适用于化学植浆。又适用于水泥灌浆，流量调节范围为 0~3 L/min；

③ JN-4 化学灌浆，可用于甲凝液灌浆，最大流量为 2.8 L/min。压浆简可自制。其容量根据工程上耗量的大小自行决定。

目前，国外多采用双组分灌浆泵，即环氧浆液按两种组分分别装在两个容器内，灌浆时按所要求的比例自动混合，形成可固化的浆液流入缝内。灌浆步骤及要求：灌浆前，用压缩空气将孔道及裂缝吹干净。灌浆由下而上，由一端到另一端地进行。开始时应注意观察。逐渐加压，防止骤然加压。达到规定压力后（化学浆液为 0.2 MPa，水泥浆液为 0.4~0.8 MPa）维持此压力继续灌浆。一旦出浆孔出浆，立即关闭转芯翼门（或扎紧乳胶管）。这时裂缝中的浆液不一定十分饱满，还会有吸浆现象。因此，在出浆口出浆后，把出浆口堵住，再继续压注几分钟。灌浆工作结束后应立即拆除管路，并用冲洗管路和设备待裂缝内浆液初凝后，可拆下灌浆嘴。

六、工程实例

[例 8-1]

鞍钢中板厂主厂房经 50 余年运行后发现，钢筋混凝土吊车梁的侧面有 50 余条裂缝，宽 0.5~10.0 mm，长为 400~1 200 mm，有 10 条已上下贯通。混凝土的碳化深度 10~60 mm 不等，应做修补加固。

①经分析，采用化学灌浆法进行修补主要利用环氧树脂。增塑剂用 H 型增塑剂、成状聚硫橡胶及二丁酯。增塑剂有增稠和固化两种功能。稀释剂选用环氧氟丙烷活性稀释剂和丙酮非活性稀释剂两种，它们可减小环氧收缩，降低黏度。固化剂选用乙二胺。此外，还加入 5% 的防老化剂和 0.5% 紫外线吸收剂。

②灌浆工艺：勘查裂缝→凿 U 形 V 形沟槽→相比→封缝（养护 24 h）→试深→配剂环氧胶→压力注浆→养护 3 天→交付使用。

[例 8-2]

某小区住电建筑中，楼板采用非预应力混凝土双向平板，标准间平面尺寸为 3.3 m×4.5 m，带阳台尺寸为 3.3 m×5.7 m，板摩均为 90 mm，C30 级混凝土；使用后部分楼板开裂严重。经研究。采用环氧村附灌浆法对楼板裂缝进行修补。浆液的配方为环氯树脂：甲苯：乙二胺 =100：50：10。实践表明，它可以塑入 0.05 mm 以上的裂缝内。

为了检验补强效果，取三种足尺寸板分别进行试验。第一种板为补强板，即对开裂最严重的板用环氧树脂凿浆法进行补强的板（裂缝最大值达 0.75 mm），作为对比试验，第二种板为未开裂的整体板；第三种板为虽已开裂。但未进行补强的板（该板的概底有纵横贯通长裂缝。最大值为 0.4 mm），试验结果表明。当 K 在 2.0 之内，补强板与整体板的荷载 - 变形曲线是一致的（K= 试验荷载 / 设计荷载标准值），在 K=1.9 时，补强板出现第一条新裂缝，新的裂缝均不在环氧灌浆处。但当 K>2.0 时，补强板的变形发展较整体板快，而未补强板试验一开始，就出现很多新裂缝。新老裂缝开展宽度均很大。这表明环氧补强的效果是可靠的，补强板的强度、刚度均较好，完全可以满足设计要求，而未补强板的强度、刚度、结构整体性以及对变形的协调能力都很差。

第四节　碳化、氯盐与钢筋锈蚀

混凝土内的钢筋因混凝土的水化作用面处于高碱性（pH>12）环境中，且在其表面形成的钝化膜能阻止金属阳极与电介质的接触，使阳极的腐蚀电流变得极小，钢筋的锈蚀难以发生。因此，钢筋锈蚀始于钝化膜的破坏。钝化性的破坏系混凝土的碳化或氯盐的作用导致。

一、混凝土碳化

混凝土碳化的原因是大气中的二氧化碳不断向混凝土内部渗透，并与混凝土中的氢氧化钙反应成弱碱性的碳酸钙，使混凝土表面的赋性降低，形成了碳化层。随着二氧化碳的不断移走，碳化层也不断地向内部发展。一旦碳化层发展到钢筋表面，钝化膜将遭到破坏，在有水和氧供给的情况下即导致钢筋的锈蚀。混凝土的碳化会导致钢筋锈蚀，但不降低混凝土强度，甚至还略有提高。下面介绍影响混凝土碳化的因素，以及碳化深度的测量方法。

1. 影响混凝土碳化的因素

影响混凝土碳化的外部因素主要是混凝土周围的介质，如湿度、温度、大气中二氧化碳的浓度等。影响混凝土碳化的内部因素有混凝土的水泥用量、水灰比、骨料的品种、施工质量，以及混凝土的密实性和养护等。现分述如下：

（1）水灰比

水灰比对混凝土的碳化速度影响很大。它是由 Deutsche 根据不同年限的钢筋混凝土碳化深度的测量结果推算绘出的。随着水灰比的增加，碳化深度基本上呈线性增加。

（2）粉煤灰用量

用粉煤灰水泥配制的混凝土。碳化速度较普通硅酸盐水泥快。日本学者发表的资料表明。它比普通水泥配制的混凝土的硬化深度增加 90%；我国建筑科学研究院混凝土研究所认为，碳化深度的增加量与粉煤灰的替代量有关。当用粉煤灰替代 20% 的水泥时，氧化深度增加 50%；当替代量为 30% 时，碳化深度增加 1 倍。

（3）水泥品种

矿渣水泥的碳化深度最大，火山灰水泥和硫酸盐水泥次之，硅酸盐水泥的碳化深度最浅。我国建筑科学研究院混凝土研究所的试验结果与 A.Merior 的试验结果基本一致。试验结果还表明，如果取普通硅酸盐水泥的碳化深度为 1，则火山灰水现为 1.35，矿渣水泥为 1.5。

（4）混凝土的密实度及强度

如果混凝土浇捣密实，则混凝土中的孔隙就小，穿透的二氧化碳和配气数量也少，碳化速度自然也就慢。苏联学者将不同密实度的混凝土放在碳配气体积度为 0.05~0.10% 的某冶金企业区内试验。90 年代后，其碳化深度分别为：

非常密实的混凝土碳化深度为 8 mm。

密实的混凝土碳化深度为 30 mm。

中等密实的混凝土碳化深度为 50 mm。

不密实的混凝土根据苏联学者对 540 个试件试验资料的整理，碳化深度随混凝土强度的提高而减小。这是因为，强度高的混凝土密实性好，抗渗性强。

（5）空气相对湿度

混凝土的碳化速度随空气相对湿度的增大而减慢。这是因为当空气相对湿度高时，混凝土中的水分增多，混凝土中空气的交流速度减慢，所侵入的二氧化碳减少，碳化速度减慢。当空气相对湿度低于 75% 时，混凝土的碳化速度较快。相对湿度在 90%、70%、50% 的条件下，碳化速度的平均比率约为 0.6 : 1.0 : 1.4。一般室内碳化速度约为室外条件下的 2~3 倍。但是，另一方面当空气相对湿度较低时，即使混凝土已碳化，由于钢筋不易接触到水分，它的锈蚀亦十分缓慢。当湿度低于 60% 时，腐蚀过程几乎完全停止。此时，任何浓度的碳酸气对钢筋混凝土结构都不会产生腐蚀；浓度为 1.5 mg/m³ 的氯气和浓度为 7.5 mg/m³ 的氯化氢气体对钢筋混凝土结构仅有较强的侵蚀作用。譬如，武汉某厂的钢筋混凝土烟囱，经检验发现，尽管其混凝土的碳化深度因温度高面达 11 cm，但钢筋毫无锈蚀。这是因为烟囱周围相对湿度较低的缘故。

（6）温度

温度高时，混凝土吸收的二氧化碳增多，碳化速度加快。据资料介绍，一昼夜内吸收二氧化碳的最大相对数为冬天 1，春天 1.25，夏天 2.1。除上述因素外，其他因素对混凝土的碳化速度亦有较大的影响。例如，养护得越好，碳化得越慢，某些轻骨料，特别是细骨料和粉状掺料，在加热养护时会降低混凝土的碱度而使碳化加快；经受强风作用的混凝土结构，其迎风面和背风面碳化深度是另两侧面的 1.5~2.0 倍。

2.碳化深度的量测方法

为了解混凝土的酸化程度及其对钢筋锈蚀的影响，必须量测混凝土的碳化深度。其量测方法是：先将需要量测的混凝土构件的保护层凿去一块或钻一个洞，随后用酒精溶液滴（喷）其表面进行观察。未碳化的混凝土呈紫红色，已碳化的混凝土不变色；二者之间有一截然的分界线。量测界线外侧的尺寸，即为混凝土的碳化深度。根据南京水利科学研究院在沿海地区的实测。凡硬化深度达到侧筋表面时，即使保护层未开裂，钢筋也有不同程度的锈蚀。碳化深度小于保护层厚度的，钢筋一般没有锈蚀。由调查发现，一些建于20世纪50年代的厂房，其屋面板。槽形板的混凝土保护层几乎已被完全碳化。有些板（仅3 cm），整个板都已碳化。板中的钢筋已锈蚀，体积发生了膨胀，将保护层崩裂，从而加速了钢筋的锈蚀。因此必须及时进行修补。

二、氯盐的危害

氯盐可局部地破坏钢筋表面的钝化膜，引起混凝土中钢筋的锈蚀。影响结构的耐久性。据美国国家标准局统计，美国年腐蚀损失约占国民经济总产值的3%~5%，其中40%由于混凝土中钢筋锈蚀引起的，氯盐则是其中最主要的因素。氯盐主要通过两种途径进入混凝土。

途径之一是施工过程中掺加氯盐外加剂（如氯化钙）或在拌合水及骨料中含有氯盐成分而灌入混凝土。当混凝土中的氯盐成分较多时（>2%），会迅速导致钢筋的严重锈蚀。例如，西安装施工单位，冬季施工时在混凝土中掺加氯盐，仅8个月的时间（还未交付使用），混凝土柱表面就出现裂缝并锈蚀。人们之所以在冬季施工时掺加氯盐，是因为氯盐有促凝。早强和防冻作用，且价格低廉。然而氯盐的掺入，严重影响混凝土内钢筋的锈蚀。

途径之二是由于环境中所含的氯盐渗透到混凝土中。这种氯盐环境是广泛存在的，如工业中的氯气及氯化氢污染区域，海洋、沿海地域，盐湖地带等。天津港码头的调查表明，凡使用年限在25年以上的码头，在码头面板的底部均已普遍发生了锈蚀裂迹。这些码头面板底层钢筋直径在20 m左右，保护层深度为40 mm。但勘查时发现，底层钢筋保护层混凝土已大面积成片剥落。钢筋也已外露。当钢筋周围存在氯盐时，即使在保护混凝土未碳化的情况下，钢筋周围的钝化膜也可遭破坏。脱饱以后的钢筋，只要遇到水和氧气，就会发生锈蚀。而氯盐又有输送水和氧的功能，使得其锈蚀速度较混凝土碳化引起的锈蚀速度快。这是由于盐具有高吸湿性的缘故。我国有关单位的研究表明，当钢筋混凝土中碳化钙的掺趾大于水泥重量的 2% 时，钢筋的钝化膜就可能遭到破坏，造成"未裂先孵"现象。这方面的工程事故时有发生。例如，东荆河大桥的桥墩于 1970 年建成。施工时正值严冬季节，在浇筑混凝土时，加入了过量的氯化钙。结果，它破坏了钢筋的用化度，造成钢筋锈蚀。体积膨胀，将混凝土保护层胀裂。1975年发现沿主筋方向有纵向裂缝，宽度为 1.5~2.5 mm。后去除开裂部分的混凝土，将原有钢筋去锈，并易布新筋，包以 C25 混凝土。但第二年又观测到裂缝。由于混凝土的开裂，空气、水分大量侵入，这又加快了钢筋的锈蚀，使开裂更为严重。如此恶性循环。到 1979 年，造成大面积混凝土剥落，被迫第二次修补。1984 年又发现保护层混凝土有剥落现象，钢筋桥蚀严重，有的甚至已锈断。这说明仅简单地更换保护层混凝土，不能根本上去除氯盐的危害。这主要是因为原有混凝土中的氧化钙会很快地渗到新混凝土中，继续危害钢筋，使危害重新出现。

第五节　钢筋锈蚀的防护措施

混凝土中钢筋锈蚀的主要原因是钢筋的钝化膜遭到破坏，以及二氧化碳、氧、水等腐蚀因子的侵入。因此，防止钢筋锈蚀应从防止或减缓混凝土的碳化入手，阻止钢筋震钝，以及防止空气中的水及氧等物质侵入混凝土并阻止其与钢筋相接触等方面入手。具体办法有两类：一类是采用防护材料或外部措施，另一类是提高混凝土密实性，加强混凝土保护层的保护功能。目前。对旧建筑物普遍采用的方法有涂覆法、凹板保护法、更换保护层混凝土法和化学灌浆法四种。

一、涂覆法

涂覆法是在混凝土构件的表面涂以防腐层或隔离层，形成一层连续完整的固体质状物，防止或减少空气中的氧、水分及盐雾等有害介质侵入混凝土内，阻止或减缓钢筋锈蚀的方法。此法还可以减缓混凝土的碳化速度。

根据涂层的厚度，涂覆法又分为原涂层和薄涂层两种情况。

1.厚涂法

已有的厚涂法大多是在构件的表面喷射一层厚度为 3~5 mm 的改性水混砂浆的涂覆法。所谓厚涂层是相对于一些涂料而言的。涂料的厚度一般小于 1 mm。厚涂层较适宜于需要大面积喷涂百层的场所。例如，钢筋混凝土板类构件，当其保护层混凝土碳化、钢筋发生锈蚀时，采用厚涂法以提高其耐久性是比较合适的。这是因为涂层中的主要材料为水泥及细砂，化学剂仅起改性的作用，所以其价格较为适中。涂层的效果主要取决于涂层本身的密实性、抗汐性、延展性和耐腐蚀性，也取决于涂层与原构件表面的用着力。附着力越大，物理力学性能越好，所获的防腐及耐久效果就越好。目前我国较多采用丙烯酸酯水泥砂（以下简称丙乳砂浆）作喷涂材料。

（1）丙乳砂浆的配方及性能

丙乳砂浆是在新鲜的水泥砂浆中掺入丙乳等少量的有机聚合物而成的复合胶凝材料。与普通水泥砂浆相比，它的黏结强度和抗拉强度较高，抗拉弹性模量低。故喷涂层有较高的抗裂性。它的收缩变形小，密实性高，抗氯离子渗透能力强，耐老化性好，因而喷涂后可以较好地防止钢筋锈蚀和混凝土碳化。

（2）丙乳砂浆施工工艺

喷涂丙乳砂浆修补裂缝的施工工艺如下：板面处理→配浆→喷涂→养护

①板面处理。清除板面石灰涂层，然后用钢丝刷或砂轮物松动的浮层打磨掉。

②配浆。配制时严禁先将丙乳溶被倒入干砂浆中，否则丙乳粒子与水泥中的金属粒子作用失去稳定性，使砂浆凝结成固状而无法使用。

③喷涂。喷浆前，在管道中加入石灰油，以润滑管道。然后掺入丙乳砂浆进行喷涂。喷涂时，通过调节风嘴喷枪口的大小，喷枪口与工作面的距离、挤压聚的压力，以达到喷出的砂浆分散、回弹小等目的。一般应喷涂两遍。第一遍凝固后再喷第二遍。喷涂结束后，将石灰膏铺入泵内。以挤出所有浆料。并用清水洗净臂道和喷浆机；在滩面晾晒清术进行养护。

（3）工程实例

[例8-3]

某工业厂房建于20世纪50年代，屋面采用大型屋面板。板厚3 cm。整个板的混凝土都已砍化。裂缝多而密，钢筋锈蚀。如果换新版，则不仅停工停产，且投资大。后采用喷涂丙乳砂浆的办法进行了修补。丙乳浓度为40%，稳定剂采用农乳602，消泡剂为286p，浓度30%，砂子过3 mm筛，细度模数为2.60。喷除机械采用JB-1.2型挤压式砂蒙系，泵浆量为1.2 m³/h，与之配的空气压缩机为0.3 m³，气迫在0.6 MPa以上。内乳砂浆修复后，效果良好。

2.薄涂法

薄涂法是指由涂料形成的隔离层厚度为10~300 μm的喷涂方法。下面介绍列入防腐规范的五种涂料。

（1）过氯乙烯涂料

过氯乙烯涂料是以过氯乙烯树脂为主要成联物的涂料。它具有良好的耐工业大气、耐酸、耐海水、耐寒、耐油、耐盐雾等性能。过氯乙烯涂料有多种颜色，具有一定的装饰效果。单一的过氯乙烯树脂耐腐蚀性能良好，但同金属、混凝土、水对浆表面黏结不良。如果在潮湿季节施工，易造成涂层大面积剥落。过氯乙烯涂料宜选用喷涂法施工。速度快，质量好。

（2）沥青漆

沥青漆是由天然沥青（或石油沥青）和干性油路于有机溶剂配制而成。沥青漆由于价格低廉。使用较广。它在常温下能耐氧化氮、二氧化硫、三氧化硫、氨气、酸雾、氯化醇等气体的腐蚀。擦膜对阳光稳定性较差，耐热度在60 ℃以下。沥青漆一般采用刷涂法，不宜用喷涂法。对基层表面处理要求不严，可在水泥砂浆、混凝土、木材和金属表面涂刷。涂料颜色多为深色，装饰性能欠佳。常用的定型沥青漆品种有L01-6沥青漆，铝粉沥青漆，L01-17煤焦油沥青漆等。

（3）环氧树脂漆

环氧树脂漆是以环氧树脂为主要物，并加入增韧剂、填料、有机溶剂配制而成，它具有良好的耐腐蚀性能。建筑工程中常用的定型产品有H52-3各色环氧防腐漆、H04-1环氧凿毛、H06-2铁红环氧底漆、H01-4环氧沥青漆等。环氧树脂双组分包装，使用时按产品说明规定随用随配。施工时，在水泡砂浆、混凝土成木质基层上，应先用环氧稀清漆打胀然后涂环氧底漆或环氧树脂微漆。

（4）聚氨基甲酸酯涂料

聚氨基甲酸酯涂料是以聚氨基甲酸酯为主要成膜物的涂料，简称聚氨酯涂料。它具有良好的腐蚀性能，韧性强，附着力好。最高耐热度可达155 ℃。建筑工程中常用的聚氨酯涂料为牌号有 7160 号聚氨酯、S06-2 铁红、S07-1 聚氨酯腻子等。涂刷工艺在水泥砂浆、混凝土或木质基层上，先用清漆打底，然后涂铁红聚氨酯底漆，再涂过渡漆；过渡漆用 S06-2 底漆和 1504-48 t 拌混合配制而成。稀清漆是在清滕中加入工 -11 稀释剂或二甲苯稀释而成的。

（5）氯磺化聚乙烯涂料

氯磺化聚乙烯涂料是以氯磺化聚乙烯为成膜物的涂料。它耐腐蚀性能好，颜色浅（白色或灰色），有一定的装饰效果。是化工部倡导的一种提高结构构件耐久性的涂料。东南大学曾受化工委托对该涂料的抗裂性能进行试验研究。研究表明，氯磺化聚乙烯涂料具有较好的性能。对短期试件，裂缝宽度超过 1.4 m 时，混凝土表面的徐是才开始破坏对长期试件，裂缝宽度超过 0.7 mm 时，混凝土表面的涂层才开始破坏。对于加固构件，涂层所承受的变形远低于这些做。因此，该涂料对封闭裂缝。阻止混凝土碳化和钢筋锈蚀的能力很强。涂刷工艺：底漆两道，外层面漆两遍。每道漆后仅干 1 小时。氧碘化聚乙烯涂料对混凝土表面要求较高涂刷时，表面不能潮湿。空气相对湿度不能超过 80%，构件含水率不超过 60%，表面宜清洁、光滑。

二、阴极保护法

阴极保护法是近几年发展起来的一种新的钢筋防锈方法。它能有效地阻止钢筋的腐蚀。休伯特·尤里在《腐蚀与腐蚀控制》中写道：所有腐蚀控制方法中最重要的也许就是阴极保护，无论氯盐含量多高，混凝土碳化程度如何，阴极保护法都是有效的。

在混凝土中的钢筋钝化膜遭到破坏以后，钢筋将发生锈蚀。这种锈蚀过程从电化学的观点可做如下解释。由于混凝土内含盐浓度有差异，导致钢筋内的电势不同，一部分钢筋骨架与另一部分钢筋骨架之间存在着电位差，使之产生电流流动。正极（阳极）的钢筋发生锈蚀，负极的钢筋（阴极）就不腐蚀，即阴极受到了保护。要使钢筋免于锈蚀，就要设法使混凝土中的钢筋皆为阴极。这就是阴极保护法的基点。在靠近要保护的钢筋的混凝土内。埋设一个新电极，并将它与直流电源的正被相接，而将负极与钢筋骨架相接，调整外接电源。以使电子流进全部钢筋骨架，迫使钢筋骨架内原有的阳极和阳极区域间的任何腐蚀电流转化为阴极。使钢筋骨架的锈蚀受到抑制。由于新增设的电极为阳板，阳极受腐蚀而使用极材料有所消耗，因此一般要选用铂丝等腐蚀。消耗极小的材料。阴极防腐法常采用多股铂丝或碳纤维以 30.5~61.0 cm 的中心距铺设在混凝土表面。在原结构不允许增铺重面层的地方，可用锅子在混凝土上开出宽和深约 1.5 cm 的槽，铂丝按要求放入槽内。在任何场合。纤维束均用导电胶泥涂覆。最近国外推出一种专利产品，它本身就是完整的阳极网状组合件。施工时只要把网状物粘在混凝土表面，然后用薄混凝土界西即可。加拿大多伦多 Gardiner 高速公路下的排第使用了另一种方法，电流由施加于整个混凝土表面的黑色导电涂料覆盖层传导。为了美化外观，在导电涂料上又涂饰了一层普通胶乳涂料。

电源一般为交流电，经变压后变换成低压直流电。有些系统的电力耗用相当低，低到每 93 m² 的混凝土表面耗电盘不到 10 W，所以也有使用小型太阳装置供电的。例如，天津市煤气公司铺设的全长 45 km 的天然气输油管就用了阴极法。十多年来从未发生过锈蚀穿孔。而同期在同一地点用同一材料埋设的另一条输油管道，采用了三油二布防腐地缘层，仅 4~5 年就出现腐蚀穿孔。采用大连新金仪器厂生产的自动恒电位防腐仪作电源。阳极为"一"字形排列，距被保护管道 500 m。阳极用中 300×75 的钢管制成。但由于阳根腐蚀厉害，年消耗率为 9.1 kg/A，需 3~4 年更换一次。后改用石覆用极，使用寿命比钢铁阳板长 30 倍。上海宝山钢饮公司码头的钢管桩。氟盐腐蚀相当严重。为了防止钢管桩锈蚀，采用了别板防胸法。阳极材料采用铂钽，年消耗小。经试验，可使钢管桩寿命延长 5 倍。获得很高的经济效益。

三、更换保护层法

更换保护层法是将原有闸深护层混凝土铲除，对钢筋进行防处理后，重新烧捣或喷射新混凝土保护层的方法。更换保护层法适宜于混凝土中氯盐引起的钢筋锈蚀以及混凝土碳化严重的城合。更换后的新保护层混凝土坏仅可以恢复钢筋与混凝土之间的黏结力，使钢筋表面重新生成钝化膜，而且由于在新补的保护层混凝土中添加耐锈蚀性或防水剂，这些添加剂提高了它的抗渗性和耐锈蚀性，降低了碳化的速度。因此，更换的新保护层可以有效地起到保护钢筋的屏障作用。更换保护层法在实际工程中的应用越来越广。

例如，前面谈到的湖北省东荆河大桥桥墩，由于在施工时掺加了过量的氯化钙，而使钢筋严重锈蚀，保护层胀裂，后连续两次进行了修补，因没有从根本上消除氯盐的危害，而均未能奏效，第三次又采用更换保护层法进行修补，但对工艺做了改进，即在铲除旧保护层后，在原钢筋上涂了亚硝酸盐溶液，并在保护层混凝土中掺加了重硝酸制。这样修复后，使用至今未发现钢筋有锈蚀现象。再如，前面谈到的西安某施工单位，因施工时掺加过量的氯盐。使柱子在交付使用前就锈迹斑斑。后凿去保护层，用RI-103阻锈剂溶液涂刷钢筋表面。并采用掺有 2%RI-103 阻锈剂的混凝土进行修复。经两三年的使用证明，质量良好。用更换保护层法来提高桥墩及柱子之类的偏心压构件的耐久性，其施工较受弯构件容品、简便。然而，对受弯构件采用更换保护层法修补的工程也不乏其例。例如，四安某地下工程的职权内钢筋锈蚀，表面保护层混凝土脱落。后来采用的补救措施是铲除原保护层，用钢丝刷刷净铁锈，用 20% 浓度的亚硝酸盐路液涂于金属表面。12 小时后，用亚硝酸盐水泥浆喷涂一遍，然后用氯化铁水泥砂浆重新做保护层。更换保护层混凝土是一项对施工技术要求高、施工管理要求严的工作。当原有的保护层被铲除后，钢筋和混凝土共同工作的条件受到了损害，若不小心会出现安全事故。

因此，在施工前应制定安全措施及施工顺序。一般要求分段铲除保护层混凝土，并分段补浇，随铲随浇。在铲除保护层前，应对构件进行支撑卸载。对于受弯构件，支撑要工区段的受拉钢筋基本不受力或仅受很小的力在更换保护层的施工中，应严格按照事先制定的施工工艺及施工顺序进行。无论是氯盐引起的钢筋锈蚀还是碳化引起的钢筋锈蚀。施工工序可按下述方法进行：

①制定省工方案及安全措施，并据此对构件加设临时支撑。

②将原有保护层分段铲除，用钢丝刷刷净铁锈。清除铁锈不仅可增加黏合，避免铁锈进一步膨胀，而且还可形成钝化膜。

③在钢筋上涂刷保护剂。常用的保护剂有 R1-103 阻钢剂、亚硝酸盐和环氧树脂浆。

④若原有钢筋锈蚀严重，宜增配钢筋。新配钢筋应与扎或焊接在应有的位置上，并涂刷保护剂。

⑤重新浇捣或喷射抬加有阻锈剂的混凝土保护层，其强度等级应比原混凝土挺高一级。

四、无损检测技术在钢筋混凝土结构裂缝中的应用

无损检测技术实际上指的就是在不破坏钢筋混凝土结构完整性的基础上，应用一些先进技术来判断混凝土结构内部质量的一种检测技术。与以往的质量检测技术相比，存在较大的应用优势，并且在检测精确度方面也明显超出原有的检测技术。

1. 钢筋混凝土结构裂缝的类型

（1）结构裂缝

总结混凝土的结构裂缝主要可以分为以下几点：因其自身强度不足所引发的开裂现象；结构刚度不足所形成的结构开裂；钢筋混凝土结构中配置的钢筋密度较小，在外力影响之下，结构发生变形所形成的裂缝问题；结构内部的钢筋锚固长度不足，对其黏结力造成影响，从而形成裂缝问题；对于预应力张拉的钢筋来说，如果施工工序不合理，就会在混凝土结构内部形成弯矩，从而引发裂缝。

（2）非结构裂缝

非结构性裂缝是混凝土结构的主要裂缝，约占混凝土裂缝的 80%，其

形成的原因比较复杂，主要有以下几种：在固化中产生的裂缝，在结构早期经常出现；在凝固中因体积收缩而形成的裂缝，发生在混凝土表面；受温度变化产生的热胀冷缩，在混凝土结构内部产生温度应力，当温度应力超过混凝土的抗拉强度时，就会产生裂缝；不均匀沉降在结构内部产生拉应力及剪应力，若其超过自身的抗拉及抗剪，结构就会在最薄弱处的部位产生裂缝，这种裂缝方向一般都呈 45° 角，且裂缝宽度较大。

2.无损检测技术及其优势

（1）混凝土无损检测技术

无损检测技术，在实际应用的过程中可以细分为三种形式：一是无损评价；二是无损检查；三是无损检测。与以往所采用的抽样检测技术相比，无损检测技术的精确度更高，且不会对被检测结构造成影响。同时，还可以确保对结构内部质量的详细分析，无论从哪个角度来看，无损检测技术的应用都可以使钢筋混凝土结构的施工质量得到有效保障，降低结构裂缝问题的发生概率。

（2）技术优势分析

无损检测技术与其他检测技术相比，主要的技术优势体现在以下几个方面：一是具有较强的适应性。可以适用于多种质量检测工作，无论是新建筑还是旧建筑均可以应用无损检测技术来进行质量检测。二是便捷性。对于被检测对象不会产生破坏影响，且检测数据的准确性较高，检测仪器可以被反复应用，进一步节省了检测成本。三危害性小。与传统检测技术相比，不会对被检测对象造成损坏，且技术应用的灵活性较为明显。相关人员可以根据检测数据对被检测对象的质量进行有效评估。

3.无损检测技术的应用

（1）射线检测技术

射线检测技术指的是，将射线 γ 投射到被检测的钢筋混凝土结构上，通过对射线 γ 的散射强度和穿透性，来判断混凝土内部结构的质量。在此过程中，对于散射强度以及穿透性参数的计算准确性提出了较高的要求。只有确保对这两种数据的准确评估，才能了解混凝土结构内部的质量问题。我国对于射线检测技术的应用，还处于探索阶段，尚不娴熟，这种无损检测技术还没有被普及应用。

（2）超声法检测技术

超声检测技术的应用原理与射线检测技术的原理相同。超声检测技术是利用超声发射装置来发射信号，通过接收信号的质量来判断被检测混凝土结构的实际质量。然而这种检测技术很容易受到外界因素的干扰，对发射信号的质量造成一定影响，从而导致检测结果出错。

某桥梁工程投入使用较长时间，为了保障桥梁主体结构安全，需要使用超声波检测技术，对桥梁主体结构定期进行深度无损检测。检测人员手持超声波检测设备，匀速地在待检测的桥梁结构上做平行移动。部分反弹的超声波会被仪器记录，并在设备上显示出来。如果桥梁钢筋混凝土结构无裂缝，则设备上显示规则的超声波图像；如果检测到裂缝，则会出现紊乱的超声波图像。进一步分析图像，可以明确钢筋混凝土结构裂缝的深度、位置等详细信息。

（3）红外线成像检测技术

在实际检测中，依据红外线的热相仪器来获取混凝土内部的温度场以及各种数据信息。通过对各类数据的分析以获取，便可以实现对混凝土结构质量的有效评估，从而达到质量检测的目的。

某水利工程出现了局部渗漏问题，为确定裂缝位置，使用红外线成像检测技术，以渗漏点为圆心，以 10 m 为半径，使用红外线热像仪器进行钢筋混凝土结构温度场检测。根据检测结果，发现有两处位置温度明显低于周围温度，确定该位置出现结构裂缝。

（4）冲击回波检测技术

无损检测技术在不断应用的过程中，已经形成了多种检测技术。冲击回波检测技术就是在发展的过程中，所衍生出的一种新型检测技术。在实际应用的过程中，是针对被检测对象表面进行微冲操作，通过对各类返回数据的收集与分析，实现对被检测物体质量的有效评估。这种技术的应用不仅能够了解钢筋混凝土内部的质量，还可以对钢筋混凝土内部的缺陷问题进行有效辨别。

地基不均匀沉降是高层建筑使用中常见的现象，地基沉降幅度过大会对高层建筑的钢筋混凝土结构造成破坏影响。某高层建筑使用冲击回波检测技术进行深度无损检测，通过对返回数据的收集、整理、分析，发现该建筑 2~5 层楼层有不均匀的轻微裂缝。根据检测结果，相关部门制定了有针对性的维护方案，对避免高层建筑内部裂缝扩大化和延长建筑使用寿命起到了积极作用。

第九章 钢结构改造技术

第一节 概述

　　无论是工业建筑还是民用建筑，都是根据当时的使用功能和技术标准为基础进行设计、施工的。随着技术的进步和使用条件的改变，如用途改变、设备更新、工艺流程变革、生产规模扩大、使用荷载加大、抗震等级提高、技术标准的更新等，原有建筑物可能已经不能满足人们生活、生产的需求，需要依据现行的技术标准对其进行局部或整体改造，以适应新的使用功能要求。

　　美、德、英、法等国家在第二次世界大战后开始重视建筑物的改造，特别是工业建筑改造，以满足企业技术更新的需求。1980年，英国改造工程占建筑工程总量的1/3；1983年，瑞典用于维修改造的投资占建筑业总投资的50%。苏联从第七个五年计划开始，也逐步把国家基本建设投资的重点转向现有企业的技术改造，在第九个和第十个五年计划中，苏联用于企业改造的投资约占整个工业建筑投资的65%左右。根据2000年美国劳工部的预测，维修改造行业将是最受欢迎的九类行业之一。我国从20世纪70年代开始重视已有建筑物的改造问题。1977年，我国改造投资约占总建筑业投资的8%，1986年上升到11.5%。到20世纪末，工业改民用、公共建筑改变用途的项目越来越多，每个城市都在进行旧房改造乃至旧城区改造。建筑改造的重要性越来越突出，可以说，21世纪是建筑改造的世纪。

　　建筑物改造的形式很多，常见形式有加层、扩建、增荷、纠偏、托梁拔柱、基础托换、整体位移、抗灾改造、节能改造等。由于钢材具有轻质高强等特点，无论原有建筑是砌体结构、钢筋混凝土结构、钢结构、组（混）合结构，或者是其他材料的结构，均可以全部或部分采用钢结构技术对其进行改造，称之为钢结构改造技术。它是一门新的、发展中的学科，与新建钢结构不尽相同，涉及学科面广、较为复杂。

一、改造的基本原则

建筑物改造应做到安全适用、经济合理、有利抗震、确保质量。进行改造设计、施工时。如需要加固，应按先加固后改造的原则进行。

改造设计前，应进行现场调查，并根据改造目标要求，进行综合技术，经济分析及可行性论证。技术鉴定应按照《民用建筑可靠性鉴定标准》（GB 50292）、《工业厂房可靠性鉴定标准》（GBJ 144）、《危险房屋鉴定标准》（JGJ 125）等相关标准进行，经综合评定适宜改造者，方可进行改造。原房屋需要加固（包括抗震加固）时，应结合房屋改造进行加固或大修，并满足《混凝土结构加固设计规范》（GB 50367）、《钢结构加固技术规范》《既有建筑地基基础加固技术规范》（JGJ 123）、《建筑抗震加固技术规程》（JGJ 116）等相应规范的要求。不应在地基有严重隐患的地区进行加层改造和增荷改造。建筑改造的立面设计，要做到造型美观，并应与原建筑及周围环境相互协调，符合城市规划要求。改造后应满足日照、防火、卫生、抗震等有关技术标准的要求。改造设计时，应根据建筑物的重要程度，按《建筑结构可靠度设计统一标准》《工程结构可靠度设计统一标准》（GB 50153）的规定确定其安全等级。改造设计过程中应尽量采用轻质材料，以减轻自重，并严把质量关，材料强度的设计值均应按国家相应建筑结构设计规范的规定取值。

改造设计应充分考虑改造施工过程中和改造后，对原建筑及相邻建筑物的不利影响。应选择合理的结构体系，有明确的传力路线和计算简图；必须采取可靠的构造措施，加强结构的整体性，保证改造后新旧结构协调工作，并与计算简图相一致，应具有合理的刚度和强度分布，防止竖向刚度突变，产生过大的应力集中和塑性变形；按有关技术标准对改造后的房屋结构与地基基础进行验算，改造房屋的地基承载力，可根据补充的地质勘察资料确定；也可在原房屋地质勘察资料的基础上，参照房屋使用年限，依据成熟的经验确定，对原结构、构件的承载能力进行验算时，应根据砖材、砂浆、混凝土及钢材的实测强度等级进行：对因腐蚀导致截面损失大于 25%，或剩余厚度小于 5 mm 的钢构件，材料强度的设计值应乘以降低系数（弱腐蚀取 0.9，中等腐蚀取 0.85，强腐蚀取 0.80）。

改造设计应尽量考虑方便施工和在不停止原房屋使用的条件下进行施工。在改造施工过程中应注意观察和监测，如发现地基下沉、墙柱梁开裂、房屋倾斜、原基础或主体结构存在严重隐患时，应立即停止施工，并采取有效措施予以处理。

二、改造的可行性研究

可行性研究工作的第一步是对原有建筑进行初步调查、勘测，第二步是技术鉴定，包括可靠性鉴定和抗震鉴定，最后是改造投资估算。

1. 初步调查、勘测

初步调查、勘测主要包含以下几个方面的内容：

①搜集了解原有建筑物的技术资料。包括设计单位、设计文件，施工图，变更文件，施工单位、施工和竣工验收资料，竣工图纸和工期等。

②改造的目的及建筑方案初步设想。建筑方案设想包括改造的使用功能，改造的位置、面积大小、外观效果，以及结构形式、建筑材料等。

③原有建筑结构的初步调查。包括结构类型、体系和材料，荷载及作用，结构件受力状况初步分析，房屋安全，使用及损坏情况等。

④原有基础的调查，包括基础类型和材料、基础的实际尺寸和埋深、配筋情况，以及基础沉降和损坏情况等。

⑤场地初步勘测。包括工程地质、水文地质、邻近建筑物及环境状况等。

2. 技术鉴定

对原有建筑的基础、上部结构及构件的技术鉴定十分重要，而且是后期改造设计工作的技术依据。技术鉴定应包含以下几个方面的内容。

①建筑描述与评述。原有建筑物的平面、立面、剖面形状及尺寸，总高及层高，门窗洞口尺寸等；各层建筑构造、设施及使用情况；维护体系的材料及现状；邻近建筑物的总高度、间距、日照及建筑风格情况等。

②地基基础的检测。地基土层分布以及土质类别情况；地下水位变化

情况，对基础有无侵蚀、冻胀等；原设计采用的地基承载力特征值以及承载力可能提高的情况，必要时应进行地基承载力勘测和土载荷试验；基础类型、尺寸、埋深，基础的材料及现有强度等级，基础有无风化、腐蚀、不均匀沉降或裂缝等情况；原有地基、基础的加固处理情况等。

③结构及构件的检测。承重结构的类型、布置、尺寸、做法、构造及使用情况；结构、构件的变形情况，有无明显的裂缝或损坏；构件连接的情况，如螺栓连接有无过度变形或松动，焊缝有无裂纹及缺陷等；主体结构的材料情况，包括钢材的力学性能和锈蚀情况，砌体、砂浆、混凝土的强度等级等；女儿墙、山墙、外墙、隔墙、屋面、楼梯间以及其他构（部）件的现状与评价；钢结构涂装情况，如防腐、防火涂层是否脱落，钢材有无锈蚀等。

④承载力及变形核算统计。原有建筑的实际荷载和作用，以及改造后的荷载及作用情况，如果是抗震设防区，还应注意设防烈度有无变化。根据实际荷载与作用，进行改造前后的结构内力分析，对结构构件的强度、刚度、稳定性，以及构件连接的承载能力，地基基础的承载力和变形等进行全面评价。

⑤鉴定结论。综合上述情况，提出技术鉴定结果及改造可行性意见。

3.改造投资估算

对原有建筑物进行改造，主要目的就是充分利用旧房合理挖潜，以最经济的方式来满足新的使用功能要求。因此，对改造进行经济指标初步估算是改造决策程序的一个重要环节。改造投资估算应包含以下几个方面的内容：技术鉴定及改造设计费用；拆除、搬迁费用；维修、加固、改造费用；新增建筑及其与原建筑的连接费用等。

第二节　加层改造

通过在原有房屋的内部、顶部或地下增加楼层的数量，来扩大使用建筑面积的改造方法称为加层，也称增层。我国人均占有土地资源仅相当于世界平均的 1/3，每年基本建设、工业废料堆积等还要占用大量的土地，因此城乡用地非常紧张。

以长江三角洲地区为例，该区域土地面积仅占全国的 1%，2004 年长三角十六城市国民生产总值为 28 775 亿元，占全国的 21.1%，人口密度为 748 人 /km²，是全国平均值的 5.5 倍，土地已经是长三角地区的一种非常稀缺的资源，成为制约经济快速增长和可持续发展的一个重要因素，因此节约用地的问题越来越引起人们的关注。

另外，在全国大中城市中，有很多房屋都是在 20 世纪 50~70 年代建成的，这些房屋多在三、四层以下，占地面积大，土地利用率低。一方面，由于我国目前的经济状况尚不富裕，还不可能将这些房屋全部拆除重新建设；另一方面，城乡各类房屋还严重不足，为了解决这一矛盾，开展旧房增层改造是有较大现实意义的。新建和增层改造在今后一段时间内将同时存在。

加层改造具有以下特点：

①通过加层改造，可以直接扩大建筑物使用面积 20%~100%，解决用房不足的问题。

②不需要重新购置建筑用地，节约土地，提高土地利用率，减少因购地支出的费用，节省城市配套费用：降低因拆除既有房屋带来的环境污染；同时，既有房屋在加层施工期间，可以考虑继续使用，减少用户搬迁、安置费用。通过对山东省淄博市 1 630 栋加层房屋的调查可知，加层工程比新建工程共节约投资 16 863 万元，节约城市用地 1.4 km²，减少城市建设垃圾 167 万 m²，减少城建住房搬迁户 25 400 户，经济效益和社会效益显著。

③可以结合加层重新进行建筑物平面、立面的调整、设计和内外装修，使既有建筑焕然一新，改善市容，为城市规划提供有利条件。

④通过增设抗震加固措施，可以提高建筑物的抗震能力，改善受力条件，增加整体刚度，延长建筑物的使用年限。

⑤可以充分利用既有建筑物在长期荷载作用下，地基承载力的增长以及既有建筑物设计时预留地基的安全储备，在原地基不需处理或略加处理的条件下，直接进行加层改造，减少场地土方开挖量。

⑥加层改造往往需要对新增层的荷载进行严格控制，特别是加层的白

重。由于钢材具有轻质高强、抗震性能好、施工速度快等优点，因此无论原有建筑是钢筋混凝土结构、砌体结构还是钢结构，加层时都可以优先考虑采用钢结构，不仅可以显著减小加层结构的自重，降低加层对下部结构及其基础的影响，而且对原有建筑的生产、生活的影响小，综合效益显著。加层改造毕竟是场地有限以及经济困难条件下的特殊产物，虽然扩大了使用面积，改善了使用条件，延长了既有建筑物的使用寿命，但总是不如新建工程坚固耐久、更能符合使用功能的要求。

一、加层的主要工作内容

与新建建筑一样，加层的实施程序也可以分为可行性研究、设计和施工三大部分，不同之处是需要加层技术鉴定，加层可行性研究包括初步调查、勘测，技术鉴定和经济指标分析三大部分。凡是需要加层的单位，应委托建筑咨询部门，进行可行性研究，提出完整的技术鉴定资料和结论，并由鉴定单位和技术负责人签字盖章，作为加层设计的档案资料。其中加层房屋的检测和鉴定必须由具有检测、鉴定资格的单位或技术部门进行，做出评价报告，经项目审批单位批准后方可列入工程计划。加层的层数除了与原房屋结构状况和加层的结构形式有关外，还与房屋性质、周围环境等因素有关。

通常情况下，对已建造10~30年的建筑，如果房屋结构现状不错，适当增加1~3层是比较经济合理的；对于一些临时性、半永久性或严重破损、无利用价值的房屋，就不适宜再进行加层改造，而应拆除重建；对于加层后会影响城市规划或周边环境容貌的建筑物，也不宜再加层；对于古建筑或重要建筑物，不能轻易进行加层改造，应妥善保护。近年来，因既有房屋加层而引发的工程事故屡见不鲜。根据冶金建筑研究院对我国278个房屋加层改造工程实例的统计，其中有10例工程在加层施工或使用过程中发生倒塌，占总数的4%，这是很大的失效概率。主要原因是加层设计、施工前，没有进行科学的检测和鉴定，盲目加层，加层改造设计往往比新建项目设计要复杂得多，要充分考虑既有建筑物的现状和施工条件。首先要选择合理的加层层数、加层方法和加层结构的形式；其次是处理好地基与基础的问题；再次是做好结构设计和计算，加强建筑结构的构造连接；另外还有各专业的配合问题，尽量避免损坏原有建筑。加层施工单位必须有施工执照，施工前要进行详细的技术交底，进行周密的施工组织设计，提出具体可行、能保证既有建筑安全的施工措施，施工过程中不得随意变更设计。施工过程中还应对既有建筑物的主要受力部位进行实时观测，以预防不测。工程竣工验收应按国家规定的程序进行，由建设单位、设计单位、施工、单位共同组织、质量监督主管部门参加，检测、评定工程质量。

二、加层的方法

近年来，我国增层改造技术发展很快，加层改造房屋数量很多，遍布全国各地，形式多种多样。在大量工程实践的基础上，专业人员摸索出一套适应国情的增层改造方法，并出现了一些具有特色的增层改造技术，具体表现在以下几个方面：由单栋房屋小面积加层发展到成片住宅区或者大面积加层；由民用建筑加层逐渐发展到工业建筑加层；由住宅房屋加层发展到大型公共建筑物的加层；由室外加层发展到室内加层；由地上加层发展到地下加层；由增加一两层发展到增加多层，目前国内的加层记录是上海交通银行（中华企业公司办公楼），由 5 层增加到 15 层。

如果原有结构和基础的工作状况良好，安全富裕度比较大，且加层荷载比较小，则可以充分利用原有结构的潜力来承担全部加层荷载，直接进行加层。对于这类加层设计，关键在于验算原荷载和加层荷载共同作用下，原有结构的承载能力和变形、地基承载力及沉降变形情况，还要检查加层后结构安全的富裕度。对于比较常见的砌体结构的加层，应符合《多层砖房结构加层技术规范》的要求。如果原有结构和基础的工作状况良好，且具有一定的安全富裕度，但又不足以完全承担加层荷载，或者加层后安全富裕度比较低，则需要在加层前对原结构或基础进行补强加固，以提高其承载能力。

对于砌体结构，承重墙的加固可以采用喷射细石钢筋混凝土面层（俗称"加板墙"）、局部墙体拆换等方法。对钢筋混凝土结构，可以采用增大截面法、干式外包钢法、湿式外包钢法、预应力加固法、改变结构传力途径加固法、外部粘钢法、粘贴纤维复合材料法等。如果加层的层数较多或加层荷载较大，即使原有结构有较大的安全储备，经加固后也不能满足承载力要求，则需要在原结构外圈或内部建立新的独立受力体系和基础，来承担加层荷载。比较常见的独立受力体系是外套框架加层，该技术自 20 世纪 70 年代末就已在全国推广，目前已非常成熟。

1. 直接加层法

不改变结构承重体系和平面布置，在原有房屋上直接加层的方法，称为直接加层法。该方法适用于原承重结构、地基基础的承载力和变形能满足加层的要求，或经加固处理后满足加层要求的房屋。直接加层法应用非常广泛，但新加层数不宜超过三层。对于住宅、宿舍、办公楼等砖混结构，特别是钢筋混凝土结构或钢结构，若层数不多，不论是平屋顶还是坡屋顶，均宜首先考虑采用直接加层法。

2. 外套结构加层

在原房屋外部增设外套结构（框架或框架 - 剪力墙等），使加层荷载通过外套结构传给新基础的加层方法，称为外套结构加层法。该方法适用于需要改变原房屋平面布置，原承重结构及地基基础难以承受过大的加层荷载，用户搬迁困难，加层施工时不能停止使用，且设防烈度不超过 8 度，为Ⅰ、Ⅱ、Ⅲ类场地的房屋加层。

外套结构是一般与原建筑物联系较少，对加层的层数几乎没有限制。但是外套结构底层柱的自由度较大，需要增加底层刚度，一般通过增设剪力墙解决。

3. 改变荷载传递加层

该方法即原房屋的基础及承重结构体系不能满足加层后承载力的要求，或由于房屋使用功能要求改变建筑平面布置，相应地需改变结构布置及其荷载传递途径的加层方法。它适用于原房屋结构有承载潜力，增设部分墙体、柱子或桁架，局部经加固处理，即可满足加层要求的房屋。加层的层数不宜超过三层。

某框架结构顶部加层，由于原屋面为非上人屋面，加层后荷载较大，原屋面梁无法加固，采用在跨中增设柱和基础的方案，改变加层荷载的传递路径。来满足加层承载要求。

4. 内框架加层

因使用功能要求，需将原房屋底层大空间改为多层，在大空间内增设框架结构，加层荷载通过内套框架直接传给基础的加层方法。内套框架也是一种与原建筑联系较少的加层方法，但加层的层数受原底层大空间的高度限值。

5. 利用原柱体加层

因使用功能要求，需将原房屋大厅、天井等大空间改为多层，通过利用原结构柱直接增设楼层梁的加层方法。该种加层方法的技术要求类似于直接加层，一般用于局部加层，加层荷载传给原结构柱及其基础，大多需要加固处理。

当室内净空较大，加层荷载较小，且在加层楼板平面内不方便新旧结构连接时，可以通过吊杆将加层荷载传递给上部的原结构梁、柱，也称为吊挂加层。吊挂加层中的吊杆只承受轴向拉力，与原结构梁、柱的连接要求可靠，并应具备一定的转动能力。由于吊杆属于弹性支座，加层楼板与原建筑之间应留有一定的间隙，使加层结构能够上下自由移动。吊挂加层一般只能小范围增加一层。北京某国际娱乐城的多功能娱乐中心，顶层为游泳池，层高达 10.6 m，为充分利用该空间，采用了吊挂加层。加层楼面梁采用双槽钢，吊杆为无缝钢管。上述加层方法属于常用的典型方法，对于某些建筑，可能需要综合采用两种或两种以上的组合加层法，甚至采用一些特殊的加层法。对于经过技术鉴定并适宜加层的建筑结构，应进行多种加层方案的比较，选择最佳方案进行加层，进行加固设计。

三、加层常见问题

加层应做到安全可靠、有利于抗震、经济合理、方便施工，但是在加层设计、施工过程中，由于考虑不周，经常会出现下列技术问题：不能对地基承载力做出正确评价；加层时不进行地基补充勘察，认为经过长期压密，地耐力有所提高，仅根据使用年限进行估算，容易造成不均匀沉降，甚至房屋开裂。实际上，原建筑物在使用过程中如果场地排水不畅，土壤会软化，导致出现地耐力不仅不会提高反而降低的特殊情况；由于空间有限，新基础深基坑开挖时土体容易失稳，或者因打桩对有周边土有挤压、振动等效应，对已有基础和建筑造成影响；加层结构传力不明确。当加层结构与原结构连接时，很容易传力不明确，造成计算模型与实际情况有出入，整体性差，抗震设防区更应该注意；加层后房屋高宽比过大，对于一般的单外廊式结构，加层前的高宽比往往已经比较大，加层后的高宽比进一步增大，很容易超出规范的要求。

加层梁柱与原结构的连接不可靠，特别是加层柱脚。对于砖混结构，往往仅有圈梁和少量构造柱，顶部加层时的柱脚不便于生根，造成加而不固。抗震区加层框架忽略剪力墙。抗震区框架结构加层时，应注意底部剪力墙的增设问题，否则底部容易形成薄弱层，不利于抗震，鞭梢效应问题。旧建筑物多为砖混结构，纵横承重墙和间隔墙较多，刚度较大，如果加层时在顶层设置会议室等大跨度结构时，刚度较小，抗震计算时应注意鞭梢效应问题，适当增加顶层刚度。外套、内套结构与原结构之间处理不当。新旧结构之间要么进行可靠连接，使之成为一个有机整体，要么完全脱开，并留出变形缝（伸缩缝、沉降缝、防震缝等），绝对禁止侧连非连。新旧基础之间也存在类似问题。

四、加层基础设计

一般情况下，既有建筑物的地基由于长期受压密实，其承载能力的提高幅度相当可观。例如，对于砂性土、黏性土地基，建造 5~15 年后，承载力可提高 5%~20%；15~25 年后，承载力可提高 15%~30%；25~35 年后，承载力可提高 30%~45%；35~50 年后，承载力可提高 40%~50%。因此，在某些情况下可直接加层，不必进行地基处理。例如，陕西咸阳某构件厂 1970 年建造的四层砖混办公楼，1999 年在结构顶部直接增加一层会议室（门式刚架结构），地基基础未做任何处理，至今使用状况良好。再如，20 世纪 80 年代建造的山东德州某百货大楼，主体为钢筋混凝土框架结构，1995 年在顶部直接增加了一层仓库（钢管柱支撑的网架结构），地基基础也未做任何处理，建成后工作状况良好。当然，上述情况并不是说所有的加层都不用进行地基基础的处理和加固，应根据具体条件和检测、鉴定结果来确定。我国《既有建筑地基基础加固技术规范》推荐的地基基础常用加固方法有：基础补强注浆加固法、加大基础底面积法、加深基础法、锚杆静压桩法、树根桩法、坑式静压桩法、石灰桩法、注浆法等等。

1. 地基承载力的确定

建筑物加层后地基承载力标准值应按下列规定确定的要求确定，对于外套结构加层和需要单独设置新基础的加层，其地基承载力标准值均按新建工程对沉降已稳定的既有建筑物直接加层时，其地基承载力标准值可按下列一种或几种方法综合确定。

（1）经验法

载力标准值：当地有成熟经验时，可按当地经验确定。无成熟经验时，可采用一定的公式确定地基承载力。

（2）小载荷板试验法

地下水位较低的地区，原建筑物基础下地下水位以上的地基承载力评定可采用小载荷板试验法。直接确定承载力标准值，压板面积宜为 $0.25\sim0.50$ m²。

（3）室内土工试验法

建筑物加层前，在原基础有效压密区深度范围内取土，数量及试验要求满足有关规范规定，进行室内土工试验。根据试验结果按现行的有关规范确定地基承载力标准值。

（4）桩基承载力

桩基承载力一般通过场外补充勘察来确定桩基承载力的提高值，并可参考桩间土的支承作用，如预估无勘察资料时，可参照下列经验确定：建筑物使用 10 年以上，原桩基承载力可提高 10%~20%；建筑物使用 20 年以上，原桩基承载力可提高 20%~40%;建筑物直接加层地基承载力设计值，可按地基基础设计规范确定，但不考虑宽度修正。

3. 地基变形验算

当采用新旧结构通过构造措施相连接的增层方案时，除应满足上述地基承载力条件外，尚应分别对新旧结构进行地基变形计算，按变形协调原则进行设计。既有建筑地基基础加固或增加荷载后的地基变形计算值，不得大于国家现行标准《建筑地基基础设计规范》GB 50007 规定的地基变形允许值。

五、直接加层法

1. 地基基础

当既有建筑地基土质良好、承载力高时，可加大基础底面积，加大后基础的面积宜比计算值提高 10%。当验算原基础强度时，应根据实际情况进行强度折减。当既有建筑地基土较软弱、承载力较低时，可采用桩基础承受增层荷载，应在桩体强度满足设计要求后，再在其上施工新加大的基础承台，按规定将桩与基础连接，并应根据具体情况验算基础沉降。当既有建筑为钢筋混凝土条形基础时，根据增层荷载要求，可采用锚杆静压桩加固，当原钢筋混凝土条形基础的宽度或厚度不能满足压桩要求时，压桩前应先加宽或加厚基础，再进行压桩施工。也可采用树根桩、旋喷桩等方法加固。当原基础刚度和整体性较好或有钢筋混凝土地梁时，可采用抬梁或挑梁承受新增层结构荷载，不需对原基础进行加固。梁的截面尺寸及配筋应通过计算确定。

梁可置于原基础或地梁下。当采用预制的抬梁时，梁、桩和基础应紧密连接，并应验算抬梁或挑梁与基础或地梁间的局部受压承载力。当上部结构和基础刚度较好、持力层埋置较浅、地下水位较低、施工、开挖对原结构不会产生附加下沉和开裂时，可采用墩式基础或在原基础下做坑式静压桩加固。当采用注浆法加固既有建筑地基时，对湿陷性黄土地基和填土地基或其他由于注浆加固易引起附加变形的地基，均应添加膨胀剂、速凝剂等，以防止对增层建筑物产生不利影响，当既有建筑为桩基础时，应检查原桩体质量及状况，实测土的物理力学性质指标，以确定桩间土的压密状况，按桩土共同工作条件，提高原柱基础的承载能力。对于承台与土脱空情况，不得考虑桩土共同工作。当桩数不足时应适当补桩，对已腐烂的木桩或破损的混凝土桩，应经加固修复后方可进行增层施工。当既有建筑原地质勘察资料过于简单或无地质勘察资料，而建筑物下又有人防工程或较为复杂场地情况时，应补充进行岩土工程勘察，查明场地情况。当采用扶壁柱式结构直接增层时，柱体应落在新设置的基础上，新旧基础应连成整体，新基础下如为土质地基时。应先夯入碎石或采用其他方法加固，再进行基础施工。

2. 上部结构

根据房屋加层鉴定的要求，按照有关技术标准，对加层后的墙体结构、混凝土或钢构件等，进行承载力和正常使用极限状态的验算。承重砖墙采用加大截面加固时，砖物体加大截面后的受压承载力应按《多层砖房结构加层技术规范》的规定计算。砖墙采用配筋组合砖砌体加固时，应按《砌体结构设计规范》进行承载力验算。砖墙加固部分与原砖砌体协同工作时，砌体抗压强度折减系数如下：轴心受压时取 0.7；偏心受压时取 0.8；当有成熟经验时亦可适当提高。对砖混结构中的混凝土构件进行加固时，应符合《混凝土结构加固设计规范》的规定。对钢结构中的构件进行加固时，应符合《钢结构加固技术规范》的规定。直接加层时，可采用网架、门式钢架、框架、框架 - 剪力墙等结构体系。加层结构应与原建筑结构进行可靠连接，以保证其整体性，连接方法应与计算模型一致。房屋加层设计时，以原房屋屋面板作为加层后的楼面板使用时，应验算其承载能力和变形，当不满足要求时应采取加固措施。新增楼梯宜采用现浇钢筋混凝土楼梯或钢楼梯，其承载力应经计算确定。

第三节　扩建改造

随着生产规模、工艺流程的不断扩大，很多原有建筑已不能满足新的使用要求，需要扩大建筑面积或者改变使用荷载，称之为扩建改造。扩大建筑面积的改造包含平面扩建和垂直扩建两大类，后者即是加层改造。与加层改造类似，扩建改造都要与原有建筑发生联系，扩建改造的实施程序也分为可行性研究、设计和施工大部分。进行可行性研究时必须对原有结构及其基础进行检测，鉴定以确定其现状。

一、平面扩建

当建筑面积无法满足使用要求时，异地建设新的房屋需占用宝贵的土地资源，而且投资巨大，拆除建新必然耽误正常的生产、生活，也不经济。

如果原有建筑的结构体系和周边条件允许，在现有条件下进行加宽、接长扩建，即是平面扩建。平面扩建可以用较小的投资解决大问题。

1. 平面扩建的类型

进行平面扩建时，如果周边场地允许，扩建的面积和层数基本不受原建筑的限制。常见的平面扩建可以分为纵向扩建、横向扩建、局部扩建三类。必要时，可以采用两种以上的平面扩建方法，称为混合扩建。

沿房屋纵向进行平面扩建的方法称为纵向扩建，纵向扩建增加了房屋开间的数量，由于扩建部分与原建筑之间一般设置沉降缝，将新旧建筑物彻底分开，来降低不均匀沉降的影响，因此，扩建的面积和层数不受原建筑的约束。

沿房屋横向进行平面扩建的方法称为横向扩建，横向扩建增加了建筑的跨数和宽度。新增结构体系一般也不宜通过原建筑结构和基础传力。扩建部分面积较小或荷载不大时也可以与原结构连接。但一般需要加固处理，特别应注意不均匀沉降的影响，因此应在结构体系和构造上采取合理的措施予以解决。徐州某门式刚架厂房进行横向扩建，扩建部分采用网架结构，与原钢架柱铰接连接，即使新旧基础有少量不均匀沉降，也不会显著影响结构受力。

2. 平面扩建基本要求

平面扩建时，扩建结构宜采用新基础，并与原房屋基础分开，地基承载力应按新建工程的要求进行岩土勘察确定。扩建结构的基础类型可根据土质、地下水位、新增结构类型及荷载大小合理选用。扩建结构的基础应进行承载能力和变形验算。当新旧结构通过构造措施相连时，应按变形协调原则进行变形计算，避免产生标高差异和附加应力。当扩建结构基础位于天然地基上时，应考虑新基础对原基础的影响，并按有关规范要求与邻近建筑保持一定距离；对软弱地基，严禁新旧建筑间距过小，基底应力叠加，使临近建筑发生倾斜或裂损。采用桩基时，不得扰动原地基基础。当扩建部分利用原基础承载时，应根据房屋鉴定要求，按国家有关技术标准，对扩建后的地基基础、墙体结构、混凝土或钢构件等，进行承载力和正常使用极限状态的验算。地基承载力选用下列方法综合确定：现场土载荷试验、室内土工试验或经验法。承载力不足时。应进行加固。扩建部分可采用网架结构，管结构，门式刚架结构、框架结构、框架 - 剪力墙结构，框架 - 支撑结构等。若有成熟经验，也可采用其他结构体系。

扩建结构应设置独立的空间稳定的支撑体系。扩建结构应进行承载能力和正常使用极限状态的验算，包括强度、刚度、稳定性，以及连接、疲劳计算。扩建后的房屋应避免立面高度或荷载差异过大，尽量减小不均匀沉降。在抗震设防区扩建后的多层房屋。其总高度和层数、高宽比、抗震横墙间距、局部尺寸限值等均应符合《建筑抗震设计规范》（GB 501）的有关规定，不满足要求时，应进行加固设计，由于受温度变化、地基不均匀沉降以及地震等因素的影响，扩建部分与原建筑变形不协调，很容易引起附加应力并产生破坏，因此应设置变形缝，构造处理时应充分考虑其牢固性和适用性。扩建钢结构构件必须进行防腐、防火处理，并满足相关规范要求。

3. 变形缝

变形缝的作用是用来防止因建筑物伸缩变形或地基不均匀沉降而产生的结构附加应力和变形。变形缝主要有三种：伸缩缝、沉降缝、防震缝。

（1）伸缩缝

平面扩建时，建筑物的长度或宽度进一步加大，很容易因热胀冷缩变形较大面导致建筑物开裂，因此需要预留缝隙，称为伸缩缝，也称温度缝。温度缝自下面上将整个扩建建筑物的墙体、楼面、屋面等全部与原有建筑物断开，分成两个温度区段，使其能够沿水平方向自由伸缩。基础可以不断开。《门式刚架轻型房屋钢结构技术规程》规定：纵向温度区段不大于300 m，横向温度区段不大于 150 m。不满足上述要求时，应考虑温度应力和附加变形的影响。

伸缩缝的结构处理一般采用悬臂梁方案或双柱方案。温度墙的间距以保证两侧结构构件能够自由伸缩为原则。一般取 30~70 mm，温度缝处的墙体，楼面及屋面构造做法，应根据其材料、厚度和施工方法确定，应注意防渗漏，防侵袭，并保证连接可靠，两端（侧）能够自由伸缩，砖墙温度键一般可以做成平缝、错口缝、凸口缝或凹缝等截面形式。变形缝外墙一侧常用浸沥青的麻丝或木丝板及泡沫塑料条、橡胶条、油膏等有弹性的防水材料塞缝。当缝隙较宽时，缝口也可以用镀锌铁皮、彩色薄钢板、铝皮等金属调节片做盖缝处理。内墙一般用有一定装饰效果的金属片、塑料片或木盖覆盖。压型钢板、夹芯板墙面变形缝一般采用平缝，缝内填塞泡沫后。板墙内外侧用拉铆钉盖压压型钢板条。

用于支撑墙体的维护结构体系（如墙梁）采用螺栓铰接连接，且一般将螺栓孔设置为可滑动的长形槽孔。楼面变形缝内常用可压缩变形的材料作封缝处理，如油膏、沥青麻丝。橡胶、金属或塑料调节片等，继表面铺设活动盖板或橡胶、塑料等地面材料。非上人混凝土屋面可通过在伸缩缝处加砌矮墙再覆盖盖板的方法处理，需做好防水和泛水处理。上人屋面则用嵌缝油膏嵌缝，并做好防水处理。屋面伸缩缝也可以采用压型钢板或铝板来覆盖并涂抹防水油膏来处理。

（2）沉降缝

进行扩建改造时，如果新建基础与原基础不能保证沉降均匀，应设置沉降缝，将二者从基础到屋面全部断开，使其能够沿竖向自由变形。设置沉降缝时应兼作温度缝。沉降缝的宽度随地基情况和建筑物的高度变化而不同。沉降缝盖缝条应满足水平伸缩和垂直沉降双向变形的要求，屋面沉降缝还应充分考虑双向变形对防水和泛水带来的影响。基础沉降应避免因不均匀沉降而造成的相互干扰。

（3）防震缝

抗震设防区的房屋改造，应充分考虑地震对建筑造成的影响。防震缝应根据抗震设防烈度、结构材料种类、结构类型、结构单元高度和高差情况，留有足够的宽度，其两侧的结构应完全分开。对于多层和高层钢结构，应尽量选择合理的结构改造方案，尽量避免立面高差过大和楼板错层，使刚度和质量分布均匀，否则必须设置防震缝。

防震缝应与伸缩缝、沉降缝统一布置，并满足防震缝的设计要求。防震缝处基础不要求必须分开，但当两侧结构刚度相差较大，有不均匀沉降要求时，也可以将基础分开。因防震缝缝隙较宽，在构造处理时，应充分考虑盖缝条的率固性以及透应变形的能力。

二、改变荷载扩建

改变使用荷载的扩建包括荷载增加、荷载减小、荷载作用点或方向的变化三种。其中后两种容易被忽视，应进行严格的调查和计算。荷载变化的常见形式有：建筑物内隔墙及设备的增加或减少，墙体开洞，铺设地砖和内外墙装修或节能改造，因用途改变而导致的荷载增加（如办公室改为仓库、厂房改为公共建筑等），工业厂房吊车吨位升级或吊车数量增加，工艺设备的增加、减少或挪位，增加天窗等，这些改造一般只通过整体或局部加固即可完成。

三、大跨度钢结构建筑扩建改造技术

伴随我国城市化建设的持续，建筑工程在形式上开始逐渐变多，大跨度建筑作为一个全新的建筑形式，在目前已经被大量运用到当代建筑之中。而大跨度建筑的关键就是钢结构，其对建筑工程本身的质量有着很大作用，所以应该注重大跨度建筑当中的钢结构设计与施工工艺，让钢结构的设计变得更为合理且严谨，进而保障大跨度建筑工程得以正常开展。

1. 大跨度钢结构的特征

（1）多样化与复杂化

当下大跨度钢结构这类建筑已经不可再限制于之前单一的结构，需要不断创造出全新的结构及其组合模式。大家所知道的"水立方"就是运用泡沫理论本身的多面体空间钢结构；而奥运会的体育主会馆"鸟巢"就是运用了不规则的多向空间桁架结构。

（2）普遍采用高强度钢材和铝材

因为具体需求与人们需求的提升，钢结构在跨度上已经非常接近超大跨度，最短的跨度已经超过了 100 m，如南京奥运中心体育场的上拱式拉索罩棚的跨度已经到了 360 m，对于大跨度及超大跨度结构高强材料的是最为关键的一个因素。目前跨度较大的钢结构都运用了强度很高的钢材，如 Q390C、Q420C 及其 Q460E 等等，部分特殊造型结构，如建筑轻盈、纤细、大跨度等要求的顶棚结构也广泛运用到高强铝结构，目前铝结构型材强度已达到 Q450，质量只有普通钢材的 40%。

（3）弦索技术广泛应用

在大跨度钢结构这类工程当中利用钢索的高强抗拉特性，经常会采用预应力方式实现大跨度张弦梁、张弦网格等结构，结合棚顶的膜结构，实现轻盈、柔美的弦支穹顶结构。这种新的结构模式，近年来开始应用到体育馆、火车站、会议中心等建筑的穹顶或罩棚。

（4）施工难度大、三维数字化构件制作

因为钢结构的建筑通常都是部分零散构件所拼装组成，普通的大型工程都要用上上万个构件，构件都有着不同的截面及其形状。如何在工厂预制出复杂多变的钢结构构件、节点，须依赖与目前先进的数字化智能装备技术。

（5）现场测控精准定位安装

大面积且复杂多变的曲线或折板式钢结构，须现场对主要的受力结构进行三维空间对接与拼装，现场拼装过程中心的精准测控、高空作业控制、拼接顺序、实时监控与纠偏等技术是现场安装的关键。

（6）钢结构的顶升或整体旋转技术。

考虑到高空作业的不确定性及工期时间的考虑，部分工程的大型的钢结构罩棚，需异地拼装后通过整体吊装、顶升、旋转到位，这种技术拼装质量高、施工工期短、不影响主体工程多工种穿插施工；但是对结构整体的结构性能要求很高，对吊装、顶升、旋转技术有严格的测控、纠偏、时间及温度控制要求。

（7）预应力技术的运用

在大跨度钢结构这类工程当中也会运用到一般钢结构工程当中所采用的预应力技术，同时这类工程当中把预应力这个技术也进行很好的运用。在这部分工程当中出现了许多全新的结构模式，如索穹顶。很多较大的羽毛球馆及其体育馆也运用了这类预应力，如世界上跨度最大的弦支穹顶结构。

（8）生产构件难度大

因为这部分工程都是较为庞大的工程，钢结构需要的构件并不是一般钢结构所运用的构件，所以需要专门定制并生产，同时在精度上有高的要求，把构件生产存在偏差减到最小，如此才可以达到施工质量所提出的要求。构件连接需要焊接出一级焊缝，同时这部分焊缝数量也有着成千上万个，这样无形之中加大了施工本身存在的困难。同时焊接的时候为了确保焊缝的质量，在具体焊接的时候还需要来做好拼装，这在很大程度上增加了施工的总量与难度，因为这部分钢结构本身的跨度较大且结构比较新颖，所以在具体施工的时候，除了需要确保安全与经济以外，还需要运用现代化的施工技术才能完成。

2. 大跨度钢结构建筑扩建改造主要的难点及解决方案

案例：广州市某国际会议中心大跨度巨型桁架改造

（1）工程概况

该会议中心项目总建筑面积13万平方米，地下三层、地上高度64.9米。地下部分为车库和商业街。首层、二层通高为展览厅，三、四层通高为宴会厅，五、六层为会展办公室。裙楼以上分为南、北两座塔楼，主要为办公功能。

根据建筑改造需求，需扩大首层展厅面积，对裙楼相关区域楼梯间、设备功能房进行调整。针对上述建筑功能改变，主要对现有结构进行以下改造：

①首层展厅扩大面积，需拆除1-G轴首层柱、钢桁架部分构件及二层相应范围的楼板。在加固3、5、6、顶层楼面梁，增加3层以上桁架斜杆后形成改造后的钢桁架。

②二至四层在1-D至1-F轴间的楼梯间改造为剪刀梯，需拆除其中4道18 m跨度的结构钢梁和相应范围结构楼板。

（2）工程技术难点

①改造前项目主体结构、机电设备及装修等均已基本完工，结构改造需全程在室内施工，钢结构构件等大型施工材料运输、吊装及焊接难度大，安全风险高；

②改造需拆除裙楼结构的主要承重构件和部分楼面结构。拆除范围较大，并同时需要进行结构加固，结构改造的工程量大，工期十分紧张；

③钢桁架结构构件拆除后，改变了原结构的竖向荷载传力路径，需重新计算与复核，设计出新的结构布置形式，保证上部荷载可靠地传递到下部结构与基础上；

④本项目结构改造专业性强，钢桁架节点加固构造复杂，各加固施工工艺需紧密衔接，而且加固构件和节点数量多。

（3）工程技术解决方案

本项目主要难点为结构设计方案优化、重要节点验算、现场拆改施工组织、施工检测，为确保工程顺利开展，建设单位专门聘请了国内资深的结构咨询单位及多名结构设计大师、钢结构专家参与进行分析研究，确定具体的结构改造方案。现主要剖析难点及解决方案如下：

（4）结构改造可行性分析

对于拆除首层5根柱子，以及取消2层钢结构桁架的结构改造设计方案，主要措施是通过4层及以上楼层增加受力斜杆，并加固横梁，使其形成整体的钢结构桁架，并且承载能力、刚度不低于原结构。

经结构整体受力分析，由原来的两层桁架结构，改造为5层桁架协同受力结构，能保证楼层的承载能力、结构刚度，并具有施工可行性。

（5）关键杆件及节点受力计算

根据上述的受力模型，通过计算各杆件的受力、应力在合理范围内，位移也在规范限值范围内，杆件受力合理。

对于关键节点的受力计算，进行了计算复核，经改造后最不利结点板的最大主应力约为302 MPa，满足受力要求，其余各结点板经逐一验算，均能满足受力要求。

（6）结构改造整体受力评价

经多软件、多荷载工况及施工模拟计算分析对比，桁架改造方案能够较好传递竖向力；此结构改造对整体结构指标有一定影响，局部构件不满足性能目标要求，通过部分加固措施，基本满足规范要求。根据计算分析结果和概念设计方法，对关键和重要构件作了适当加强，以保证在地震作用下的延性。

①结构整体刚度。针对改造前、后的模型进行计算，整体指标变化不大，结构整体刚度略有增大，周期略变小，基底剪力增大5%，主要是由于新增桁架刚度比原桁架刚度大造成的。

②竖向构件应力。针对部分竖向构件，复核改造后性能目标，部分剪力墙配筋不足，采用贴钢板方式加固。

③水平构件应力。中震地震作用下，二层因取消楼板，造成薄弱位置，地震作用下局部位置应力较为集中，最大拉压应力约13 MPa，通过加强楼

板钢筋双层双向 0.25% 配筋率拉通，以承担楼板局部集中地震应力。

④大震弹塑性分析。均在规范限值要求以内，保持整体弹塑性不变。

（7）施工拆改组织方案

根据改造需要，改造加固宜从下而上，改造楼层（3、4、5、6）施工时需要清楚屋面覆土何在，然后对 F3（地下三层）、5、6、RF（顶层）的楼层梁进行加固，加固检测无误后进行 4、5、6、RF 的斜杆增设，检测无误后，从相邻下一层搭设脚手架支顶，并对结构进行顶升，然后从两边到中间依次对首层的结构柱进行拆除，最后拆除顶升机构与脚手架。

（8）现场检测方案

根据结构改造加固施工及关键受力构件拆除过程中的各项监测数据。监测工作根据拆除过程对不同杆件的受力情况、位移进行监测。经过全过程监测，位移及受力数据完全符合计算模拟工况要求，结构改造完成后相关受力构件的位移及应力变化均在合理范围，并满足规范要求，因此结构改造全过程是安全的，结构改造施工过程中没有出现任何安全事故。

第四节　纠偏改造

由于种种原因，建筑物可能会发生倾斜，严重时会影响使用，甚至危及安全。即使倾斜后建筑物整体性仍较好，如果照常使用，也会让人有种不安全的感觉；如果弃置不用或拆除，必然浪费很大。因此，对建筑物进行纠偏改造，并稳定其不均匀沉降，是一种经济、合理的方法，对于一些倾斜的名胜古迹，也只能进行纠偏扶正或停止倾斜，不能拆除重建。本节主要介绍导致建筑物倾斜的主要原因，纠偏扶正的基本方法和程序。

一、建筑物倾斜的原因

建筑物发生倾斜的原因是复杂的。既有外部的诱发条件，也有其内在因素，可能是一种原因，也可能是许多因素共同促成。但无论如何，调查分析建筑物发生倾斜的原因，并给出正确的结论，是纠偏扶正的首要条件。

1. 设计失误

设计失误是建筑物发生倾斜的一个主要原因，特别是许多设计人员对地基基础问题的重要性认识不足，常常把复杂的地基问题简单化处理，导致建筑物基础产生不均匀沉降，上部结构发生倾斜。进行建筑物基础设计时，没有把握好地基土的特性，缺乏认真的方案比较，采用的基础形式不当，会引起建筑物倾斜。例如，在深厚淤泥软土、粉细砂地基上，错误选用沉管灌注桩、沉管夯扩桩等基础形式，大面积快速施工形成的超静孔隙水压力导致桩体颈缩、断桩和桩长达不到持力层等事故，从而引起建筑物倾斜。又如，承受较大横向荷载作用的塔架，荷载偏心，而采用分离式柱下基础，导致黄土地基发生不均匀沉降，塔架发生倾斜。

在山坡、河漫滩、回填土等地基上建造的建筑物，地基土一般厚薄不均匀或软硬不均匀。如果地基处理不当，或者基础形式选用不合理，很容易造成建筑物倾斜。例如，某办公楼建于淤泥层厚薄不均匀的软土地基上，设计时未从地基、基础和上部结构共同工作的整体概念出发进行综合考虑，建成后不久便出现了显著的不均匀沉降，并且部分墙体出现了较大裂缝。

膨胀土、湿陷性黄土受环境影响较大。膨胀土吸水后膨胀，失水后收缩；湿陷性黄土浸水后产生大量的附加沉降，甚至超过正常压缩变形的几倍至几十倍。上述土在环境影响下，容易导致地基稳定性较差，如果设计施工不当，会引起建筑物的倾斜。20 世纪 70 年代，福建省青州造纸厂的喷射炉因地基冻土膨胀而严重倾斜，危及生产安全，后来采用顶升纠偏办法加以扶正。使喷射炉恢复正常生产。

2. 施工问题

施工质量低劣、偷工减料、弄虚作假以及施工方法不当是造成建筑物发生倾斜的又一个重要原因。比如，桩基础施工过程中长度不足；钻孔、挖孔桩的孔底虚土和残渣没有清理干净。使桩端承载力不足；桩头处理不当或桩身产生损伤；采用强夯处理地基时，由于夯击能量不足，影响深度达不到加固深度的要求，没有彻底消除填土或黄土的湿陷性；在高层建筑基础施工中，由于深基坑的开挖、支护、降水、止水、监测等技术措施不当，使在建或周围已建建筑物发生倾斜。

3. 工程勘察不准

勘测点布置过少，或只借鉴相邻建筑物的地质资料，对建筑场地没有进行认真勘察评估，没有查明地基主要受力层范围有厚薄不均匀的软土夹层或填土层，不能真实反映场地条件，上部结构建成后，地基沉降量大小不等，会引起建筑物倾斜。对于软土地基、可塑性黏土、高压编性淤泥质土等土质条件，荷载对其沉降的影响较大。如果在勘察时过高地估计了土的承载力，或设计时漏算了荷载，或设计的基础过小，都会导致地基承载力不足，引起地基失稳，使建筑物倾斜甚至倒塌。建于 1941 年的加拿大特朗斯康谷仓地基破坏情况。该谷仓由 65 个圆柱形筒仓组成，高 31 m，其下为片筏基础，由于事故前不了解基础下藏有厚达 16 m 的软弱土层，建成后初次储存谷物时，基底平均压力超过了地基承载能力，结果谷仓西侧突然陷入土中 8.8 m，东侧则抬高 1.5 m，仓身倾斜达 27°。由于谷仓的整体性很好，筒仓完好、无损。事故后在下面做了 70 多个支承于基岩上的混凝土墩，使用 388 个 500 kN 的千斤顶及支撑系统，才把仓体逐渐纠正过来。

4. 使用不当

已建建筑物管道破裂，地基周围长期积水，使地基浸水沉陷；装修时随便拆除承重墙。致使荷载转移。局部地基承载力不足，导致建筑物倾斜。建筑物重心与基底形心经常会出现很大偏离的情况。对于住宅，厨房、厕所、楼梯等大多设计在房屋北侧，造成北侧隔墙多，设备多、自重大；对于公共建筑及厂房，使用过程中容易局部大量堆载，另外，水平荷载（如风荷载、地震作用）对建筑物的倾覆作用也会使荷载偏心。这些都可能引起建筑物的倾斜。例如。湖北某化肥车间，生产中地放了 7 m 高的化肥，大大超过了设计要求，加上该工程地基持力层为 12 m 厚的冲击粉质黏土，并夹有粉细砂层，地下水位又高。地基呈软塑状态，在大面积的堆荷作用下。相继出现不均匀沉降和倾斜。柱顶最大偏移为 100 m，不均匀沉降为 150 mm，导致部分柱开裂和吊车卡轨。后来采用铺杆静压法进行纠偏处理，取得了较好的效果。

5.其他原因

除上述原因之外，还有许多因素都会导致建筑物倾斜。例如，沉降缝两侧单元或相邻建筑物相互影响，因地基应力重叠造成单元倾斜；基础埋深较浅。岩土承载力受大气降水和斜坡坍塌影响较大；建筑物受人类活动或地震等自然灾害的影响，水文地质条件发生了重大变化；地基基础所在斜坡失稳或土体滑移；地下水流动带走地基土中的细颗粒；室外靠近基础长期堆载等。

二、纠偏的基本原则

制定纠偏方案前。应对纠偏工程的结构、地基基础、周围环境状况进行周密调查，并对建筑物的沉降、倾斜、开裂状况进行详细检测。结合原始技术资料。进行补勘、补查、补测，搞清上部结构和地基基础的实际受力状况，分析查找倾斜的具体原因。纠偏设计应结合结构和基础类型，土质情况、倾斜幅度和施工条件等进行，还要充分考虑地基土的残余变形，以及因纠偏致使不同形式的基础对沉降的影响。纠偏建筑物的整体性要好。如果刚度不满足纠偏要求，应进行临时加固和支撑。加固的重点应放在底层。加固措施有：增设拉杆、增加立柱、砌筑横墙等。在建筑物上多增设位移、变形及应力观测点，以加强纠偏观测。在纠偏过程中，要做到勤观测，多分析及时调整纠偏方案。如果地基土尚未完全稳定，应在纠偏的另一侧采用锚杆静压桩制止建筑物进一步沉降，桩与基础之间可采用铰接或固接。

三、纠偏的方法

我国工程技术人员经过长期的工程实践，摸索出一套行之有效的纠偏方法（也称纠倾）。各种方法都有其特点和适用范围。进行建筑物纠偏时，一般结合基础加固或托换进行。

1.迫降纠偏

迫降法是对建筑物沉降较小一侧的地基施加强制性沉降的措施，使其在短时间内产生局部下沉，以扶正建筑物的一种纠偏方法。迫降纠偏可根据地质条件、工程对象及当地经验选用基底掏土纠偏法，井式纠偏法。钻孔取土纠偏法、堆载纠偏法、人工降水纠偏法、地基部分加固纠偏法和浸水纠偏法等方法。迫降纠偏的设计应包括下列内容：确定各点的迫降量；安排迫降的顺序。位置和范围，制定实施计划；编制迫降操作规程及安全措施；设置迫降的监控系统。沉降观测点纵向布置每边不应少于4点，横向每边不应少于2点。对框架结构应适当增加。迫降的沉降速率应根据建筑物的结构类型和刚度确定。一般情况下沉降速率宜控制在5~10 mm/d范围内。纠偏开始及接近设计迫降量时应选择低值，迫降接近终止时应预留一定的沉降量，以防发生过纠现象。

迫降纠偏应做到设计施工紧密配合，施工中应严格监测，根据监测结果调整迫降量及施工顺序。迫降过程中应每天进行沉降观测，并应监测既有建筑裂损情况。

（1）基底掏土纠偏法

掏土法是从沉降较小一侧的基础下掏土，迫使其下降的一种迫降法。该法使用设备少，纠偏速度快，费用低。基底掏土纠偏法适用于匀质黏性土和砂土上的找埋建筑物的纠偏，基底掏土纠偏法分为人工掏土法和水冲掏土法两种。当缺少当地经验时，可按下列规定进行现场试验确定施工方法和施工参数。人工掏土沟槽的间隔应根据建筑物的基础形式选择，可取1.0~1.5 m，沟槽宽度应根据不同的迫降量及土质的强度情况确定，可取0.3~0.5 m，槽深取0.10~0.20 m；掏挖时应先从沉降量小的一侧开始，逐渐过渡，依次进行：水冲掏土的水冲工作槽间隔取2.0~2.5 m，槽宽取0.2~0.4 m，深度取0.15~0.30 m，槽底应形成坡度；水冲压力宜控制在1.0~3.0 MPa，流量取40 L/min，可根据土质条件通过现场试验确定；水冲过程中掏土槽应逐渐加深。但应控制超宽，一旦超宽应立即采用砾砂、细石或卵石等回填，确保安全。

（2）井式纠偏法

井式纠偏法适用于黏性土、粉土、砂土、淤泥、淤泥质上或填土等地基上建筑物的纠偏。井式纠偏应符合下列规定：取土工作井可采用沉井或挖孔护壁等方式形成，应根据土质情况及当地经验确定，井壁可采用钢筋混凝土线混凝土，井的内径不宜小于0.8 m，井身混凝土强度等级不得低于

C151 井孔施工时应注意土层的变化，防止流沙、涌土、塌孔、突陷等现象出现。施工前应制计相应的防护措施，确保施工安全，井位应设置在建筑物沉降较小的一侧，其数量、深度和间距应根据建筑物的倾斜情况、基础类型、场地环境和土层性质等综合确定；为保证迫降的均匀性，井位可布置在室内。

当采用射水施工时，应在井壁上设置射水孔与回水孔，射水孔孔径宜为 150~200 mm，回水孔孔径宜为 60 mm，射水孔位置应根据地基土质情况及纠偏量进行布置，回水孔宜在射水孔下方交错布置，井底深度应比射水孔位置低约 1.2 m；高压射水泵工作压力、流量，宜根据土层性质通过现场试验确定；纠偏达到设计要求后，工作井及射水孔均应回填，射水孔可采用生石灰和粉煤灰拌合料回填，工作井可用砂土或砂石混合料分层、夯实回填，也可用灰土分层夯实回填，接近地面 1 m 范围内的井圈应拆除。

（3）钻孔取土纠偏法

钻孔取土纠偏法适用于淤泥、淤泥质土等软弱地基的纠偏。钻孔位置应根据建筑物不均匀沉降情况和土层性质布置，同时应确定钻孔取土的先后顺序；钻孔的直径及深度应根据建筑物的底面尺寸和附加应力的影响范围选择，取土深度应大于 3 m，钻孔直径应大于 300 mm 钻孔顶部 3 m 深度范围内应设置套管或套筒，以保护浅层土体不受扰动，防止出现局部变形过大而影响结构安全。

（4）堆载纠偏法

堆载法是通过堆放荷重或利用杠杆加压等措施，迫使沉降量较小的一侧加速沉降，使建筑物纠偏扶正的方法。适用于淤泥、淤泥质土和松散填土等软弱地基上体量较小且纠偏量不大的浅基建筑物的纠偏，此法亦可与其他纠偏方法联合使用。堆载纠偏应符合下列规定：堆载纠偏应根据工程规模、基底附加压力的大小及土质条件，确定施加的荷载量、荷载分布位置和分级加载速率；设计时应考虑地基土的整体稳定，控制加载速率，施工过程应严密进行沉降观测，及时绘制荷载沉降时间关系曲线，以确保施工安全。

（5）人工降水纠偏法

降水法是依靠抽取地基土中的水分，降低地下水位，缩小土体中的空隙，加快土体压缩和固结，达到调整不均匀沉降的一种纠偏方法。适用于地基土的渗透系数大于 4~10 cm/s 的浅埋基础，同时应防止纠偏时对邻近建筑产生影响。人工降水的井点选择、设计和施工方法可按国家现行标准《建筑地基基础工程施工质量验收规范》（GB 50202）的有关规定执行：纠偏时应根据建筑物的纠偏量来确定抽水量大小及水位下降深度，并应设置若干水位观测孔，随时记录所产生的水力坡降，与沉降实测值比较，以便调整水位。人工降水如对邻近建筑可能造成影响时，应在邻近建筑附近设置水位观测井和回避井，必要时可设置地下隔水墙等，以确保邻近建筑的安全。

（6）漫水纠偏法

漫水法利用某些土质（如湿陷性黄土）粳水后会产生沉降的原理，设法在沉降量较小的一侧进行积水，迫使其下降的一种纠偏方法。适用于湿陷性黄土地基上整体刚度较大的建筑物的纠偏。当缺少当地经验时，应通过现场试验，确定其适用性。根据建筑结构类型和场地条件，可选用注水孔、坑或槽等方式注水。注水孔、坑或槽应布置在建筑物沉降较小的一侧：当采用注水孔（坑）浸水时，应确定注水孔（坑）布置、孔径或坑的平面尺寸、孔（坑）深度、孔（坑）间距及注水量；当采用注水槽漫水时，应确定槽宽、槽深及分隔段的注水量。

注水时严禁水流入沉降较大一侧的地基中，没水纠偏前，应设置严密的监测系统及必要的防护措施。有条件时可设置限位桩：当漫水纠偏的速率过快时，应立即停止注水，并回填生石灰料或采取其他有效的措施；当浸水纠偏速率较慢时，可与其他纠偏方法联合使用；浸水纠偏结束后，应及时用不渗水材料夯填注水孔、坑或槽，修复原地面和室外散水。由于受众多不确定因素的影响，上述掏土法、浸水法、抽水法的纠偏程度很难精确控制，风险较大，所以必须精心施工，加强观测。

2. 顶升纠偏

顶升法是采用千斤顶将倾斜建筑物顶起或用锚杆静压桩将建筑物提起的纠偏方法。顶升纠偏具有可以不降低建筑物标高和使用功能、对地基扰动少、纠偏速度快等特点，但要求建筑物整体性好。顶升纠倾适用于建筑物的整体沉降及不均匀沉降较大，造成标高过低；倾斜建筑物基础为桩基；

不适用采用迫降纠倾的倾斜建筑以及新建工程设计时有预先设置可调措施的建筑。顶升纠倾的最大顶升高度不宜超过 80 cm。对于整体沉降较大，或因场地、地基等条件不允许采用迫降纠偏法时，可采用顶升法。

（1）顶升的方法

常用顶升法有基础下部顶升法和基础上部提升法两种。基础的顶（提）升一般结合基础托换进行。若建筑物被顶（提）升后，全部或部分支承在新设的基础上，则称为顶（提）升托换法。若建筑物被顶（提）升后，仅将其缝隙填塞，则称为顶（提）升补偿法。

若倾斜建筑物的原地基承载力不足，或变形不稳定，宜采用顶升托换法。托换基础可采用混凝土墩、灌注桩或基底静压桩，然后在托换基础上放置千斤顶，并顶起建筑物，待建筑物扶正后，施加临时支撑，卸去千斤顶，并迅速灌入快硬型微膨胀混凝土，回填地基并夯实。提升托换法首先需要开挖沉降较大的基础，然后用压桩机进行压桩，压桩到位后，设置钢反力梁和锚杆体系，接着再压下一根桩。待所有的桩全部到位后，启动千斤顶提升建筑物，提升到位后，在不卸载的情况下用快硬混凝土将桩与基础浇筑到一起。

在建筑物原地基的承载能力满足要求，地基压结已完毕，沉降已稳定，且建筑物整体刚度较好的情况下，可以采用顶升补偿法进行纠偏。顶升的位置可以位于基础上面，也可以位于基础的下面，目前应用较多的是位于基础上面，可免除千斤顶施力时容易陷入地下的问题。顶升前首先设置支承反力体系，一般采用混凝土梁，并相互连通构成封闭圈，以加强底层房屋的整体性，支承反力梁的截面根据支承点的布置和顶升力大小来确定。荷载完全传递给千斤顶以后，将基础矩柱切断，开始顶升上部结构，顶升完毕后，再用快硬型微膨胀混凝土将扩大了的切制缝填塞，并进行适当加固。

（2）顶升纠倾的设计要求

顶升必须通过上部钢筋混凝土顶升梁与下部基础梁组成一对上、下受力梁系，中间采用千斤顶顶升，受力梁系平面上应连续闭合且应通过承载力及变形等验算。顶升梁应通过托换形成，顶升托换梁应设置在地面以上约 50 cm 的位置，当基础梁埋深较大时，可在基础梁上增设钢筋混凝土千斤顶底座，并与基础连成整体。顶升梁、千斤顶、底座应形成稳固的整体。

顶升量可根据建筑物的倾斜率、使用要求以及必要的过纠量确定。但一般要求纠正后垂直度偏差应满足《建筑地基基础设计规范》的要求。

（3）框架结构顶升梁（柱）的设置

框架结构顶升梁（柱）的设置应是能支承框架柱的结构荷载的体系，顶升梁（柱）体系应按后设置牛腿设计，同时增加联系梁约束框架柱间的变位及调整差异顶升量。并应符合下列规定：应验算断柱前、后既有建筑的框架结构柱端在轴力、弯矩和剪力作用下的承载力；后设置牛腿应考虑新旧混凝土的协调工作，设计时钢筋的布置、锚固或焊接长度应符合《混凝土结构设计规范》的规定；应验算牛腿的正截面受弯承载力，局部受压承载力及斜截面的受剪承载力。

（4）施工步骤

顶升纠倾的施工可按下列步骤进行：钢筋混凝土顶升梁（柱）的托换施工；设置千斤顶底座及安放千斤顶；设置顶升标尺；顶升梁（柱）及顶升机具的试验检验，在顶升前一天凿除框架结构柱或翻体结构构造柱的混凝土，顶升时切断钢筋或钢柱，统一指挥顶升施工；当顶升量为100~150 mm 时，开始千斤顶倒程；顶升到位后进行结构连接和回填。

（5）施工要求

框架结构建筑的顶升梁（生）施工宜间隔进行，必要时应设置辅助措施（如支撑等），当原混凝土柱保护层凿除后应立即进行外包钢筋混凝土的施工。顶升的千斤顶上下应设置应力扩散的钢垫块，以防顶升时结构构件的局部破坏。并保证项升全过程有均匀分布的、不少于30%的千斤顶保持与顶升梁垫块、基础梁连成一体，具有抗拉能力。顶升前应对顶升点进行承载力试验抽检，试验荷载应为设计荷载的 1.5 倍，试验数量不应少于总数的20%，试验合格后方可正式顶升。顶升时应设置水准仪和经纬仪观测站，以观测建筑物顶升纠倾全过程。

顶升标尺应设置在每个支撑点上，每次顶升量不宜超过 10 mm。各点顶升量的偏差应小于结构的允许变形。顶升应设统一的指挥系统，并应保证千斤顶同步按设计要求顶升和稳固。千斤顶倒程时，相邻千斤顶不得同时进行，倒程前应先用模型垫块进行保护，并保证千斤顶底座平稳。楔形垫块及千斤顶底座垫块均应采用工具式、组合、可连接、具有抵抗水平力的外包钢板的混凝土垫块或钢垫块。垫块应进行强度检验。顶升到达设计高度后。应立即在墙体交叉点或主要受力部位用垫块稳住，并迅速进行结构连接。顶升高度较大时应边顶升边砌筑墙体。千斤顶应待结构连接完毕，并达到设计强度后方可分批分期拆除。结构的连接处应达到或大于原结构的强度，若纠倾施工时受到削弱，此时应进行结构加固补强。

3. 混合纠偏

混合法是综合采用上述方法中的两种或两种以上的纠偏方法。如顶升迫降法（锚杆静压桩掏土法、锚杆：静压桩浸水法等）、混合迫降法（浸水掏土法、浸水加压法）、混合顶升法、卸载牵拉法等。混合法可以显著加快纠偏速度和纠偏效果。济南钢铁集团某 8 层住宅楼，采用钢筋混凝土条形基础，沉降缝一侧的部分楼体建于防空洞上部，由于防空洞顶部塌落，导致楼体从温度缝处倾斜，楼顶最大水平位移达到 145 mm，后来采用微型桩对沉降较大的基础进行了托换，并采用掏土灌水法成功进行了整体纠偏。

第五节　基础托换

基础托换是对原有建筑物的地基处理，加固、改建成纠偏的技术总称，基础托换的方法很多。如墩式托换、桩式托换、综合托换等。因原有房屋的结构形式、基础荷载大小和安全储备情况，地基承载力及变形情况不同，托换方法差异性也很大。

基础托换有时是单独进行的。但更多的是伴随着上部结构改造而综合进行的。墩式托换是直接在被托换建筑物的基础下挖坑后，直接浇灌混凝土墩的托换加固方法，也称坑式托换。该法适合于地表面下不深处有比较坚实的持力层，且只适用于地下水位比较低的情况。当地下水位较高时，宜采用其他方法。混凝土墩可以是间断的或连续的，这主要取决于被托换基础的荷载和墩下地基土的承载力。

本节主要讲述桩式托换。常用桩式托换方法有锚杆静压桩法、树根桩法、坑式静压桩法等多种。

一、锚杆静压桩法

锚杆静压桩是锚杆和静压桩结合形成的新桩基工艺。它是通过在基础上埋设锚杆固定压桩反力架,以既有建筑的自重荷载作为压桩反力,用千斤顶将桩段从基础上预留或开凿的压桩孔内逐段压入土中,再将桩与基础连接在一起,从而达到提高基础承载力和控制沉降的目的,使既有建筑物可增加荷载或加层,或者用于由于地基承载力不足导致基础下沉时的地基加固。对新建建筑物,当场地条件不能采用常规打桩设备施工时,也可采用锚杆静压桩法进行桩基础施工,实施时可先根据天然地基承载力和沉降控制的要求确定现行施工的建筑物层数,然后再按类似既有建筑物的基础托换加固方法进行锚杆静压桩施工。锚杆静压桩法适用于淤泥、淤泥质土、弹性土、粉土和人工填土等地基。

1. 锚杆静压桩的设计

锚杆静压桩的单桩竖向承载力可通过单桩载荷试验确定;若无试验资料,也可按《建筑地基基础设计规范》(GB 50007)的有关规定估算,桩位布置应靠近墙体或柱子。设计桩数应由上部结构荷载及单桩竖向承载力计算确定;必须控制压桩力不得大于该加固部分的结构自重。压桩孔宜为上大下小的正方棱台状,其孔每边宜比桩截面边长大 50~100 mm。当既有建筑基础承载力不满足压桩要求时,应对基础进行加固补强;也可采用新浇筑钢筋混凝土挑梁或抬梁作为压桩的承台。桩身材料可采用钢筋混凝土或钢材,对钢筋混凝土桩宜采用方形,其边长为 200~300 mm;每段桩节长度应根据施工净空高度及机具条件确定,宜为 1.0~2.5 mm。桩内主筋应按计算确定,当方桩截面边长为 200 mm 时,配筋不宜少于 $4\phi 10$;当边长为 250 mm 时,配筋不宜少于 $4\phi 12$;当边长为 300 m 时,配筋不宜少于 $4\phi 16$,桩身混凝土强度等级不应低于 30。当桩身承受拉应力时,应采用焊接接头。其他情况可采用硫磺胶泥接头连接。当采用硫磺胶泥接头时,其桩节两端应设置焊接钢筋网片,一端应预埋插筋,另一端应预留插筋孔和吊装孔。

当采用焊接接头时，桩节的两端均应设置预埋连接铁件。原基础承台除应满足有关承载力要求外，还应符合下列规定：承台周边至边桩的净距不宜小于 20 mm，承台厚度不宜小于 350 mm；桩顶嵌入承台内长度应为 50~10 mm；当桩承承受拉力或有特殊要求时。应在桩顶四角增设锚固筋，伸入承台内的锚固长度应满足钢筋锚固要求；压桩孔内应采用 C30 微膨胀早强混凝土浇筑密实；当原基础厚度小于 350 mm 时，封桩孔应用 2416 钢筋交叉焊接于锚杆上，并应在浇筑压桩孔混凝土的同时，在桩孔顶面以上浇筑桩帽，厚度不得小于 150 mm。锚杆可用光面直杆缴粗螺栓或焊箍螺栓，并应符合下列要求：当压桩力小于 400 kN 时，可采用 M24 锚杆；当压桩力为 400~500 kN 时，可采用 M27 锚杆；锚杆螺栓的锚固深度可采用 10~12 倍螺栓直径，并应大于 300 mm，锚杆露出承台顶面长度应满足压桩机具要求，一般应大于 120 mm；锚杆螺栓在锚杆孔内的黏结剂可采用环氧砂浆或硫磺胶泥；锚杆与压桩孔、周围结构及承台边缘的距离应大于 200 mm。

2. 锚杆静压桩的施工

锚杆静压桩施工前应做好下列准备工作：清理压桩孔和锚杆孔施工工作面；制作锚杆螺栓和桩节的准备工作；开凿压桩孔，并应将孔壁凿毛，清理干净压桩孔。将原承台钢筋制断后弯起，待压桩后再焊接；开凿锚杆孔，应确保锚杆孔内清洁干燥后再埋设锚杆，并以黏结剂加以封固。压桩架应保持竖直，锚固螺栓的螺帽或锚具应均衡紧固，压桩过程中应随时拧紧松动的螺帽；就位的桩节应保持竖直，使千斤顶、桩节及压桩孔轴线重合，不得偏心加压，压桩时应垫钢板或麻袋，套上钢桩帽后再进行压桩。桩位平面偏差不得超过 ±20 mm，桩节垂直度偏差不得大于 1% 的桩节长，整根桩应一次连续压到设计标高，当必须中途停压时，桩端应停留在软弱土层中，且停压的间隔时间不宜超过 24 h。

压桩施工应对称进行，不应数台压桩机在一个独立基础上同时加压；焊接接桩前应对准上、下节桩的垂直轴线，清除焊面铁锈后进行满焊；采用硫磺胶泥接桩时，其操作施工应按《建筑地基基础工程施工质量验收规范》（GB 50202）的有关规定执行。柱尖应到达设计持力层深度、且压桩力应达到《建筑地基基础设计规范》（GB 500）规定的单桩竖向承载力标准值的 1.5 倍，且持续时间不应少于 5 min；封桩前应嘴毛和刷洗干净桩顶侧表面后再涂混凝土界面剂，封桩可分不施加预应力法和预应力法的两种方法。当封桩不施加预应力时，在桩端达到设计压桩力和设计深度后，即可使千斤顶卸载，拆除压桩架，焊接铺杆交叉钢筋，清除压桩孔内杂物、积水及浮浆，然后与桩帽梁一起浇筑 C30 微膨胀早强混凝土。当施加预应力时，应在千斤顶不卸载条件下，采用型钢托换支架，清理干净压桩孔后立即将桩与压桩孔锚固，当封桩混凝土达到设计强度后，方可卸载。

二、树根桩法

树根桩是采用钻机在地基中成孔，放入钢筋或钢筋笼，采用压力通过注浆管向孔中注入水泥浆或水泥砂浆。形成小直径的钻孔灌注桩。由于采用小型钻机施工可在土中以不同的倾斜角度成孔，从而形成竖直的和倾斜的小桩群，形状如"树根"，称为树根桩。树根桩可用于加层改造工程的地基加固，在既有建筑物下施工地下隧道时对既有建筑物基础的托换，或用于作为边坡上建筑物以及码头下提高地基承载力和边坡稳定性。

1. 树根桩的设计

树根桩的直径宜为 150~300 mm，桩长不宜超过 30 m，桩的布置可采用直桩型或网状结构斜桩型。树根桩的单桩竖向承载力可通过单桩载荷试验确定，当无试验资料时，也可按《建筑地基基础设计规范》(GB 500)有关规定估算；树根桩的单桩竖向承载力的确定，尚应考虑既有建筑的地基变形条件的限制和桩身材料的强度要求。桩身混凝土强度等级应不小于 C20，钢筋笼外径宜小于设计桩径 40~60 mm，主筋不宜少于 3 根。对软弱地基，主要承受竖向荷载时的钢筋长度不得小于 1/2 桩长；主要承受水平荷载时应全长配筋。树根桩设计时，应对既有建筑的基础进行有关承载力的验算。若不满足上述要求，应先对原基础进行加固或增设新的桩承台。

2. 树根桩的施工

桩位平面允许偏差 ± 20 mm；直桩垂直度和斜桩倾斜度偏差均应按设计要求不得大于 1%；可采用钻机成孔，穿过原基础混凝土，在土层中钻孔时宜采用清水或天然泥浆护壁，也可用套管。钢筋笼宜整根吊放。当分节吊放时，节间钢筋搭接焊缝长度双面焊不得小于 5 倍钢筋直径。单面焊不得小于 10 倍钢筋直径。注浆管应直插到孔底。需二次注浆的树根桩应插两根注浆管，施工时应缩短吊放和焊接时间。当采用碎石和细石填料时，填料应经清洗，投入量应大于计算桩孔体积的 0.9，填灌时应同时用注浆管注水清孔。

注浆材料可采用水泥浆液、水泥砂浆或细石混凝土，当采用碎石填灌时，注浆应采用水泥浆。当采用一次注浆时，泵的最大工作压力不应低于 1.5 MPa，开始注浆时，需要 1 MPa 的起始压力，将浆液经注浆管从孔底压出，接着注浆压力宜为 0.1~0.3 MPa，使浆液逐渐上冒，直至浆液泛出孔口停止注浆。当采用二次注浆时，泵的最大工作压力不应低于 4 MPa。待第一次注浆的浆液初凝时方可进行第二次注浆，浆液的初凝时间根据水泥品种和外加剂掺量确定，可控制在 45~60 min。第二次注浆压力宜为 2~4 MPa，二次注浆不宜采用水泥砂浆和细石混凝土。注浆施工时应采用间隔施工、间歇施工或增加速凝剂掺量等措施，以防止出现相邻桩冒浆和串孔现象。树根桩施工不应出现缩颈和塌孔。拔管后应立即在桩顶填充碎石，并在 1~2 m 范围内补充注浆。

三、坑式静压桩法

坑式静压桩采用既有建筑物自重做反力，用千斤顶将桩段逐段压入土中的托换方法，千斤顶上的反力梁可利用原有基础下的基础梁或基础板，对无基础梁或基础板的既有建筑，则可将底层墙体加固后再进行托换。

坑式静压桩法适用于淤泥、淤泥质土、黏性土、粉土、砂土、湿陷性黄土和人工填土等地基，且地下水位较低的情况。

1.坑式静压桩的设计

坑式静压桩的单桩承载力应按《建筑地基基础设计规范》（GB 50007）有关规定估算。桩身可采用直径为 150~300 mm 的开口钢管或边长为 150~250 mm 的预制钢筋混凝土方桩，每节桩长可按既有建筑基础下坑的净空高度和千斤顶的行程确定。桩的平面布置应根据既有建筑的墙体和基础形式及荷载大小确定。应避开门窗等墙体薄弱部位，设置在结构受力节点位置。当既有建筑基础结构的强度不能满足压桩反力时，应在原基础的加固部位加设钢筋混凝土地梁或型钢梁，以加强基础结构的强度和刚度，确保工程安全。

2.坑式静压桩的施工

施工时先在贴近被加固建筑物的一侧开挖长 1.2 m、宽 0.9 m 的竖坑，对坑壁不能直立的砂土或软弱土等地基应进行坑壁支护。再在基础梁、承台梁或直接在基础底面下开挖长 0.8 m、宽 0.5 m 的基坑。压桩施工时，先在基坑内放入第一节桩，并在桩顶上安置千斤顶及测力传感器，再驱动千斤顶压桩，每压入下一节桩后，再接上一节桩。对钢管桩、其各节的连接处可采用套管接头。当钢管桩很长或土中有障碍物时需采用焊接接头。整个焊口（包括套管接头）应为满焊。对预制钢筋混凝土方桩，桩尖可将主筋合拢焊在桩尖辅助钢筋上，在密实砂和碎石类土中，可在桩尖处包以钢板桩靴，桩与桩间接头可采用焊接或硫磺胶泥接头。桩位平面偏差不得大于 20 mm；桩节垂直度偏差应小于 1% 的桩节长。桩尖应到达设计持力层深度、且压桩力达到《建筑地基基础设计规范》规定的单桩竖向承载力标准值的 1.5 倍，且持续时间不应少于 5 min，对钢筋混凝土方桩，顶进至设计深度后即可取出千斤顶，再用 C30 微膨胀早强混凝土将桩与原基础浇筑成整体。当施加预应力封桩时，可采用型钢支架，而后浇筑混凝土。对钢管桩，应根据工程要求，在钢管内浇筑 C20 微膨胀早强混凝土，最后用 C30 混凝土将桩与原基础浇筑成整体。封桩可根据要求采用预应力法或非预应力法施工。

四、深基础的安全支护

无论是加层改造、扩建改造还是其他类型的改造，大多是在建筑物密集地区或靠近已有建筑物进行施工。现场狭窄，进行新基础施工时往往不宜采用放坡法开挖土力。为了避免开挖基坑时对已有建筑物、道路、管线等产生沉降和变形等不利影响，防止坑整倾斜、位移或坍塌，应在开挖前进行检查、分析和判断，新基坑底部标高不低于旧基础基底标高时，对旧基础的影响较小。但对于深基坑，常按 45° 应力扩散角估算，扩散线位于新开挖基坑以外时，对旧基础的影响较小，否则应采用安全支护措施。当新基础基底标高低于旧基础基底标高时，高差为 H，新旧基础之间应保持一定的距离 B，且 $B \geqslant 2H$，方能忽略对旧基础的不利影响。

深基础支护结构的种类很多,应根据具体开挖深度、地下水和土层条件、周围环境、工程重要性、工程造价和施工条件等多重因素加以选择。

常见的支护结构类型主要有:

①深层搅拌水泥土挡墙。将土和水泥强制拌和成水泥土桩,结硬后成为具有一定强度的整体壁状挡墙,用于开挖深度 3~6 m 的基坑,适合于软土地区、环境保护要求不高,施工低噪声、低振动,结构止水性较好,造价经济,但围护挡墙较宽,一般需 3~4 m。

②钢板桩。用槽钢正反扣焊接组成,或用 U 形、H 形和 Z 形截面的锁口钢板柱,用打入法打入土中,相互连接形成钢板桩墙,既用于挡土又用于挡水,用于开挖深度 3~10 m 的基坑。钢板桩具有较高的可靠性和耐久性,在完成支挡任务后,可以回收重复使用;与多道钢支撑结合,可适合软土地区的较深基坑,施工方便、工期短。但钢板柱刚度比排桩和地下连续墙小,开挖后挠度变形较大,打拔桩振动噪声大、容易引起土体移动,导致周围地基较大沉陷。

③钻孔灌注桩挡墙。直径 600~4 000 m,桩长 15~30 m,组成排式挡墙,顶部浇筑钢筋混凝土圈梁。用于开挖深度为 6~13 m 的基坑,具有噪声和振动小,刚度较大,就地浇制施工,对周围环境影响小等优点。适合软弱地层使用,接头防水性差,要根据地质条件从注浆、搅拌桩、旋喷桩等方法中选用适当方法解决防水问题,整体刚度较差,不适合兼作主体结构。桩质量取决于施工工艺及施工技术水平,施工时需作排污处理。

④地下连续墙。在地下城槽后,浇筑混凝土,建造具有较高强度的钢筋混凝土挡墙,用于开挖深度在 10 m 以上的基坑或施工条件较困难的情况。具有施工噪声低、振动小、就地浇制、墙接头止水效果较好、整体刚度大,对周围环境影响小等优点。适合于软羁土层和建筑设施密集城市市区的深基坑,高质量的刚性接头的地下连续墙可作永久性结构,并可采用逆筑法或半逆筑法施工。

⑤土钉支护。土钉是指同时用来加固和锚固现场原位土体的细长杆件,通常采取在岩土介质中钻孔、置入带肋钢筋并沿孔全长注浆的方法做成。土钉依靠与土体之间的界面黏结力或摩擦力,在土体发生变形的条件下被动受力,并主要承受拉力作用,在用于须严格控制变形的工程中时,可视

情况设计预应力。

土钉支护是指以土钉作为主要受力构件的岩土工程加固支护技术，它由密集的土钉群，被加固的原位土体，喷射混凝土面层，置于面层中的钢筋和必要的防水系统组成。由于注浆时一般压力都控制在 0.5 MPa 左右浆液在压力作用下，沿土体裂隙及毛细孔扩散，不仅使土体得到加固，改变了受力性能，而且由于钢筋或钢管地加劲作用，可以视为在加劲范围内为重力式挡土墙。土钉支护用于城市高楼林立四周地质环境复杂的深基坑边壁的支护，由于省去了桩、板、墙、撑等前期和后期工序，该方法可比传统方法缩短施工期 20~60 天，并降低工程造价 10%~30%，社会效益都很好，这已被近年来工程实践证明。土钉支护应符合《基坑土钉支护技术规程》的规定。

第六节　托梁拔柱

在建筑物的改造中，经常涉及局部拔（抽）柱、换柱、移柱等问题，以增加建筑物的空间或平面承载能力。特别是工业厂房改造，经常遇到需要将原柱距扩大的问题，传统的方法是先把原厂房屋面板及钢架或屋架拆下来，再抽拔或更换柱子，待相邻柱子。地基基础加固完成后，再重新把屋檐吊上去，尽管该法比较安全可靠，但构件破损率高，为 40%~50%，也无处堆放，施工时间长，耗费资金大。采用托梁抽柱法则相对简化，在抽柱之前，必须加设托梁，来分担、传递拟被抽柱所承担的荷载，也称为分担式托梁抽柱法。

托梁抽柱在工业厂房的应用较多，如重钢五厂精整车间，跨度 27 m，柱距 6 m，屋面为梯形钢屋架，上铺大型屋面板，1986 年因工艺要求，需要将部分柱距由 6 m 改为 18 m，即需要连续拆除两柱，最后采用桁架托梁成功进行了托换。民用建筑改造中也会遇到类似问题，如住宅底层改为商店时，需要将小空间变为大空间，往往要拆除柱或移动部分柱子；建筑物加层时，有时也需要增加柱子。此时如果大面积拆除上部结构来抽拔或更换柱子，工程量巨大，也不经济，不亚于新建，如果采用不拆除或少拆除上部结构的托梁抽（换）柱法，显然比较经济实用。

民用建筑托梁抽柱除了可以采用上述分担式方法之外，也可以采用悬挂式方法，通过在结构顶部加设托梁体系，将中间柱由压杆变为拉杆。来悬挂承担被抽柱所承担的荷载。托梁抽柱需要注意以下几个方面的技术问题：对原有上部结构或屋盖系统进行全面质量检查。如支撑系统、屋面板及檩条，屋面梁或屋架，以及构件的连接等，如有缺损，必须进行加固补强或添加完整。核算由于抽柱而引起的相关结构、地基和基础的应力变化情况，如有不符合设计要求的，应事先进行加固补强。对托梁及其连接进行精心设计，包括托梁与柱的连接、托梁与屋架或上部结构的连接等。托梁可以是实腹式钢梁，也可以是桁架梁，一般设计成若干段，段长与原柱间距相同，并利用拟被抽柱的上段作为整个托梁的一部分，这样既方便"先托梁后切柱"的实施，也简化了托梁与上部结构或屋架的连接。托梁还可以设计成通长的梁，即长度与抽柱后的柱间距相同，但抽柱前需要用千斤顶、临时支撑等设备先托住上部结构或屋架，然后再用托梁替换千斤顶托住上部结构。如果拟抽柱两侧无柱间支撑及屋面支撑系统，还应加设支撑，以增加结构的空间刚度。对于有吊车的情况，还应进行更新吊车梁的设计。托梁抽柱施工的主要技术路线是：先加固，再托梁，后切柱。其中的技术关键是托梁，应该进行严密检测和控制。

1. 托梁拔柱施工顺序

托梁拔柱方案的设计与新建结构不同，不仅是对于拔柱改造后结构的承载力验算，更包括了整个施工过程中结构整体性验算、支撑系统验算等。在托梁拔柱的工程实施中，合理的安排施工顺序是其中的重点和难点。

拔柱之前，该处上部结构的荷载仍通过待拔柱向下传递，因此首先需要对待拔柱进行卸载；拔柱进行之中，力的传递路径开始发生变化，相关构件受力状态也随之改变，因此需要进行变形监测；拔柱之后，上部结构荷载通过转换梁传递至两侧框架柱，再通过地下室结构传递给基础，因此转换梁柱的加固及地下室结构的逆作施工应该提前完成，以避免结构因荷载多次转换及动态扰动而造成安全隐患。

具体施工顺序：

①设置抽柱用的顶柱支托，并放置千斤顶；布置转换梁挠度观测点、接通转换梁内预埋的钢筋应变—应力计。

②切断柱根部，观测转换梁及周边构件变形是否异常。在可控挠度变形速率的前提下卸载千斤顶荷载。当完全卸载千斤顶后，托换梁的挠度必须在设计控制值以内。抽柱从施工割除段开始至千斤顶卸载结束，必须全过程动态监测整体结构变形、转换梁跨中竖向挠度、转换梁内钢筋的应力-应变。千斤顶卸载过程中转换梁内钢筋的应力-应变换算成梁的弯矩和挠度合规范的要求。

上述施工顺序遵循先加固后拆除的原则，可保证上部结构的荷载能够得到有效传递，同时在抽柱施工过程中要做好实时监测工作以保证结构及施工安全。

2. 托梁拔柱的相关加固

按照上述方案拔柱之后，结构柱距由 7.6 m 变为 15.2 m，原三层楼面梁即两侧框架柱的受力情况发生较大变化，构件内力显著增加，原承载力不能满足要求。本工程转换梁、柱均采用加大截面法进行加固。

（1）转换柱加固设计

拔柱两侧的原框架柱成为转换柱，采取增大截面的加固方式。根据柱的轴压比限制以及柱和梁截面加大的构造要求，原柱需加大至 1 000 mm × 1 000 mm，才能满足结构安全性和适用性要求。

采用四面围套加固转换柱，新增纵筋尽量避开原有结构梁，向下嵌入新作地下室结构，三层楼面设置钢板，纵筋与钢板焊接锚固。周边新增箍筋在柱内闭合以提高其约束能力。

（2）转换梁加固设计

既有建筑结构拔柱后，最大原跨度 7.6 m × 6.8 m 柱网增大到 15.2 m × 6.8 m，使整个框架结构产生内力重分布，原跨度 7.6 m 的框架梁延伸为 15.2 m 的框架梁，该框架梁上还托三层楼盖结构的负荷，由材料力学可知：矩形截面受弯构件平面内的计算长度增大 1 倍，其刚度变形的挠度会增大原挠度的 8 倍，况且受弯构件的裂缝和挠度存在线性关系，为此梁的截面需要加大，按常规梁的高度取跨度的 1/12 ~ 1/8，梁的高度约 1.3 ~ 1.9 m，根据梁截面加大的构造要求，原梁两侧需加宽 250 mm，因该托梁上负荷三层楼盖结构的荷载，经计算托梁的截面高度需要 1.5 m 才能满足结构安全性和适用性要求。

因原有框架柱的存在，新增转换梁纵筋较难贯通，因此尽量将纵筋布置在两侧，少量纵筋在已有柱内植穿。为提高转换梁在集中力作用下的抗裂能力，弥补转换梁在已有框架柱的位置无法设置加密箍筋的不足，设计中在拔柱处的梁内增设水平箍筋和构造纵筋形成暗柱，暗柱以外设置梁加密箍筋，同时设置弯起钢筋，共同抵抗该处剪力，提高转换梁的局部承载力。

第七节 整体位移

整体位移就是在保持建筑物上部结构整体性和可用性不变的情况下，或者说在不破坏建筑物整体结构和建筑功能的条件下，将其整体移动。近年来，随着城市规划的不断完善，旧城改造和道路拓宽工程很多，相应出现了许多建筑物需要拆除的情况，一旦拆除，必然造成很大的经济损失，特别是一些具有较大使用价值或保留价值的建筑物，对这些建筑物在允许的范围内进行整体位移，使其得以保留，经济效益十分可观。整体位移根据其移动方向不同，可分为垂直位移、水平位移、转动位移和综合位移四类。

垂直位移适用于以下情况：已有建筑物沉降过大影响使用功能的提升、使用功能变化要求层高增加、周围环境变化导致整体标高过低而需要调整、建筑物整体倾斜需要纠偏处理等。垂直位移的技术与纠偏基本类似，将建筑物整体提高，可以利用原基础继续承载。垂直位移的高度一般在 0.3~1.5 m 之间，特殊情况也可以增加。

整体水平位移、转动位移适用于因规划调整、道路拓宽等原因需要的建筑物整体搬迁。其中整体水平位移可以根据具体情况分为直线平移、折线平移等多种，移动的距离没有限制。其基本过程是先将上部结构与原基础切割分离，顶升后安放滚轴，然后沿着铺设在临时基础上的轨道滑动到预定位置的新基础上，顶升到预定标高位置后取出滚轴，并将上部结构与新基础连接，形成新的整体。如果是折线位移，则在转向处还需要进行顶升，以调整滚轴的方向。

由于我国钢结构工程大多为新建工程，涉及整体位移的工程实例较少，但是无论上部结构采用何种材料，整体位移的原理是相同的。砖混及混凝土结构平移项目较多，例如，刚刚投入使用一年的临沂国家安全局 8 层框架楼，因位于新规划的人民广场内，需要搬迁。2000 年成功进行了折线平移，移动总距离达到 171.4 m，在当时创造了国内建筑物整体位移距离的新纪录。建筑物整体位移需要的机具包括：抬高建筑物的机具，如垫木、棍杠、千斤顶、楔子等；移动机具，如导轨、滑轮或滚轴、千斤顶、卷扬机等；以及辅助材料，如型钢、螺栓、临时支撑、钢筋混凝土等。整体位移是一项非常复杂的改造技术，应做技术可靠、经济适用、施工简便和确保质量。

位移时具体需要注意以下几个方面的技术问题：

1. 位移前技术条件

建筑物位移前应具备一定的技术条件，如位移场地及路线的工程地质勘察资料；既有建筑物的设计、施工技术资料；既有建筑物的结构、构造、受力特征及现状勘察情况和必要的检测、鉴定；既有建筑地基基础重新验算书；整体位移方案及设计图纸、施工组织设计和监测措施；移位施工可能对邻近建筑及管线的影响分析等。位移前应进行多方案综合技术经济分析和可行性论证，按照国家有关技术标准进行检测、核算与鉴定，经综合评定适宜位移后，方可进行位移设计。

2. 移位设计应包括下列内容：

①结构设计计算砌体结构的线荷载或框架结构的轴力、弯矩和剪力；结构托换梁系截面及配筋设计；移位过程中基础的受力验算及补强设计；新旧基础的承载力和变形验算及补强设计。整体位移结构计算简图必须与实际结构相符合，应有明确的传力路线、合理的计算方法和可靠的构造措施。计算结果应满足现行规范要求，否则应进行加固处理。滚轴均匀分布时，下轨道梁应按柱下条形基础设计，上轨道梁可按弹性地基梁设计；如果滚轴集中设置，上轨道应按连续梁设计。

位移后上部结构与新基础的连接应安全可靠。对于框架结构和框架 - 剪力墙结构，由于荷载主要由框架柱或剪力墙承担，连接应符合设计计算模型，并保证各种不利组合下的整体受力性能、使用性能和构造措施。

②地基设计移位路线的地基设计，按永久性工程进行设计，地基承载力设计值可提高 1.25 倍；移位后的地基基础设计，若出现新旧基础的交错，应考虑既有建筑地基压密效应造成新旧基础间地基变形的差异，必要时应进行地基基础加固。

③滚动支座的设计滚动支座可采用不小于 φ60 的实心钢管或 φ100~φ150 的钢管混凝土，并应通过试压确定，支座上下采用 20 mm 厚的钢板作为上下轨道面，或采用工具式轨道梁，以利应力扩散及减少滚动摩擦力；滚动支座的间距及数量应根据支承力的大小设计。

④移动装置的设计移动装置有牵引式及推顶式两种，牵引式宜用于荷载较小的小型建筑物，推顶式宜用于较大型的建筑物。必要时可两种方式并用。托换梁系作为移动的上轨道梁，基础作为下轨道梁，移位前下轨道梁应进行验算、加固、修整和找平。上下轨道梁系的设计应同时考虑移位荷载的移动及滚动过程局部压力的位置改变。

3. 移位施工托换梁系

施工时应分段置入上下钢板及滚动支座，应控制施工的准确度，保证钢板的水平。应严格按设计要求进行上下轨道梁的钢筋混凝土施工，并建立严格的施工管理及质量检测体系。移位应待结构托换梁系及移动路线施工完毕，经验收达到设计承载力后方可进行。移位施工应编制施工组织设计、完善指挥及监测系统，做好水平及竖向变位的观测。推顶或牵引时应设有测力装置，严格按设计要求施工。移位时应控制滚动速率不大于 50 mm/min，保持匀速移动，并设置限制滚动装置。移位到达设计位置，经检测合格后，应立即进行结构的连接并分段浇捣混凝土。竣工后应进行建筑的沉降观测。

第八节　节能改造

我国 2019 年的建筑能耗已达 6.8 亿 t 标准煤，约占全国能源消耗总量的 14%，而且呈上升趋势，其中空调能耗（采暖、制冷）约占建筑物能耗的 60%，单位面积能耗是发达国家的 3 倍左右，因此建筑节能潜力很大。已有建筑物节能降耗的措施很多，其中与建筑结构有关的主要是进行维护结构节能改造，外维护体系的常见改造措施有，在黏土砖外维护墙的内、外表面贴加保温层，实践证明，外表面加保温层的效果更好，但造价稍高；屋面上铺设适当厚度的保温层或平改坡；外窗由单层玻璃钢窗改为双层玻璃塑钢或铝塑窗等。上述措施可以节约能耗 30% 左右，每平方米建筑造价在 100~200 元之间。进行上述改造时应注意连接可靠和防渗湿，而且不能超过原设计荷载规定值，否则应进行加固处理。

基于我国城镇化持续深入的背景下，轻型钢房屋改造技术已经成为建筑市场房屋土改首选的主要技术之一，但是部分建筑团队由于受到建筑结构设计的影响，始终无法发挥出团队建筑实力，降低了房屋改造整体质量。针对这种问题，我们应该加强对建筑结构设计人员设计理念提升，完善土建建筑设计机制，从实际问题出发，找到合适优化解决办法。

1. 关于轻型钢结构房屋改造设计规范分析

我国建筑行业相较于国外发展较晚，建筑规章制度更新较慢，现使用建筑标准与建筑规范是 1996 年由主导改革的，其中缺少对轻型钢结构相关设计基本要求，故此，部分地区设计人员设计轻型钢房屋改造图纸时，擅自更改图纸数据，使用一些不符合规范的建筑材料，使整体建筑质量持续下降。例如，在国内使用大部分轻型钢建筑使用的是 1 ~ 2 mm 轻型钢材料，而国外使用的 3 ~ 4 mm 轻型钢建筑材料，完全忽视了国内外建筑材料质量差异前提下建筑的规范，很多轻型钢改造房屋在完成改造 5 ~ 8 年间不会出现居住问题，而过了这段时限经常会棉楼房屋墙壁开裂、房屋漏水漏雨、墙皮脱落等建筑问题，轻则需要进行二次维修，重则放弃建筑居住，对于这种问题，我国政府部门应加以重视，承担起社会发展监督责任，制订一套完整的轻型钢房屋改造设计要求，对轻型钢房屋改造设计细节进行细化，规定出房屋材料标准、结构标准、建筑标准、使用基本年限、验收规范等一系列科学、合理的见证书准则，促使轻型钢房屋改造设计人员提升设计水。此外，政府部门还应推出责任连带制度，将设计人员责任与建筑人员职责连接在一起，简而言之，建筑人员在改造房屋过程中，若发现轻型钢改造设计图纸存在问题，需要停止建筑工作，与设计单位进行协商，避免发生设计缺陷质量问题。若建筑团队只为赶超工程进度，放弃与设计单位协商的责任，在发生房屋质量问题时，建筑团队也需要承担相应的责任。

2. 关于设计理念分析

轻型钢结构房屋改造技术是 2001 年至 2004 年由国外传入国内的，那时正是我国建筑行业快速提升时期，该技术设计理念相较于传统混凝土结构设计差异较大，很多设计人员在完成轻型钢房屋改造设计后，无法巧用材料结构提高房屋建筑质量只能依靠材料叠加性提升整体结构稳定程度，这种设计理念对于轻型钢结构房屋改造设计没有任何优化帮助。此外，随着材料学研究的进步，很多全新材料被科研人员研发出来，其质量更轻、柔性更强，能够很好地适应更加苛刻的水文环境。但是部分设计人员对市面上的新型材料了解程度不足，导致设计使用材料过于落后，针对以上连点存在的问题。设计人员要强化自主学习、自主培训意识，多参加省市举办的设计培训讲座、交流大会，实地考察全新理念轻钢结构建筑项目，将其设计优点与设计缺点逐一记录下来，对照自己完成设计图纸寻找设计缺陷，逐步提升设计理念，只有这样设计人员轻型钢结构设计方案才能满足甲方的需求。同时，设计人员在进行图纸设计时，应重点考虑到建筑的用途，对部分设计细节进行合理优化，使整体建筑实用性得到进一步提升，帮助甲方获得更多的是实际效益，增加设计单位在建筑领域知名度。

3. 关于轻型钢结构建筑保温节能问题分析

经过轻型钢改造过的房屋与传统混凝土建筑房屋在保温方面有着很大区别，轻型钢结构房屋使用的材料传热系数比一般材料大一些，并且比热容较小热量散发速度较快，很容易出现冷桥现象。为了缓解这一建筑问题，设计人员在选取轻型钢结构房屋保温材料时，一定要材料自身的保温性与节能性。轻型钢结构房屋要同时拥有两种保温方法，即内保温与外保温。内保温是需要建筑人员在房屋内强注入保温材料，在注入结束后使用石膏板等绝热材料进行封堵，这样房屋内部就会形成一套完整的保温系统，该方法可以很好地控制室内恒温，在炎热的夏季隔绝太阳热辐射，在寒冷的冬季防止房屋内部热量外泄；外保温是指在外墙结构上增加玻璃纤维，再使用混凝土或特质外墙板封面外墙，这样外墙柱与外墙板就会做到温度隔离，在此过程中设计人员要严格规范，注意封面外墙，避免玻璃纤维泄露，降低整体保温性能。此外，外墙封面材料应尽量使用节能外墙板，降低轻型钢结构房屋改造成本，使整体建筑与国家号召的环保节能可持续发展道路相互响应，避免在传统房屋改造时大量浪费人力、资源。

4.关于轻型钢房屋改造防火问题分析

防火问题一直以来都是设计人员必须考虑的设计重点，但是部分设计人员对轻型钢材料热形变点与防火性并不了解，在设计过程中缺少相应的防火优化配合方法，致使轻型钢改造房屋防火性较差，容易出现消防问题。轻型钢材料其本身耐火性较差，所以在设计过程中要添加多种消防保护功能。例如，使用消防抗燃材料，对关键承重位置进行保护，及时在出现消防问题时，也能够为建筑内部人员拖延脱离时间；使用隔离法将建筑物内房间进行隔离，该方法一般适用于大型轻型钢材建筑。利用防火幕墙将各个空间隔离开来，延缓火势蔓延；使用膨胀法与覆盖法将原有的建筑连接结构发生改变，在发生火灾后，使材料具有抗火性或是膨胀性，进而吸收附近氧气含量，减少燃烧火势蔓延速度。此外，在墙柱浇灌时也应该添加防火材料，避免温度过高导致墙柱倒塌，进而对轻型钢建筑整体机构造成不可逆的影响。近年来，我国消防问题逐渐增多，设计人员一定要重视材料与建筑结构之间防火关系，在设计理念上提升消防意识。

总而言之，传统的轻型钢结构改造设计理念已经无法适应时代发展的需求，为此，我国轻型钢结构建筑设计人员需要转变设计理念，优化设计方法，深入了解新型材料市场的种类，再进行科学创新，提升轻型钢结构建筑整体质量与舒适度，促进我国建筑行业持续发展。此外，政府相关部门应该加大关于轻型钢结构设计法律规范推出进度，使轻型钢设计人员在参与设计时有法可依、有法必依，避免出现灰色地带的问题，保障建筑甲方与居住业主的核心利益。

结　语

　　钢结构检测与加固措施是一项坚实的系统工程，在各个方面都要注意具体细致的执行情况，在大大加固建筑结构检测与鉴定、加强施工项目安全质量的同时，带来一定的经济效益和社会效益。相关技术人员在加强自身业务能力的同时，还应结合工程中的实际情况，具有针对性地选择合适的方式方法来完善整个工程。建筑工程质量问题严重影响着建筑业的发展，必须依靠全社会的共同努力解决这一问题。为此，作为建筑行业中原材料的供应者，我们必须掌握正确的方法，在建筑工程上认真仔细地对建筑结构进行科学的检测鉴定加固，确保建筑结构测试的质量和安全，使钢结构更好地在建筑中发展，并促进建筑业的进一步发展。

　　建筑结构鉴定与加固改造技术是保证我国建筑质量的重要手段，而现阶段我国在发展的过程中，建筑结构鉴定与加固改造技术中仍存在着较多的不足，需要相关的技术人员投入更多的精力辅助其更好的发展，从而保证建筑能够在我国的发展过程中发挥更大的作用。钢结构桥梁在各个领域的使用都比较广泛，要想实现钢结构桥梁的稳定使用，就需要对其缺陷进行自信检测以及加固，目前钢结构桥梁检测以及加固方式不断增加，不一样的方式使用方式不同且效果不同，相关人员需要对钢结构桥梁具体特点进行分析，在此基础上选择合适的检测以及加固方式，以此来提升钢结构桥梁的稳定性。

参考文献

[1] 肖光宏. 钢结构 [M]. 重庆：重庆大学出版社，2019.

[2] 刘声扬. 钢结构 [M]. 武汉：武汉理工大学出版社，2019.

[3] 济洋. 钢结构 [M]. 北京：北京理工大学出版社，2018.

[4] 段旻，张爱玲，官小均. 钢结构 [M]. 武汉：武汉大学出版社，2017.

[5] 李光范. 钢结构 [M]. 哈尔滨：哈尔滨工业大学出版社，2015.

[6] 路彦兴. 钢结构检测与评定技术 [M]. 北京：中国建材工业出版社，2020.

[7] 石中林. 钢结构·主体结构·结构鉴定检测 [M]. 武汉：华中科技大学出版社，2012.

[8] 卜良桃，王宏明，贺亮. 钢结构检测 [M]. 北京：中国建筑工业出版社，2017.

[9] 周在杞. 金属钢结构质量控制与检测技术 [M]. 北京：中国水利水电出版社，2008.

[10] 王晓飞. 多龄期钢结构抗震性能、优化设计与检测加固 [M]. 北京：化学工业出版社，2020.

[11] 苏三庆，王威. 建筑钢结构磁记忆无损检测 [M]. 北京：科学出版社，2018.

[12] 朱超，曹洪吉. 钢结构材料检测与管理 [M]. 北京：中国建筑工业出版社，2011.

[13] 韩继云. 既有钢结构安全性检测评定技术及工程应用 [M]. 北京：中国建筑工业出版社，2014.

[14] 郭荣玲，马淑娟，申哲. 钢结构工程质量控制与检测 [M]. 北京：机械工业出版社，2007.

[15] 袁海军.《钢结构现场检测技术标准》实施指南 [M]. 北京：中国建筑工业出版社，2011.

[16] 简斌. 结构检测与鉴定 [M]. 重庆：重庆大学出版社，2020.

[17] 刘洪滨，幸坤涛. 建筑结构检测、鉴定与加固 [M]. 北京：冶金工业出版社，2018.

[18] 丁绍祥. 钢结构加固工程技术手册 [M]. 武汉：华中科技大学出版社，2008.

[19] 上官子昌. 钢结构加固设计与施工细节详解 [M]. 北京：中国建筑工业出版社，2012.

[20] 成勃，姜丽萍，崔珑. 建筑钢结构工程加固新技术 [M]. 北京：中国建筑工业出版社，2017.

[21] 卢亦焱. CFRP 与钢复合加固混凝土结构 [M]. 北京：科学出版社，2020.

[22] 杨惠会，崔瑞夫作. 钢筋混凝土结构抗连续倒塌与构件加固研究 [M]. 北京：冶金工业出版社，2021.

[23] 王云江，沈光荣. 建筑加固 [M]. 北京：中国建材工业出版社，2017.

[24] 白会人，佟令玫. 建筑结构加固施工 [M]. 武汉：华中科技大学出版社，2014.

[25] 袁广林，鲁彩凤，李庆涛，等. 建筑结构检测鉴定与加固技术 [M]. 武汉：武汉大学出版社，2016.

[26] 霍凯成. 建筑结构加固 [M]. 武汉：武汉理工大学出版社，2001.

[27] 万墨林，韩继云. 混凝土结构加固技术 [M]. 北京：中国建筑工业出版社，1995.

[28] 柳炳康. 工程结构鉴定与加固 [M]. 北京：中国建筑工业出版社，2000.

[29] 谭金华，杨吉新，陈响平. 桥梁钢结构 [M]. 武汉：武汉理工大学出版社，2013.

[30] 卜良桃，王济川. 建筑结构加固改造设计与施工 [M]. 长沙：湖南大学出版社，2002.

[31] 王军龙，靳晓燕. 新编钢结构技术 [M]. 成都：西南交通大学出版社，2011.

[32] 李惠强.建筑结构诊断鉴定与加固修复[M].武汉: 华中科技大学出版社, 2002.

[33] 卓尚木, 季直仓.钢筋混凝土结构事故分析与加固[M].北京: 地震出版社, 1993.

[34] 张熙光.建筑抗震鉴定加固手册[M].北京: 中国建筑工业出版社, 2001.

[35] 段尔焕, 李淑兰, 赵光浩.工程安全鉴定与加固技术[M].北京: 人民交通出版社, 2004.